Mastercam 数控加工完全自学丛书

图解 Mastercam 2022 数控加工编程进阶教程

陈　昊　陈为国　编　著

机械工业出版社

本书以 Mastercam 2022 版软件为对象，较为全面地讨论了数控加工编程中的各种加工策略、刀具选用与创建、各类参数的设置、实例刀路的分析等，并配有大量针对性较强的练习示例，可帮助读者高效、快捷地掌握 Mastercam 2022 软件的自动编程技术。

本书以应用为目标，在介绍编程软件设置的基础上，通过大量的实用性零件模型编程练习，帮助读者快速掌握数控铣削与车削编程。本书在内容甄选上，除介绍大量通用知识外，还列举了部分同类图书中不多见的知识点；在内容表述上，大量利用实体模型插图辅助学习，实用性强。为便于读者学习，本书提供练习文件（用手机扫描前言中的二维码下载），同时提供配套 PPT 课件（联系 QQ296447532 获取）。

本书适合具备数控加工手工编程基础知识和 Mastercam 基础知识的读者，以及希望快速进入 Mastercam 数控加工自动编程领域的数控加工技术人员自学使用；也可作为高等院校教学用书以及培训机构 CAD/CAM 课程的教学资料。

图书在版编目（CIP）数据

图解Mastercam 2022数控加工编程进阶教程/陈昊，陈为国编著．—北京：机械工业出版社，2023.4

（Mastercam数控加工完全自学丛书）

ISBN 978-7-111-72765-1

Ⅰ．①图…　Ⅱ．①陈…　②陈…　Ⅲ．①数控机床—加工—计算机辅助设计—应用软件　Ⅳ．①TG659.022

中国国家版本馆CIP数据核字（2023）第044220号

机械工业出版社（北京市百万庄大街22号　邮政编码100037）
策划编辑：周国萍　　　　　　　责任编辑：周国萍　刘本明
责任校对：史静怡　王明欣　　　封面设计：马精明
责任印制：任维东
北京玥实印刷有限公司印刷
2023 年 5 月第 1 版第 1 次印刷
184mm×260mm・16.75印张・400千字
标准书号：ISBN 978-7-111-72765-1
定价：69.00元

电话服务　　　　　　　　　　　网络服务
客服电话：010-88361066　　　　机 工 官 网：www.cmpbook.com
　　　　　010-88379833　　　　机 工 官 博：weibo.com/cmp1952
　　　　　010-68326294　　　　金 书 网：www.golden-book.com
封底无防伪标均为盗版　　　机工教育服务网：www.cmpedu.com

前　言

Mastercam 是美国 CNC Software 公司开发的基于 PC 平台的 CAD/CAM 软件系统，具有二维几何图形设计、三维线框设计、曲面造型、实体造型等功能，可由零件图形或模型直接生成刀具路径进行刀具路径模拟及加工实体仿真验证，并具有强大的后处理功能及丰富的外部接口。自动生成的数控加工程序能适应多种类型的数控机床，数控加工编程功能快捷方便，具有铣削、车削、线切割、雕铣加工等编程功能。

Mastercam 自 20 世纪 80 年代推出至今，经历了三次较为明显的界面与版本变化。首先是 V9.1 版之前的产品，国内市场可见的有 6.0、7.0、8.0、9.0 等版本，这几个版本的软件操作界面左侧为瀑布式菜单，上部布局工具栏；其次是配套 Windows XP 版操作系统的 X 版风格界面，包括 X、X2、X3、…、X9 等九个版本，该版本软件的操作界面类似于 Office 2003 的界面风格，以上部布局的下拉菜单与丰富的工具栏及其工具按钮为主，配以鼠标右键快捷方式操作，这个时期的版本已开始与微软操作系统保持相似的风格，更好地适应年轻一代的初学者；为更好地适应 Windows 7 系统及其代表性的应用软件 Office 2010 的 Ribbon 风格功能区操作界面的出现，Mastercam 开始第三次操作界面风格的改款，从 Mastercam 2017 版开始推出以年代标记的软件版本，具有 Office 2010 的 Ribbon 风格功能区操作界面的风格，标志着 Mastercam 软件进入一个新时期。Mastercam 从 2017 版推出至 2022 版，操作界面特色更为明晰，功能不断发展，在各种数控加工自动编程软件中受到广大数控加工技术人员的青睐，应用范围广泛。

编著者在 Mastercam 2017 版出现之时，便推出了两本学习教程。经过五年的发展，其操作界面与功能发生了较大的变化，为此，基于 Mastercam 2022，编著者再次推出了 Mastercam 2022 版基础教程。同时考虑到很多熟悉其他 CAD 软件，希望跳过 Mastercam 软件的 CAD 模块快速进入 Mastercam 软件编程模块的读者的需求，编著者推出了本进阶教程。因此，本书的读者对象是：熟悉二维 AutoCAD 软件和其他通用三维软件的数控加工人员。本书三维练习文件的格式选择的是大部分三维造型软件能够导出的通用模型交换格式 STP 格式文件。

全书共分 4 章。第 1 章 Mastercam 2022 数控加工自动编程基础讨论了自动编程流程以及部分 Mastercam 加工编程所需的实用基础知识，Mastercam 基础知识较好的读者可大致浏览一下，也许有您需要的知识，如：工件坐标系的建立，以及在后处理时输出工件坐标系指令 G55 ～ G59 和附加工件坐标系 G54.1P1 ～ G54.1P48 等；基于实体模型和 STL 格式文件创建加工毛坯；后处理程序 MPFAN.PST 的实用修改等。第 2 章 2D 数控铣削加工编程，主要讨论铣削加工中的 2D 加工策略，其中有些知识点在同类图书中不多见，例如：2.2.5 节中讨论的基于光栅文档转换矢量文档提取图形轮廓进行雕铣加工；2.4.4 节详细讨论的内、外螺纹铣削加工原理与编程方法等。第 3 章 3D 数控铣削加工编程，详细讨论了 3D 铣削加工中全部的 3D 加工策略，并通过适当的练习题强化学习。相信读者通过这些练习能够有效地掌握 Mastercam 2022 中有关三维铣削加工编程的功能。其中有些知识点，结合基础教程的相关内容可得到更好的掌握，如 3.2.4 节的优化动态粗铣加工参数与刀路的分析，以及后续的投影、流线和熔接铣削精加工原理、刀路分析与应用等；3.4.3 节中关于刀具路径的平移、旋转与镜像加工编程等问题。第 4 章数控车削加工自动编程，分编程基础、基本编程、拓展编程和循环指令加工编程四部分讨论，其内容比现行的同类图书更为全面，部分知识点在之前的图书中也介绍不多，例如：实体模型与边界线创建非圆柱体加工毛坯；自定心卡盘及其调头装夹的设置与应用；自定心卡盘、尾顶尖等装夹动作参数设置及其应用；拓展编程部分的动态粗车、切入车削、仿形粗车和 Prime Turning 全向车削加工策略的原理、参数设置与应用分析等知识点也是现代数控车削加工中的较新知识。总体而言，编著者相信，即使是对于 Mastercam 知识掌握较好的读者，阅读本书也会学到之前未掌握的知识点。

为便于读者学习，本书提供练习文件（用手机扫描前言中的二维码下载），同时提供配套 PPT 课件（联系 QQ296447532 获取）。

在本书编写过程中，编著者得到了中航工业江西洪都航空工业集团有限责任公司、南昌航空大学等单位领导的关心和支持，同时得到这些单位从事数控加工专业同仁的指导和帮助，在此表示衷心的感谢！

感谢书后所列参考文献中作者资料的帮助，以及未能列入参考文献的参考资料的作者。这些资料为本书的编写提供了极大的帮助。

本书文稿表述虽经反复推敲，但因时间仓促，加之编著者水平有限，书中难免存在不足和疏漏之处，敬请广大读者批评指正。

编著者

练习文件

目　　录

第❶章　Mastercam 2022 数控加工自动编程基础

1.1　数控加工自动编程流程

Mastercam 2022（以下简称 Mastercam）编程软件虽然包含 CAD 与 CAM 模块，但 CAM 模块是其核心且有其独特的优势，大部分使用该软件的用户主要使用其 CAM 模块进行自动编程。当然，CAD 模块的基本功能等还是必须掌握的，这部分内容可参阅参考文献 [1]。本书主要基于该软件的 CAM 模块功能围绕自动编程展开讨论。

1.1.1　Mastercam 数控加工自动编程流程简介

Mastercam 数控加工自动编程大致可分为三大步骤，即加工数字模型的准备（CAD）、加工编程设计（CAM）和后处理（输出 NC 代码）。其中加工编程设计（CAM）步骤是关键内容，也是本书主要介绍的内容，图 1-1 为其自动编程流程图。

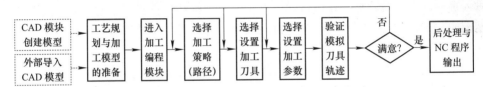

图 1-1　Mastercam 自动编程流程图

1. 加工数字模型的准备

CAD 模型是数控加工自动编程的基础，包括 2D 与 3D 模型，加工编程中通过拾取相关加工模型获取加工编程的几何坐标参数。加工模型可以在 Mastercam 软件的 CAD 模块中创建，也可导入其他 CAD 软件造型的几何模型，如二维图形可用 AutoCAD 的图形文件（DXF 或 DWG 格式），三维模型常用通用的 STEP 或 IGES 等格式的模型文件，大部分三维造型软件均可导出这些格式的模型文件。

2. 加工编程设计

加工编程设计包括加工模型的工艺设计与处理、加工类型模块的进入、基本属性的设置、加工策略（即刀路）的选择、刀具选择（或创建）与切削用量的设置、工艺规划与加工参数的设置、刀具轨迹的验证与仿真加工等。

CAM 设计首先要有一个加工模型，一般可采用设计模型，必要时根据加工的需要增加装夹部位等工艺部分。这部分工作仍然在设计模块中进行，其中 Mastercam 2022 的"模型准备"功能选项卡中的同步建模功能可快速地进行加工模型工艺部分的设计。

> **注意**
>
> "模型准备"功能选项卡中的同步建模功能会删除 3D 模型的过程参数，使用时要注意。

Mastercam 软件的加工模块设置在"机床"功能选项卡的"机床类型"选项区，主要包括铣床、车床、线切割、雕刻和设计等。其中，最右侧的"设计"功能选项按钮 可快速返回 CAD 设计模块。加工模块中应用最为广泛的是"铣床"与"车床"两个加工模块。进入加工环境后，就可进行基本属性的设置，包括文件、刀具设置和毛坯设置等，主要是毛坯设置。

加工策略是系统自身事先规划好的典型加工刀具路径（简称刀路）模板，加工策略的多少直接决定了编程软件的编程能力。以 Mastercam 铣床编程模块为例，执行"机床→机床类型→铣床 ▾ →默认（D）"命令，可激活"铣床刀路"选项卡，可看到有"2D、3D、多轴加工、毛坯、工具和分析"等选项区，同时在"刀路"管理器中创建一个"机床群组 -1"，并可在"2D、3D、多轴加工"选项区选择相关的加工策略，加入机床群组下的"刀具群组 -1"中。

📢 **注意**

> 这里"默认"进入的加工编程环境是 FANUC 四轴数控系统的编程环境，适合于配置 FANUC 数控系统的三轴数控铣床和配置数控转台实现的四轴数控铣床（常见的第四轴为 A 轴）。机床群组的英文为 Machine Group，可理解为加工群组，即一些加工刀路组合构成的某零件加工刀路的集合。刀具群组的英文为 Toolpath Group，直译为刀路群组，用于管理各种加工刀路。刀路即加工策略。

进入选择的加工策略后，系统将弹出相应的对话框和操作提示，通过人机交互的方式，设置相应的加工参数，这一步的设置是自动编程的主要且灵活的部分，可随时激活并可编辑和修改。

在加工参数设置中，有部分参数设置是通用与必需的，如刀具选择与设置，切削用量设置，起 / 退刀点（又称参考点）设置，工件表面、安全平面和加工深度设置等。当然，还有部分参数的设置是相应加工策略特有的。

加工参数设置并确定后，系统会自动计算并生成与显示刀具路径，并可通过系统提供的"刀路模拟" 和"实体仿真" 功能观察刀路等是否可接受。若生成的刀路不满意，则可返回相应操作重新设置，直至满意为止。

3．后处理

上一步生成的刀具路径，是以一个 *.nci 刀路文件记录并存储的。学过数控编程的人都知道，不同的数控系统，其加工程序与指令的格式是不同的，因此必须将 NCI 刀路文件转换为指定数控系统的加工程序（又称 NC 代码或程序），这个过程称为后处理，其实质是一个计算机程序。如前文所述进入的默认铣床编程环境对应的后处理程序为 MPFAN.pst，这是一个四轴 FANUC 铣削系统后处理文件。

📞 **提示**

> 准备学习并应用某款数控编程软件，一定要了解其是否具备自己所用机床数控系统所需的后处理文件，否则，学得再好，也不能实现数控加工。

1.1.2　Mastercam 数控加工自动编程流程举例

下面以一个机械加工中常见的压板零件的数控加工编程为例，介绍自动编程流程，读者可自行尝试设计，体会编程流程。

例 1-1：试编程加工图 1-2 所示压板 A16×120 GB/T 2175 上的键槽和下部型面，生产类型为单件小批量，工件材料为 45 钢，已加工至尺寸 120mm×45mm×25mm。

编程过程如下：

第一步：CAD 模型的准备，如图 1-3 所示。这里的模型可以在 Mastercam 的设计模块中绘制，也可以在其他三维软件中设计，然后借助通用的 STP 格式导入。

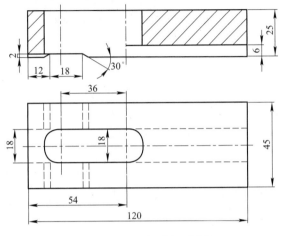

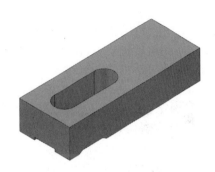

图 1-2　A 型压板工程图　　　　　　　　图 1-3　A 型压板 3D 模型

第二步：CAM 加工设计。

步骤 1：工艺规划与加工模型的准备。该工件的加工工艺为：下料→锻造→铣六面至尺寸 120mm×45mm×25mm →数控铣键槽、滑槽和前梯形面等→手工倒圆角（图中未示出）。工件装夹采用平口钳，如图 1-4 所示。工件坐标系设定在工件上表面右侧边线几何中心位置，如图 1-5 所示，图中的坐标轴线和指针的显示与否可在"视图→显示"选项区通过相应按钮操控，也可以按图示的快捷键控制。

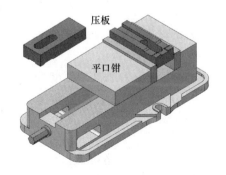

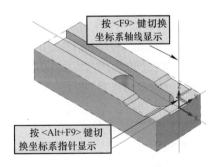

图 1-4　平口钳装夹示意图　　　　　　　图 1-5　建立工件坐标系

步骤 2：铣床加工模块的进入与基本属性的设置，如图 1-6 所示。

首先，启动 Mastercam 软件，在其设计模块中完成图 1-3 所示 3D 模型的创建。然后按图 1-4 所示装夹位置转换下表面几何型面至上面，并应用"转换→移动到原点"功能 ，将工件上表面右侧边线几何中心移至与系统的世界坐标系重合建立工件坐标系，如图 1-5 所示。

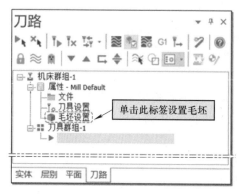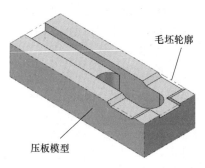

图 1-6　毛坯设置

执行"机床→机床类型→铣床 ▼ →默认（D）"命令，激活铣床"刀路"操作管理器，同时，在刀路管理器中自动创建了一个"机床群组-1"，单击"属性"展开按钮⊞展开项目树，单击"毛坯设置"选项标签 🔘 毛坯设置，弹出"机床群组属性"对话框，默认为"毛坯设置"选项卡，单击"边界框"按钮，以压板模型边界设定立方体毛坯，如图 1-6 所示。

步骤 3：选择加工策略（刀路），设置相关加工参数。

（1）键槽加工（操作 1）　加工策略选用"铣床刀路→ 2D →键槽铣削"刀路 🔘，详见 2.2.4 节的相关内容，加工刀路与实体仿真参见图 1-7。

（2）滑槽等铣削　加工策略选用"铣床刀路→ 2D →剥铣"刀路 🗒。该刀路适合窄槽动态高速铣削加工。在编程前先执行"线框→曲线→单边缘曲线"命令🖊，选择滑槽上边缘线创建加工串连，并基于"线框→修剪→修改长度"命令🖊修改长度，调整直线至适当长度。然后单击"剥铣"按钮🗒，弹出"线框串连"对话框，线框模式、串连选择方式选择一对槽边缘串连（注：由于高度差的原因，滑槽与压板头的直槽分两个刀路铣削，编程时，第二个刀路可复制出一个新刀路，然后修改参数实现）。确认后弹出"2D 刀路－剥铣"对话框，相关参数设置如下：

1）左侧长滑槽铣削（操作 2）：

刀路类型：剥铣 🗒。

刀具：从刀库中选择一把直径为 ϕ12mm 的平底铣刀，设置刀具号和刀补号均为 2，主轴转速为 8000r/min，进给速度为 600mm/min。

切削参数：切削类型为动态剥铣，切削方向为顺铣，步进量为 25%，角度为 60.0°，壁边和底面预留量均设置 0。

精修次数：精修次数为 1，间距为 0.5mm，切削方向为顺铣，补正方式为控制器。

进 / 退刀设置：扫描角度为 30.0°，其余均默认。

共同参数：仅设置下刀位置为 3.0mm，毛坯顶部为 0.0，深度为 –6.0mm。

原点 / 参考点：仅设置进入 / 退出点为（X0，Y0，Z120）。

 注意

进入 / 退出点一般设置为同一点，且适当远一点，确保工件装夹等操作方便，不会碰伤刀具等。本书为使刀具轨迹不会过长，均设置得不是太远。

设置完成后，单击"确定"按钮，系统自动计算并显示刀具路径，如图 1-8 中剥铣刀路 1 所示。

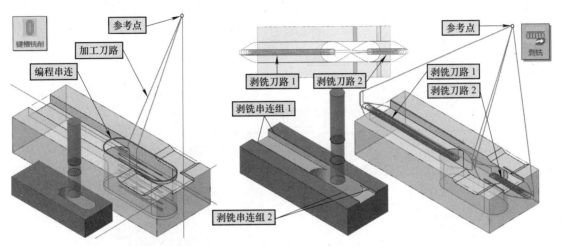

图 1-7　键槽铣削刀路与加工仿真　　　　图 1-8　滑槽等剥铣刀路与加工仿真等

2）右侧浅短槽铣削（操作 3）：将上述左侧滑槽的刀路（操作 2）复制并粘贴操作，然后重选编程串连，修改切削深度为 -2.0mm 即可，操作过程略，刀路如图 1-8 中剥铣刀路 2 所示。

（3）压板头部梯形槽铣削（操作 4 和操作 5）　加工策略选用"铣床刀路→ 3D → 粗切→平行"铣削刀路　。编程前先要创建加工曲面，具体为：执行"曲面→创建 →由实体生成曲面"命令　，提取梯形槽斜面曲面，然后应用"曲面→修剪→延伸"命令　将上面延伸 1mm，底平面可用"线框→形状→矩形"命令　绘制矩形平面，具体如图 1-9 所示。单击"平行铣削"按钮　，弹出"选择工件形状"对话框，单击确定按钮，弹出操作提示，用鼠标依次拾取第一组加工曲面的"斜面－平面－斜面"三个面，单击"结束选择"按钮　结束选择，弹出"刀路曲面选择"对话框，这里不设置干涉面和切削范围等，所以直接单击"确定"按钮，弹出"曲面粗切平行"对话框，相关参数设置如下：

1）刀具参数选项卡：选中 ϕ12mm 平底铣刀，设置主轴转速和进给速度，设置参考点。

2）曲面参数选项卡：采用默认设置即可。

3）粗切平行铣削参数：最大切削间距为 1.0mm，切削方向为双向，Z 轴最大步进量为 1.5mm。单击"切削深度"按钮　切削深度(D)... ，弹出"切削深度设置"对话框，选择"绝对坐标"单选项，设置最低位置为 -2.0mm，最高位置为 0.0。下刀控制：选中"切削路径允许多次切入"单选项；勾选"允许沿面下降切削"和"允许沿面上升切削"两个复选框。

设置完成后，单击"确定"按钮，系统自动计算并显示刀具路径，如图 1-9 所示。

同理，复制操作 4 并粘贴得到操作 5，展开操作 5，单击"图形"标签　图形，弹出"刀路曲面选择"对话框，重新选择第 2 组切削曲面，生成操作 5 的刀路，如图 1-9 所示。

图 1-10 所示为以上讨论的五个刀路（又称操作），其中，操作 3 与操作 2 基本相同，操作 5 与操作 4 几乎完全相同，仅加工面改变。

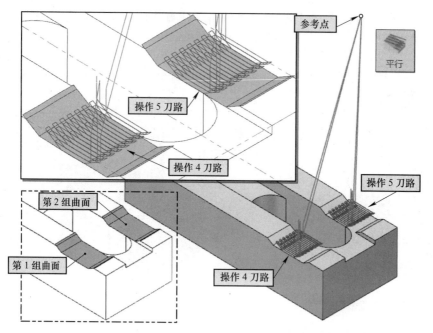

图 1-9　梯形槽铣削刀路与加工仿真

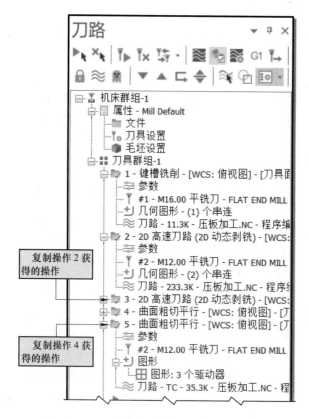

图 1-10　压板刀路群组：操作 1 ～ 5

第三步：后处理生成 NC 加工程序。在"刀路"操作管理器中单击"选择全部操作" ![icon] 按钮，选中以上五个操作。单击"执行选择的操作进行后处理"按钮 G1，弹出"后处理程序"对话框，单击确认按钮 ✓，弹出"另存为"对话框，操作后单击确认按钮 ✓，在指定位置生成 NC 加工程序，同时激活程序编辑器和 NC 程序，如图 1-11 所示，这是 Mastercam 2022 自带的程序编辑器——Mastercam 2022 Code Expert。注意到程序前段有较多的注释（图中括号中的内容），一般还需根据自己使用机床的数控系统进一步手工修改，详见 1.6.3 节。

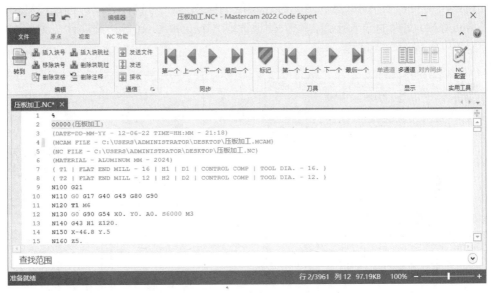

图 1-11　后处理生成 NC 加工程序

1.2　Mastercam 加工模型的准备

加工模型是自动编程的基础，系统可通过选中的加工模型自动提取编程所需的几何参数（如坐标点、圆弧半径等）。由图 1-1 可知，自动编程加工模型主要有两种方法获得：一是由软件自身的 CAD 模块创建加工模型，这种方法使 CAD 与 CAM 模块之间的数据传送无缝连接，不存在数据局部丢失的问题，如局部小曲面的丢失等；二是由外部几何模型导入，用户可根据自身习惯用 Mastercam 之外的其他软件创建加工模型，Mastercam 能够识别大部分常见的几何模型格式文件，实际中用得较多的加工模型格式是 DWG、STP 和 IGS 等通用的几何文件交换格式。

1.2.1　Mastercam 软件 CAD 模块简介

Mastercam 作为一款通用的加工编程软件，包含 CAD 与 CAM 模块。对于准备使用该软件进行编程的用户，建议适当学习其 CAD 模块。Mastercam 的 CAD 模块是系统启动的默认模块，也可单击"机床→机床类型→设计"功能按钮 ![icon] 返回，其主要功能包括二维图形的"线框"绘制模块及三维模型的"曲面、实体与网格"创建模块。这些二维图形和三维模型不仅可创建，还可重新激活编辑，"转换"功能可对二维图形和三维模型进行平移、旋转、缩放、镜像、比例等编辑操作。自 2017 版开始，系统新增了基于同步建模技术的实体编辑功能（在

"模型准备"功能选项卡中），进一步拓展了加工模型的编辑功能。这些功能主要是对用户提供的设计加工模型进行适当的编辑，增加工艺装夹等几何部分，也就是将设计模型拓展为自动编程用的工艺处理后的加工模型，有关 CAD 模块的具体功能可参阅参考文献 [1][4] 等。

1.2.2 AutoCAD 二维模型的导入

在 Mastercam 自动编程中，2D 铣削、车削与线切割编程等所需的加工模型一般仅需二维的几何图形即可，而 AutoCAD 是二维图形绘制应用广泛的软件之一，因此，Mastercam 提供了 AutoCAD 文件的导入接口，可方便地读取 *.dwg 和 *.dxf 等格式文件。图 1-12 所示为某固定扳手工程图导入过程。

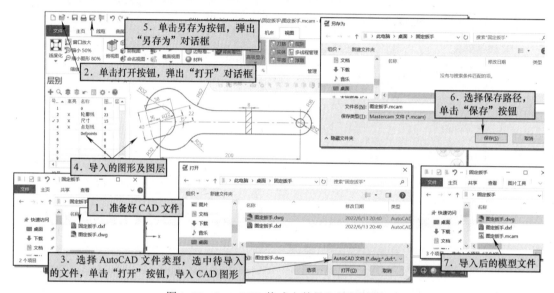

图 1-12　AutoCAD 格式文件导入过程图解

注意

在导入 AutoCAD 文件时，若遇到不能识别文件的现象，可尝试将 AutoCAD 文件另存为更低版本格式文件或更换为 *.dxf 格式文件，这一情况在使用较低版本 Mastercam 或较高版本 AutoCAD 时出现的可能性较大。

1.2.3 STP 格式 3D 模型的导入

STP 格式文件是一种通用的三维模型交换文件，文件扩展名为 *.stp 或 *.step，大部分工程应用软件，如 UG、CATIA、Creo、SolidWorks 等都能够输出与读取该格式文件，Mastercam 也不例外，导入操作步骤如下，操作图解如图 1-13 所示。

1）准备好待导入的 STP 格式文件（微波炉旋钮 .stp）。

2）启动 Mastercam 软件，在快速访问工具栏中单击打开按钮 📂，弹出"打开"对话框。

3）展开对话框右下角文件类型列表，选择文件类型为"STP 文件（* stp,*.step）"，找到待导入的 STP 文件，必要时可重新命名文件名（默认文件名为 STP 格式文件的文件名）。

4）单击"打开"按钮，读入 STP 文件，这时可在 Mastercam 软件绘图区看到导入的模型。

后续可保存该文件备用，或直接用于后续的编程操作，具体操作略。

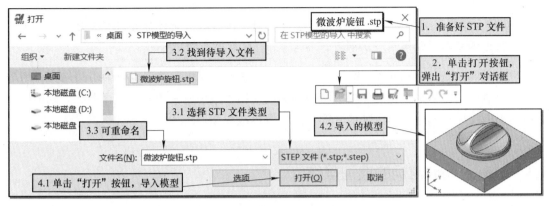

图 1-13　STP 格式文件导入过程图解

📢 注意

STP 格式文件导入的模型是一个实体模型。若是 IGS 格式文件，导入的模型则是一个曲面模型。

📞 提示

以上导入文件过程可基于"拖放"操作完成。将文件拖放至 Mastercam 软件的操作窗口，或直接拖放至 Mastercam 软件启动图标均可快速导入。

1.2.4　加工模型修改常见的操作简介

用户提供的工件模型往往是设计模型，未考虑加工工艺的需要，因此，加工编程时常常需要修改加工模型。在 Mastercam 2022 中，可利用"实体""模型准备"等选项卡中的相关功能修改实体模型，用"曲面"选项卡中的相关功能修改曲面模型。当然，修改过程中可能还会用到"线框"和"转换"选项卡中的相关功能。

由于 STP 格式模型导入的多为无参数模型，Mastercam 自 2017 版开始，就专门开发有无参数模型的编辑功能——"模型准备"功能选项卡。以图 1-13 中导入的模型为例，基于"推拉"功能编辑修改为型腔电极加工模型。操作提示：①基于"主页→分析→图素分析"功能❔可查询到底座立方体的尺寸为 100mm×100mm×20mm；②基于"模型准备→建模编辑→推拉"功能🔲将 4 个侧面向内推拉 12mm，将上平面向下推拉 8mm，推拉操作示例如图 1-14 所示。

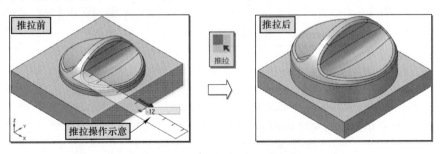

图 1-14　3D 模型推拉操作示例

📢 注意

"模型准备"功能特别适用于无参数模型的快速编辑，对外部导入模型增加工艺部分有极大的帮助，读者应多加研习，参考文献 [1] 有所介绍。

应当说明的是，Mastercam 软件"实体"功能选项区的相关功能也可编辑与修改模型导入的无参数模型，只是编辑时先要提取边界曲线（用"线框→曲线→单边缘曲线"功能），然后基于"实体→创建→…"功能区的相关命令修改模型。

1.3 Mastercam 常规的典型操作

这里介绍的部分典型操作是 CAD 与 CAM 模块通用的常见操作。

1.3.1 视图功能选项卡的相关操作

1. 实体、曲面和网格模型的线框与着色显示

图 1-15 所示为实体、曲面和网格图素（以下简称图素）的外观操作。

图 1-15a 所示为视窗右下角状态栏中的常用按钮及其说明，光标悬停于按钮上也会临时弹出功能说明。

图 1-15b 所示为"视图→外观"选项区的相关按钮，它比状态栏增加了"背面着色"按钮 ◉ 和"材料"按钮 ◉，背面着色以系统配置中的颜色显示曲面和网格背面的颜色。另外该选项区右下角有一个对话框弹出按钮 ◥，单击该按钮会弹出"着色"对话框，其中"灯光模式"选项（见图 1-15d）的下拉列表中有 4 种光源模式，可设置不同的光源投射方向，其对图素的着色渲染有影响。

"主页→属性"选项区的"设置材料"按钮 ◉ 控制图素按图 1-15c 设置的材料显示。

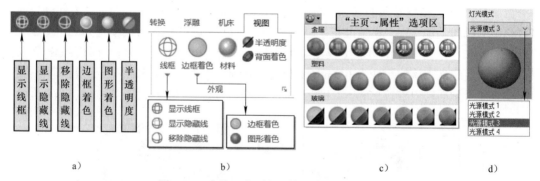

a)   b)   c)   d)

图 1-15　实体、曲面和网格图素的外观操作

a) 状态栏操作按钮　b) "视图→外观"选项区操作按钮　c) 材料设定　d) 灯光模式

图 1-16 列出了某曲面与实体模型的线框与着色显示示例，供学习参考，其中线框显示时曲面与实体略有差异，曲面模型的显示密度可调，而着色显示时没有明显差异。

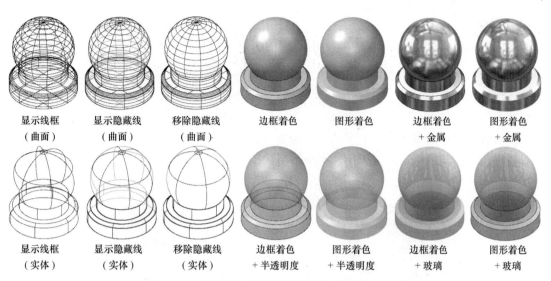

图 1-16　某曲面与实体模型的线框与着色显示示例

2. 坐标轴线与坐标系指针的显示操作

数字模型与数控编程中给的位置表达均涉及坐标系与坐标轴等概念。常用的坐标系包括坐标原点与三个正交的坐标轴，坐标轴正、负方向的无限延伸是坐标轴线，坐标系的显示称为坐标系指针，简称"指针"。在 Mastercam 2022 中，坐标轴线与指针的"显示/隐藏"操作功能按钮设置在"视图→显示→…"功能选项区，如图 1-17a 所示，坐标轴线与指针的显示如图 1-17b 所示。左下角的"视角（视图方向）指针"是始终显示的，设计模块中可显示/隐藏的指针多一个"绘图平面指针"，激活加工模块后可进一步显示/隐藏"刀具平面指针"；工作坐标系指针可分别以不同的颜色显示（勾选"使用原始颜色"选项），世界坐标系轴线默认为灰色，工作坐标系（WCS）指针为酱色，绘图平面坐标系指针为绿色，刀具面坐标系指针为淡蓝色。

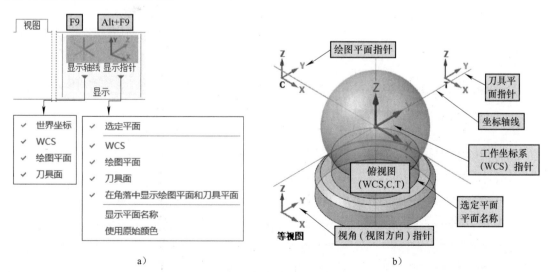

a)　　　　　　　　　　　　b)

图 1-17　坐标轴线与坐标系指针

a）坐标轴线与指针按钮　b）坐标轴线与指针显示

注 意

　　轴线与指针的显示 / 隐藏操作使用频率较高，其切换快捷键分别为 <F9> 和 <Alt+F9>。也可通过依次单击"视图→显示→显示轴线 / 显示指针"按钮实现。

　　操作窗口中"视角指针"布置在左下角，"绘图平面指针"布置在左上角，"刀具平面指针"布置在右上角且只在加工模块中显示。工作坐标系 WCS 默认与世界坐标系重合，如图 1-18 所示，但也可以根据模型加工工艺的需要偏离世界坐标系，如图 1-19 中，工作坐标系 WCS 设置在图示最高部位（毛坯上表面几何中心处）。

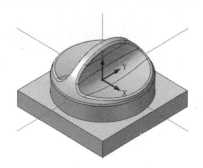
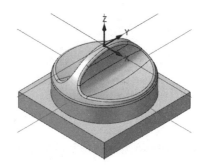

图 1-18　WCS 与世界坐标系重合　　　　　图 1-19　WCS 偏离世界坐标系

3. 视角（屏幕视图）及其切换操作

　　视角又称屏幕视图（Graphics View，简称 G），是观察视图方向在屏幕上所看到的模型显示，对应机械制图中的投影视图。在 Mastercam 2022 中，视角的切换可在"平面"操作管理器、"视图→屏幕视图"选项区等操作，如图 1-20a、c 所示。另外，在单击鼠标右键弹出的快捷菜单中也有常用的操作按钮，如图 1-20b 所示。

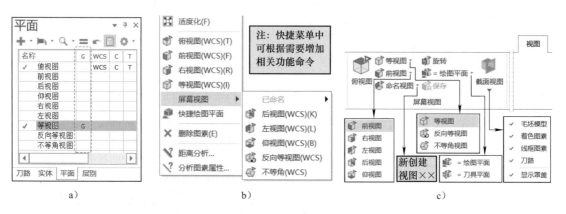

　　　　　a)　　　　　　　　　　　　b)　　　　　　　　　　　　c)

图 1-20　视角操作

a)"平面"管理器　b)快捷菜单视角命令　c)"视图→屏幕视图"选项区

　　在"平面"操作管理器的平面列表中，字母"G"是 Graphics 单词的第一个字母，表示 Graphics View（屏幕视图），在该列表视图名称右侧的 G 视图列单元格中单击鼠标左键，可激活相应的屏幕视图，这时字母 G 切换到该屏幕视图状态（并可临时看到屏幕视图指针），同时字母 G 移至该单元格中。单击"平面"操作管理器左上角的"创建新平面"按钮 ➕•，会弹出下拉菜单，系统提供了多种创建新平面的方法。

"屏幕视图"选项区的功能较快捷菜单中更为完善，除了常规的屏幕视图外，还包括按指定的角度旋转模型操作屏幕视图、绘图平面与刀具平面视图等。另外，若平面管理器中创建了新平面，则可以在"命名视图"按钮 命名视图 ▾ 下拉列表中选用。

快捷菜单中的屏幕视图包含基本的视角操作功能，其中灰色显示的"已命名"命令在创建新平面后会激活，并可在其子菜单中选用。

1.3.2　主页功能选项卡的相关操作

1. 图素属性的操作（颜色、图层等的编辑）

"图素"指各种点、线、曲面和实体等几何特征，其属性包括颜色、线型、线宽、点样式、层别以及曲面显示密度等。其可在"主页→属性"选项区或快捷菜单中设置，以图 1-21 的快捷菜单为例，了解这三个按钮的功能。从左至右，第一个为"设置全部"按钮，单击其会弹出"属性"对话框，可对图素属性进行设置；第二个为"依照图形设置"按钮（快捷键为 <Alt+X>），可拾取现存图素快速获取其属性，此时弹出的"属性"对话框中的属性即所选图素的属性；第三个为"清除颜色"按钮，主要用于转换操作后恢复图素的默认颜色。

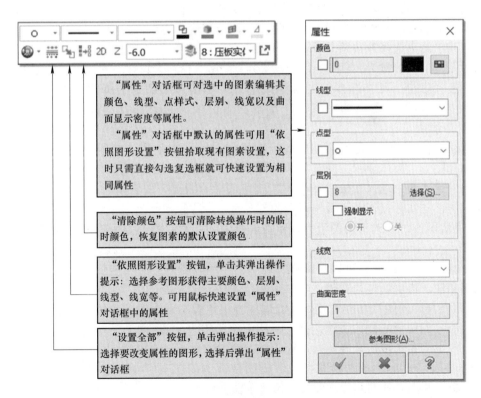

图 1-21　图素属性操作图解

2. 模型图素的消隐与隐藏功能

在"主页→显示"功能选项区，"隐藏/取消隐藏"功能按钮和"消隐"功能按钮以及相应的下拉菜单如图 1-22 所示。"隐藏 / 取消隐藏"按钮默认的下拉菜单"隐藏更多"和"取消部分隐藏"命令（灰色显示无效）在执行隐藏操作后有效（左图所示）。"消隐"按钮的下拉菜单有"消隐"和"恢复消隐"命令。

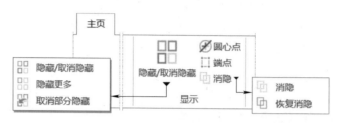

图 1-22 "隐藏 / 取消隐藏"与"消隐"功能按钮

"隐藏 / 取消隐藏"功能：单击该按钮，会弹出"选择保留在屏幕上的图形"操作提示，用鼠标拾取待保留的图素后，单击回车键或"结束选择"按钮 结束选择 ，则选择外的图素会临时隐藏起来。再次单击该按钮，隐藏的图素会重新显示。

"隐藏更多"功能：在隐藏图素的基础上进一步隐藏显示图素中的图素。单击该按钮，会弹出"选择移除在屏幕上的图形"操作提示，用鼠标拾取待隐藏的图素后，单击回车键或"结束选择"按钮 结束选择 ，则选择的图素会继续隐藏。

"取消部分隐藏"功能：可将隐藏的图素按需要显示出来。单击该按钮，会弹出"选择保留在屏幕上的图形"操作提示，同时显示隐藏的图素，用鼠标拾取待重新显示的图素，单击回车键或"结束选择"按钮 结束选择 ，可将选择的图素重新显示出来。

隐藏图素的快捷键为 <Alt+E>，按一次为"隐藏"命令，再按一次为"消除隐藏"命令。

"消隐"功能：可将选择的图素隐藏起来。单击该按钮，会弹出"选择图形"操作提示，用鼠标拾取待隐藏的图素后，单击回车键或"结束选择"按钮 结束选择 ，则所选择的图素会消隐。

"恢复消隐"功能：是消隐功能的反向操作，用于恢复消隐的图素。单击该按钮，会弹出"选择图形"操作提示，同时显示所有消隐的图素，用鼠标拾取待恢复消隐的图素后，单击回车键或"结束选择"按钮 结束选择 ，则所选择的图素会恢复显示状态。

仔细阅读与实际操作，可看出两者的差异。

1）隐藏操作时，选择的图素为保留在屏幕上的图素；而消隐操作时，选择的图素为消隐的图素。

2）消隐操作的结果是可以保留在文件中的，而隐藏的结果不能保存，这一点读者可保存后关闭文件，再重新打开观察。

"隐藏"与"消隐"功能可较好地处理屏幕上重叠与混合的各种凌乱图素，充分利用图素选择功能，如屏幕右侧的快速选择工具栏中相关的"全部 / 单一"按钮或屏幕上部的选择工具栏上的不同窗选按钮选择图素进行操作。例如，对于一个曲线、曲面和实体在同一个图层上的屏幕显示图形，单击隐藏按钮，借助快速选择工具栏中"选择全部曲面图形"按钮 ，可隐藏曲面之外的实体与曲线，仅显示曲面模型。

3．部分分析功能简介

"主页→分析"功能选项区上也有几个常用的操作按钮。

（1）"图素分析"功能　该功能应用广泛，可用于线、点、曲面与实体图素的属性分析，特别是直线、圆弧和整圆等线型图素，还可进行几何参数的修改，包括激活编辑球和指针等进行几何参数的编辑。其操作简述为：单击"主页→分析→图素分析"按钮 ，弹出相关对话框，按对话框的相关项目进行图素的属性与几何参数的查询与修改。

（2）"串连分析"功能　该功能主要用于首尾相连的直线与圆弧构成的开放和封闭串连曲线的分析。串连分析可用于对重叠曲线、线型图素之间交点存在的间隙以及不在同一平面的串连曲线等进行分析。单击"主页→分析→串连分析"按钮 ，弹出"线框串连"对话框，按操作提示选择待分析的串连，继续按操作提示操作，可弹出分析串连的相关信息。

（3）"刀路分析"功能　该功能可对刀路进行信息读取，图 1-23 为图 1-9 所示操作 4 的刀路。单击"刀路分析"按钮 ，弹出操作提示和"分析刀路"管理器，用鼠标拾取刀路，会出现一个显示刀路及其方向的蓝色箭头，箭头的起点为刀位点，方向为刀路运动方向，默认箭头会跟着鼠标沿刀路移动，动态显示加工方向，单击鼠标左键，可将蓝色箭头暂时固定，再次单击，又转为动态的箭头。分析刀路的同时，还有一个短的红色箭头表示当前刀路终点，短的绿色箭头表示当前刀路起点。显示箭头的同时还会显示刀路信息，当蓝色箭头在某段刀路中间时（如图 1-23 中图所示），显示的刀路信息是：操作编号为 4，进给速度为 600.0mm/min，主轴转速为 8000.0r/min，加工指令为 G1，刀路长度为 12.928mm。当蓝色箭头在某段刀路起点（或终点）时，还会显示起点（或终点）位置坐标（图 1-23 右图所示的起点信息）。若选中的刀路是圆弧，其显示的信息略有不同。

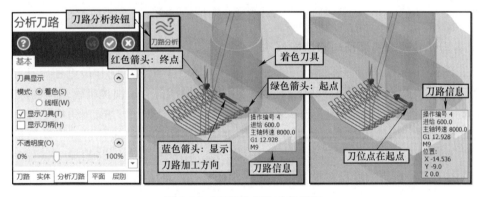

图 1-23　"刀路分析"功能图解

另外，在图 1-23 的"分析刀路"管理器中，还可设置刀路分析时刀具的显示情况，如图中刀具设置为着色模式显示刀具，移动管理器下部的滑动条，可设置刀具的透明度等。

1.3.3　操作管理器及其操作

1．操作管理器的折叠与展开操作

操作管理器简称管理器，如图 1-24 所示，默认包含 5 个管理器，可根据需要控制实际显示数量。操作管理器安装时默认是展开固定在窗口的左侧，管理器标签在下部，如左图所示。单击右上角的固定图标 可将操作管理器切换为隐藏状态，这时在窗口左侧出现了竖直排列的管理器标签，同时操作管理器折叠起来，如中图所示。在折叠状态下鼠标指针接近某个标签（如右图接近"刀路"标签）时，则该管理器会向右临时展开，如右图所示；鼠标指针移出操作管理器后又会自动折叠起来。在操作管理器临时展开状态下，固定图标转

化为非固定状态 ，单击该图标可切换回展开固定状态。隐藏操作管理器可使操作窗口的空间更大。

提示

使用笔记本计算机操作该软件时，可考虑选用管理器隐藏模式。

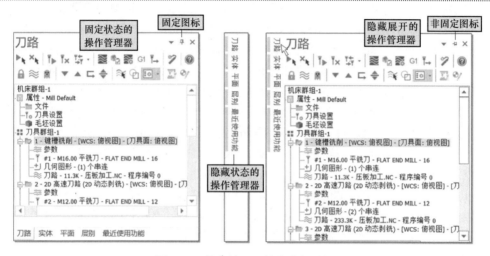

图 1-24　操作管理器的隐藏与展开

2.　各操作管理器的调用与取消操作

在图 1-24 中的操作管理器标签可见到刀路、实体、平面、层别和最近使用功能等五个操作管理器，这是默认安装时显示的管理器，实际中可根据自身习惯控制管理器的数量显示，其操作按钮集中在"视图→管理"选项区，如图 1-25 所示，这五个功能按钮均是开 / 关型的，单击其可在显示与隐藏状态之间切换。单击管理选项区中的"多线程管理"功能按钮 ⊞ 在加工编程计算刀具路径过程中可显示计算进度，这一功能在复杂刀路的加工编程时可能用到，如由图中"多线程管理"对话框可见计算正在进行，进度条会不断右移直至停止。

图 1-25　"视图→管理"功能区管理器操控与"多线程管理"对话框

3.　图层的创建及层别操作管理器

"图层"可方便地用于管理各种图素的显示与隐藏。虽然前述图素的隐藏功能可以对复杂图形进行显示管理，但仍然建议用图层来管理图素的显示，特别是工艺处理与加工编程时可能会新创建一些曲线、曲面和实体等，建议在设计模型的基础上另外建立图层。图 1-26 所示为某固定扳手建模所用图层设置与管理示例。图 1-26a 所示为扳手设计图层，其轮廓线、尺寸与中心线单独建立图层；图 1-26b 所示为工艺规划时建立的图层，毛坯轮廓用于建立毛坯以及后续编程需要，定位圆图层主要确定定位台位置以及确定后续刀路是否会与这个定位圆台干涉等；图 1-26c 所示的避让范围是铣削外轮廓编程时需要制定的避让范围串连曲线等。

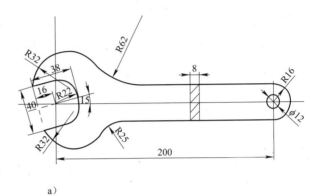

a)

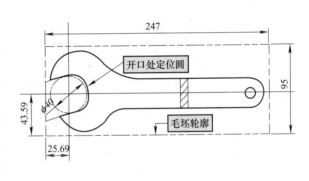

b)

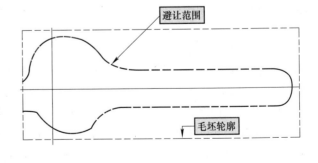

c)

图 1-26　图层设置与管理示例

a）设计图层　b）工艺规划图层　c）编程串连曲线

4. 平面操作管理器操作

平面操作管理器用于管理各种坐标系。这里的平面可以理解为坐标系，因为一个平面就是一个 XY 平面，按右手定则可定义相应的 Z 轴，自然就形成了一个坐标系，若再给定坐标原点，则一个坐标系的位置也就确定了。

在 Mastercam 中，涉及坐标系的概念有以下几个：

1）世界坐标系：也称为系统坐标系，是系统默认的坐标系，用户不能对其重新设置与修改。该坐标系是其他坐标系的基准参照系，可认为是顶层的坐标系。

2）工作坐标系（WCS）：工作坐标系（Work Coordinate System）又称工件坐标系，是以世界坐标系为参照的坐标系。系统默认的九个标准视图平面 [俯视图、前视图、后视图、底视图（又称仰视图）、右视图、左视图、等视图、反向等视图和不等角视图] 的工作坐标系的坐标原点与世界坐标系原点重合，工作坐标系坐标原点可根据需要设置其偏离世界坐标系原点。

工作坐标系可作为第二层次的坐标参照系使用，但构图平面坐标系与刀具平面坐标系设置为跟随工作坐标系时，可快速设置构图平面坐标系与刀具平面坐标系与其重合。另外，单击鼠标右键弹出的快捷菜单中指定显示的屏幕视图便是以这个坐标系为对象定义的。

3）构图平面（C）：构图平面（Construction Plane，简写为 CPlane 或 C）又称绘图平面，主要用于线框图绘制，是 X、Y 轴构成的二维绘图平面，类似于 UG NX 软件中的线框平面，按右手定则确定 Z 轴后即成为构图平面坐标系。构图平面坐标系原点可直接指定原点与世界坐标系重合的系统默认的九个视图平面，也可指定跟随工作坐标系，这时的 X、Y 轴坐标平面和坐标系原点与工作坐标系重合。

4）刀具平面（T）：刀具平面（Tool Plane，简写为 TPlane 或 T），指三轴加工时与刀具轴垂直的平面，是决定刀具轴的平面。该平面（含 X、Y 轴）与刀具轴（Z）构造的坐标系即为刀具平面坐标系。这个坐标系实际上是加工编程中的工件坐标系，其常常设置为跟随工作坐标系，所以工作坐标系也可以称为工件坐标系。

5）视图平面（G）：视图平面是屏幕上观察图形的平面（Graphics view，简写为 Gview 或 G），又称屏幕视图或视角等。平面管理器中指定的屏幕视图（G）显示的屏幕视图是左侧名称列表中对应的视图平面，而快捷菜单指定的屏幕视图显示的是基于工作坐标系定义的屏幕视图。

应当注意的是，Mastercam 中的工作坐标系（WCS）、构图平面（C）、刀具平面（T）和屏幕视图（G）可以独立设置，但为简化使用，一般直接使用工作坐标系，而将构图平面（C）和刀具平面（T）设置为跟随工作坐标系。而工作坐标系的设置，基础的应用是直接使用坐标原点与世界坐标系重合的系统默认的六个标准坐标系（俯视图、前视图、后视图、底视图、右视图、左视图坐标系），应用最多的是系统启动默认的"俯视图"坐标系，并利用"转换"功能选项卡"移动到原点"功能按钮 ✎ 将工件坐标系（WCS）原点快速移动至世界坐标系原点。高级的用法则可直接在工件上建立所需的工件坐标系，然后将刀具平面坐标系（T）设置为与其重合，这种建立工件坐标系的方法类似于 UG 的操作。

图 1-27 以图示方式说明了以上概念，单击"平面"操作管理器中"G"列与相应名称视图相交处单元格，可切换相应屏幕视图，如图中示例的等角视图，视图显示可根据需要调

出相应坐标指针的显示，读者实际操作练习时，注意观察各坐标系指针、图形和操作管理器的设置。

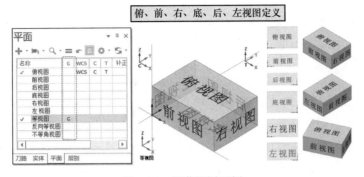

图 1-27　屏幕视图示例

关于视角的操作，图 1-20 介绍了三种操作方式。图 1-28 所示为快捷菜单操作屏幕视图示例，它是基于工件坐标系（WCS）为后视图的视角操作，具体为先在"平面"操作管理器中选中"后视图"，如图 1-28 左图所示，然后通过快捷菜单依次选择相关视图，图中通过相同数字将快捷菜单命令与显示的屏幕视图对应。注意，快捷菜单中的仰视图即"平面"视图管理器中的底视图。

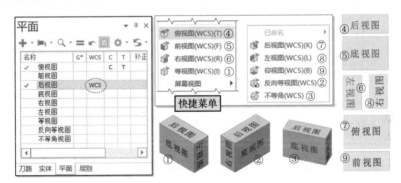

图 1-28　快捷菜单操作屏幕视图示例

> **注意**
>
> 快捷菜单操作的屏幕视图与 WCS 视图有关，仅在 WCS 视图为俯视图时与"平面"管理器中的操作相同。另外，图 1-20 介绍的"视图→屏幕视图"选项区相关操作按键的效果与快捷菜单操作相同。读者可通过实际操作练习体会。

1.3.4　其他常见操作

1. 由实体生成曲面操作

早期 Mastercam 软件常用曲面模型进行加工曲面的选择，因此其针对实体专门设置了一个"由实体生成曲面"功能 ⬚ 提取实体模型的表面为曲面。

单击"曲面→创建→由实体生成曲面"功能按钮 ⬚，弹出操作提示，有多种实体面的选择方式，选择实体面后，单击"结束选择"按钮（⬡结束选择），或按回车键完成操作。

📢 **注 意**

　　①最好将所生成的曲面单独建立图层并放置，这样便于操作管理。②若建在同一个图层上，则可用前述介绍的"隐藏"或"消隐"功能设置为仅显示曲面的模型。③随着 Mastercam 选择实体面为加工面的功能越来越强，由实体生成曲面功能会逐渐减少使用。

2. 加工串连的选择（曲线、实体边等）

　　在加工编程中，经常用到串连曲线的选择。串连曲线可以事先绘制或从曲面或实体面提取，也可直接提取实体模型的边线。图 1-29 所示为串连选项对话框及各按钮功能图解，鼠标指针接近某按钮时，一般会弹出按钮功能提示，进一步了解可单击对话框下部的帮助按钮 ❓ ，但要求有一定的英文基础，使用时可多注意操作提示，逐渐理解掌握。

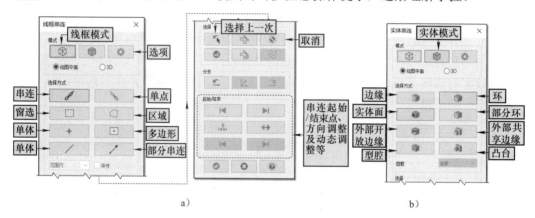

图 1-29　串连选项对话框

a）线框模式　b）实体模式

3. 曲面的选择（曲面模型与实体模型中的表面选择）

　　曲面的选择是 3D 加工编程常用到的操作，Mastercam 2022 除可以方便选择曲面模型的曲面外，实体模型表面（及曲面）的选择功能也在不断加强。图 1-30 所示为曲面选择方法图解，其操作提示显示选择方法较多。

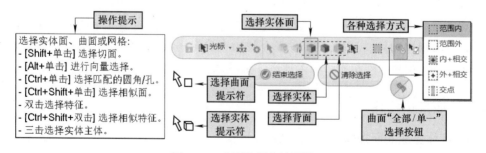

图 1-30　曲面选择方法图解

　　曲面模型的曲面选择较为方便，操作时注意：①灵活运用操作提示选择曲面；②选择后，单击"结束选择"按钮（⬡结束选择）完成曲面选择，若不满意可单击"清除选择"按钮 ⊘清除选择 重新选择；③选择时可借助窗口右侧快速选择区的曲面"全部 / 单一"选择按钮或选择工具栏上的相关"选择方式"命令等快速准确选择。

新版软件实体模型的表面（即曲面）选择功能也不断增强，在实体模型下激活选择曲面时，同样弹出选择实体面、曲面等操作提示，当鼠标指针接近实体表面时，指针会转变为选择曲面提示符◎或选择实体提示符◎，同时所选曲面或实体高亮显示，单击左键选中曲面或实体（即选中实体的整个外表面），若配合操作提示的 <Shift>、<Ctrl> 键组合选择，可同时选择多个表面。当然，还可以配合选择方式命令或快速选择键快捷选择加工曲面，以上选择曲面或实体的工具按钮在选择工具栏上也是自动激活的，另外，选择工具栏上还有一个"选择背面"按钮 ，可用于选择被正面曲面挡住的后侧曲面。

4．临时捕捉与自动捕捉操作

熟练与灵活掌握图素捕捉有助于软件操作。Mastercam 软件的捕捉分为临时捕捉与自动捕捉两种，布置在快速选择工具栏上，如图 1-31 所示。

（1）临时捕捉 单击"光标"按钮 右侧的下拉箭头，在下拉菜单中选择某捕捉功能，可在屏幕上临时执行一次该捕捉操作。选中某临时捕捉图标时（如图左侧选中"圆心"），然后单击解锁状态的"临时捕捉锁定"按钮 ，将其切换为锁定状态 ，则可多次使用选定的临时捕捉功能。在关闭所有的自动捕捉选项后，利用临时捕捉功能可方便地从复杂的图形中选中所需点等。

图 1-31 临时捕捉与自动捕捉

（2）自动捕捉 可在不设定临时捕捉功能的情况下，通过自动捕捉设置对话框（参见图 1-31）设置自动捕捉功能。自动捕捉状态下，当指针接近待捕捉图素时，其形状会发生变化，具体参见参考文献 [1]。

注意

虽然自动捕捉智能化程度高，使用广泛，但选择点太多且集中时会出现干涉现象，影响图素捕捉效果，此时可激活临时捕捉功能。

5．窗选操作与选择范围

屏幕上方的选择工具栏中有一个选择方式下拉列表，如图 1-32 所示。合理利用这几种选择方式有利于快速选择图素。选择方式实际上是"窗选"方式，即按住鼠标左键拖出一个方框（窗口）来选择图素，用得最多的是"范围内"窗选。

6. 快速选择工具的应用

屏幕右侧有一列快速选择按钮，可通过屏蔽所选图素之外的图素，快速地选择所需的图素。快速选择按钮大部分为双功能按钮，用左斜杠分割，左上部为选择全部（Select All），右下部为仅选择（Select Only，即单一选择），鼠标指针悬停在按钮相应功能区时，该区域颜色会变深，同时弹出按钮功能提示。图 1-33 所示为直线快速选择按钮的两种状态示例。

图 1-32　选择方式　图 1-33　直线快速选择按钮示例

1.4　Mastercam 加工编程典型操作

1.4.1　Mastercam 工件坐标系的建立

Mastercam 建立工件坐标系的方法主要有两种——移动工件至世界坐标系原点或工件不动的情况下在工件上指定点建立工件坐标系（WCS）。

1. 移动工件至原点建立工件坐标系

这种方法是目前应用较多的方法，它是将工件上指定点移动至世界坐标系原点并旋转至所需位置建立工件坐标系进行加工编程。因为系统默认的刀具平面坐标系原点是与世界坐标系原点重合的，单击"转换→位置→移动到原点"功能按钮，按操作提示选择工件上欲移动至系统原点的指定点，则系统自动快速地将该点连同屏幕上所有可见的图素移动到世界坐标系原点。

进行"移动到原点"操作时，必须确保在 3D 绘图模式环境中进行，否则工件仅在当前绘图平面中移动。

2. 以工件上指定点 O_w 为原点建立工件坐标系

这种方法不需要移动工件，只需以指定点 O_w 建立一个基于俯视图平面的自定义平面（图 1-34 中俯视图 -1），然后指定该平面为 WCS 平面，并且让刀具平面 T 和构图平面 C 跟踪 WCS 平面，即设置跟随规则为"绘图平面 / 刀具平面跟随 WCS"。图 1-34 所示为其操作示例与步骤图解，读者可基于该坐标系编写一个简单的外形铣削加工程序，通过阅读输出的 *.NC 程序的坐标值，观察和判断这种设置方法是否正确。

通过这种方式设定的工件坐标系是否正确，可查阅相关操作的参数设置对话框中"平面（WCS）"选项进行确认，必须保证当前的"刀具平面"和"绘图面"与"工作坐标系"一致，参见 1.4.8 中的介绍。

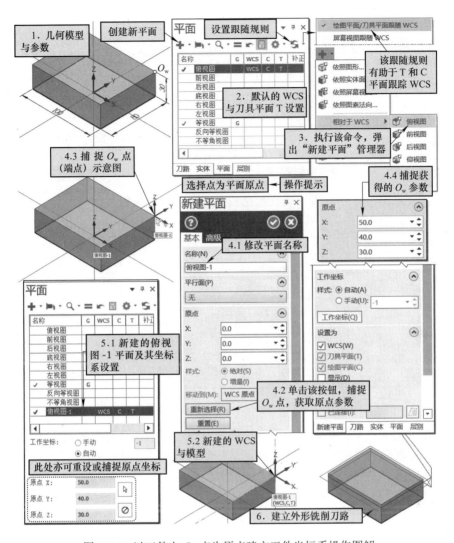

图 1-34　以工件上 O_w 点为原点建立工件坐标系操作图解

注意

以工件上指定点 O_w 为原点建立工件坐标系的方法需要操作者熟练掌握各平面与坐标系的概念，但作为一种检测自己知识掌握程度的测试，是一个不错的选择。

1.4.2　加工模块（环境）的进入

Mastercam 2022 软件中关于加工编程的功能主要集中在"机床"功能选项卡中，如图 1-35 所示，其中，加工模块的进入主要集中在"机床类型"选项区。"铣床"与"车床"类型下拉列表中均有一个"默认（D）"选项，进入的是 Mastercam 软件默认设置的FANUC 数控系统的机床，如铣床进入的是带 A 轴的 4 轴数控铣床，车床进入的是 2 轴的数控车床。这个"默认（D）"选项基本能满足 FANUC 数控系统加工编程的需要。

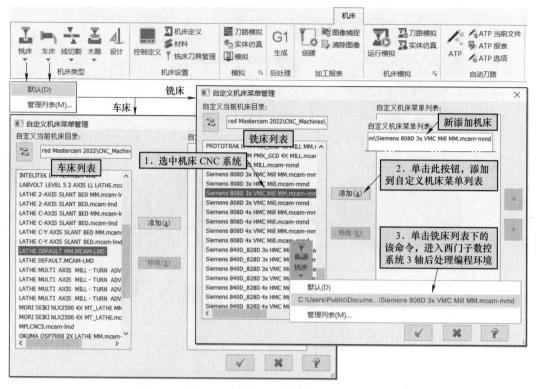

图 1-35 "机床"功能选项卡及铣床、车床类型列表

另外，在"铣床"与"车床"类型下拉列表中均还有一个"管理列表（M）"选项，单击此选项会弹出相应的"自定义机床菜单管理"对话框，对话框左侧有一个当前系统所具有的机床列表供选择。以铣床加工为例，依次单击"机床→机床类型→铣床 ▼ →管理列表（M）"命令，弹出铣床的"自定义机床菜单管理"对话框，在铣床列表中选中"Siemens 808D 3x Mill MM.mcam-mmd"，单击中间的"添加（A）"按钮，可见选中的系统被添加到右侧的"自定义机床菜单列表"中，单击确定按钮，完成西门子系统的添加。这时，再次单击"机床类型"的"铣床"下拉列表，可见到列表中新添加的西门子系统，单击其进入的是西门子数控系统的加工编程环境。图 1-35 中步骤 1 ～ 3 便是其添加并进入的操作图解。

1.4.3 毛坯的设置方法

进入加工模块后，首先必须进行毛坯设置（又称定义毛坯），这里以铣削模块为例进行介绍（车削模块在第 4 章另行介绍）。

1. 立方体毛坯的建立

以图 1-14 所示的"微波炉旋钮"模型设置毛坯为例，要求建立"立方体"毛坯，两侧与底面余量为 0，顶面单面余量为 2mm。图 1-36 为其操作图解。

 注意

基于"边界框"建立加工毛坯必须在"3D"绘图模式下进行，否则无法建立立方体毛坯。

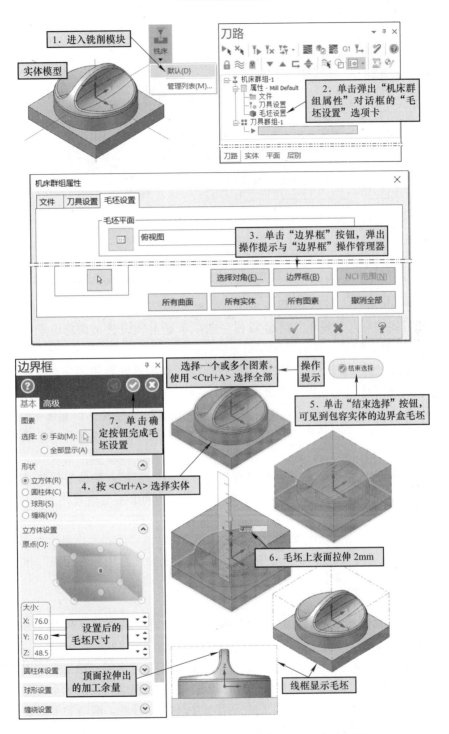

图 1-36　立方体毛坯边界框包容实体创建毛坯操作图解

　　边界框"高级"选项卡中的推拉设置如图 1-37 所示，图中所示的双向增量拉伸设置，在推拉操作中可同时拉伸对称的两个面，这对于机械加工中的双面余量设置非常实用。但其对圆柱毛坯直径的设置不适用。

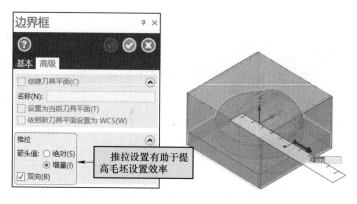

图 1-37　边界框"高级"选项卡推拉设置与图解

图 1-36 中，第 7 步单击"边界框"操作管理器右上角的确定按钮，返回"机床群组属性"对话框，如图 1-38 所示，再次单击右下角的确定按钮，才能完成毛坯设置。

2. "机床群组属性"对话框介绍

"机床群组属性"对话框的"毛坯设置"选项卡是毛坯设置与信息记录的主要部分，图 1-38 所示为其界面图解，先对其进行简要分析：

单击"毛坯平面"选项区毛坯平面选择按钮▣，弹出"选择平面"对话框，可选择和设置平面，其实质可认为是设置工件坐标系。

"形状"选项区提供了多种毛坯的设置方法，如立方体、圆柱体、实体 / 网格或调用实体文件等。实际上，"边界框"管理器中也可以设置立方体、圆柱体和球形的毛坯，参见图 1-36。

毛坯显示默认为"线框"显示，也可设置为"着色"显示，默认为红色透明体显示。取消勾选"显示"选项，还可不显示毛坯，但不影响后续的编程与仿真。

 注意

毛坯显示设置还可用"刀路→毛坯→…"选项区中的"毛坯着色切换"和"显示 / 隐藏毛坯"按钮操作。

毛坯形状与参数区域显示有毛坯几何参数与原点位置，熟悉和理解透彻的读者，可直接在此区域快速设置。

毛坯设置过程中，单击"毛坯设置"选项标签▣ 毛坯设置弹出的"机床群组属性"对话框"毛坯设置"选项卡，是毛坯设置的主要部分，各选项的含义如图 1-38 所示。其中，"形状"选项区中的"实体 / 网格"和"文件"选项创建的毛坯适合铸造、锻造类形状非立方体或圆柱体毛坯以及加工中间过程的半成品毛坯。以下讨论这类毛坯的创建方法。另外，毛坯边界确定方法中的"所有曲面""所有实体""所有图形""边界对角"等操作方法较为简单，读者直接按操作提示即可尝试完成。

图 1-36 所示为基于边界框功能的毛坯设置方法，在图 1-38 下部可见系统还提供了多种确定毛坯的方法，读者可灵活运用。

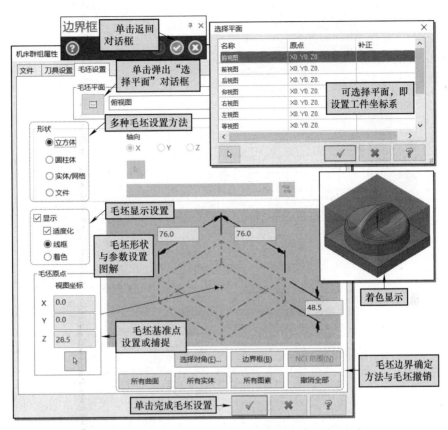

图 1-38　"机床群组属性"对话框"毛坯设置"选项卡介绍

3. 实体模型创建毛坯

由图 1-38 可见，毛坯的形状主要为基本几何体，如立方体、圆柱体等。实际生产中的毛坯可以是类零件型的模锻件或铸件等，这时就必须造型出 3D 毛坯模型作为毛坯，若毛坯与加工件在同一个文件中，则可选中图 1-38 中"形状"选项区的"实体 / 网格"选项，激活右侧的选择按钮，选择毛坯实体定义毛坯（STP 或 STL 格式文件等）。或将毛坯模型独立存盘，然后基于图 1-38 中"形状"选项区的"文件"功能，通过调用文件定义毛坯。

图 1-39 所示为实体模型创建毛坯示例图解，供参考。

实体模型创建毛坯要求操作前构造一个实体模型，可单独构建，也可在加工文件中构建。这里以图 1-12 所示固定扳手外轮廓加工为例，外轮廓加工前已完成工作端开口和手柄端孔加工，外轮廓加工时基于这两部分一面两孔定位加工，毛坯模型与加工轮廓如图 1-39 所示。

加工前准备好两个毛坯模型文件"实体毛坯 .stp"和"STL 毛坯 .stl"，加工编程前将其导入加工文件中（利用 Mastercam 软件中"文件→合并"命令导入），然后基于"实体 / 网格"功能创建毛坯。

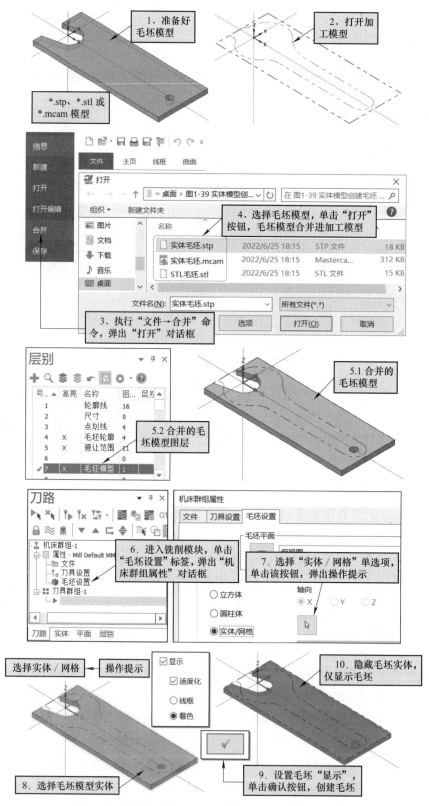

图 1-39 "合并"导入毛坯实体模型创建毛坯操作图解

注意事项:

1) 准备好的毛坯模型, 其坐标系、轮廓形状及尺寸必须与加工文件的要求完全相同。当然, 毛坯模型也可直接在加工模型中建立。

2) 作为导入的 Mastercam 格式模型, 建议先执行"模型准备→修剪→移除历史记录"命令 , 使实体模型成为一个无参数模型, 然后删除实体模型之外的其他图素(如曲线、曲面、尺寸等), 并将这个模型放置在一个加工模型已存于图层之外的图层上, 因为 Mastercam 格式文件"合并"操作后会将原图素属性与图层等一并带入。实际上, 另存为 STP 文件 (*.stp 或 *.step) 可一次性删除图形属性, 更快捷。

3) "合并"导入的实体模型最好单独放置在一个图层中, 便于创建毛坯后隐藏这个实体模型。

4) 在 Mastercam 软件中, "合并"操作就是部分模型的导入, 与原来的模型共同存在, 相对应有"部分保存"命令, 可将选中的图形单独保存为一个模型文件。

> **注意**
>
> 毛坯模型尽可能用着色的方式显示。

4. 过程毛坯模型的提取及其 STL 格式文件创建毛坯

上文介绍的毛坯模型是三维软件创建的实体模型。从数控加工的过程来看, 每一次加工操作完成的模型便是下一次加工操作的毛坯模型, 某些零件加工可能需要多工步加工完成。若每次的毛坯都要重新造型, 则显得较为烦琐, 为此, Mastercam 软件提供了提取加工过程模型的功能, 这个过程模型为 STL 格式文件 (*.stl), 由前文可知它可以作为毛坯模型创建毛坯进行实体仿真。

图 1-40 为某加工过程模型提取示例图解。此处仍然以图 1-12 所示的固定扳手加工为例, 图中首先以立方体毛坯加工工作端开口和手柄端钻孔, 然后提取该加工过程模型为 STL 格式模型。

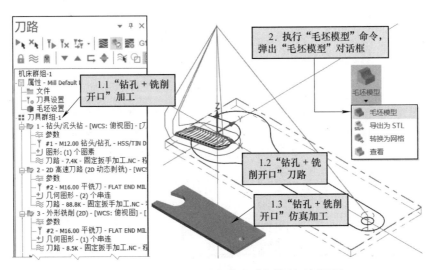

图 1-40 "毛坯模型"功能生成过程模型示例图解

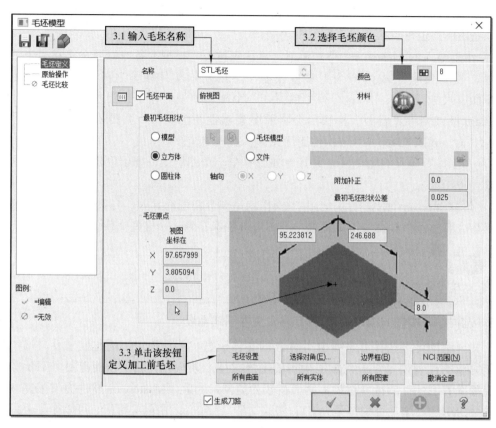

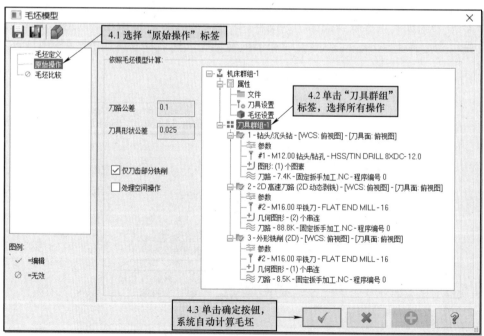

图 1-40 "毛坯模型"功能生成过程模型示例图解(续)

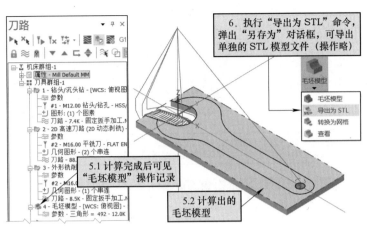

图 1-40　"毛坯模型"功能生成过程模型示例图解（续）

提示

毛坯模型提取的 STL 毛坯模型同样可用于图 1-39 所示毛坯模型的创建。

1.4.4　刀具的创建、选择与参数设置

选择加工策略（刀具路径），设置毛坯后，紧接着就是切削刀具的设置。其方法有：

1. 从刀库中选择刀具

这是最常见、最快捷的方法，从刀库中选择刀具的入口有两处——快捷菜单或工具按钮。图 1-41 所示为用"选择刀库刀具"按钮选择刀具操作图解。

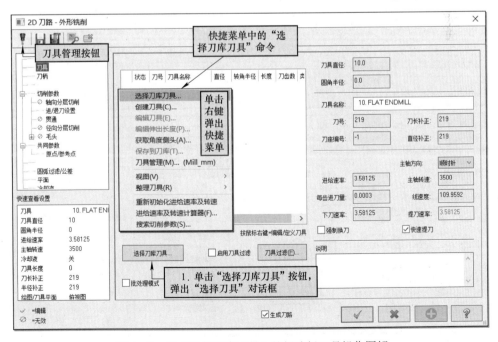

图 1-41　用"选择刀库刀具"按钮选择刀具操作图解

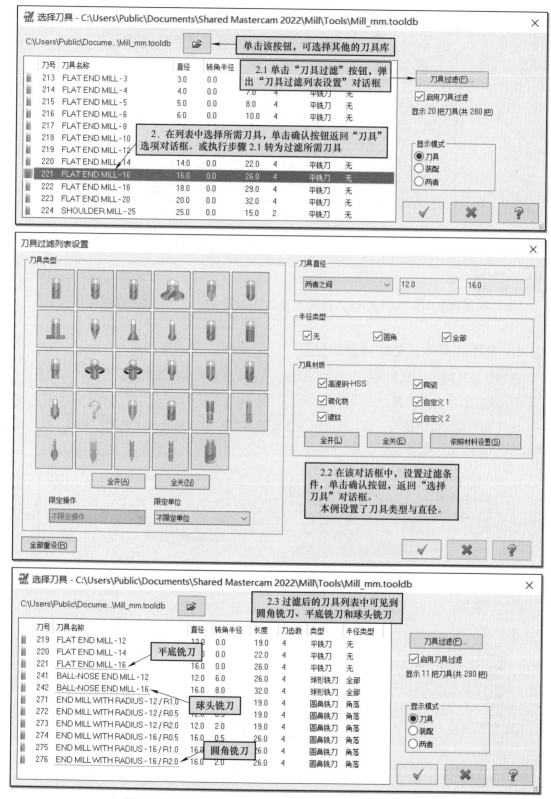

图 1-41　用"选择刀库刀具"按钮选择刀具操作图解（续）

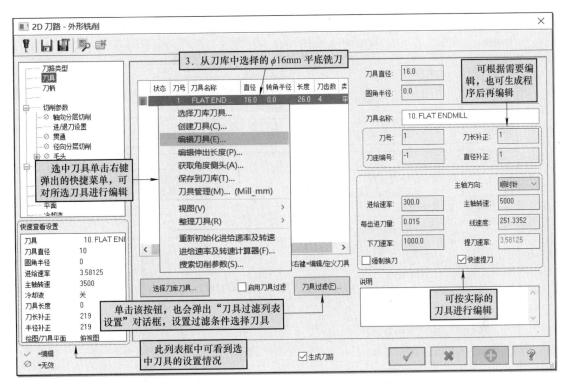

图 1-41　用"选择刀库刀具"按钮选择刀具操作图解（续）

2. 创建新刀具

从刀库中选择刀具基本可满足大部分的编程需要，否则，可以自行创建新刀具。图 1-42 所示为创建一把刻字雕铣刀操作图解，已知条件：刀尖直径为 0.2mm，刀柄直径为 6mm，刀具锥角为 30°，刀具长度为 40mm，主轴转速为 12000r/min，进给速度为 800mm/min。

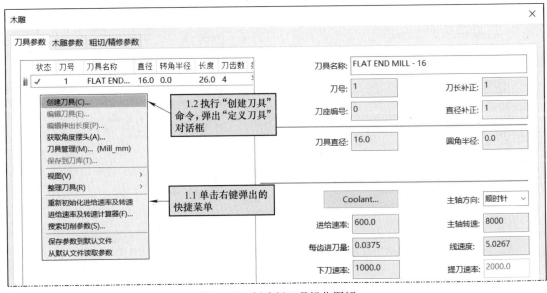

图 1-42　创建新刀具操作图解

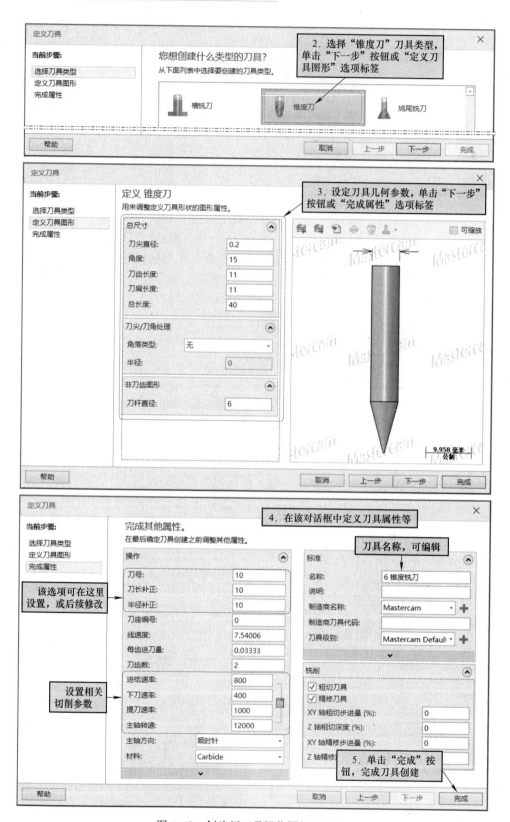

图 1-42　创建新刀具操作图解（续）

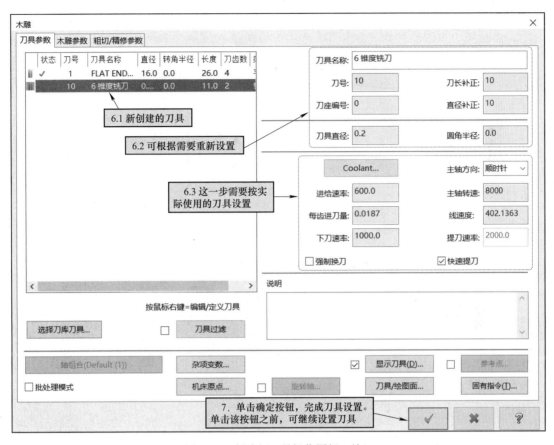

图 1-42　创建新刀具操作图解（续）

> **提示**
>
> 　　创建新刀具功能主要用于系统刀具库中没有的刀具应用。如果经常用到系统中没有的刀具集，建议用户创建自己的刀具库，具体可见参考文献 [4]。

1.4.5　进 / 退刀设置与应用

　　"进 / 退刀"刀具路径是 2D 铣削加工刀具切入 / 切出工件轮廓的加工策略。图 1-43 所示为进 / 退刀设置选项对话框，各参数从文字及图解上基本可以理解，图中按钮 ⟫ 和 ⟪ 分别实现参数的从左向右和从右向左复制，按钮 ⇄ 可实现左右参数的交换。

　　进 / 退刀刀路即切入 / 切出刀路，典型的进 / 退刀刀路由一段直线与圆弧构成。直线的作用是启动刀具半径补偿，圆弧的作用是实现进 / 退刀刀路与加工轮廓的切线过渡。直线与圆弧的过渡有"相切"与"垂直"两个选项，前者运动平稳，后者掠过空间小。斜插进刀指圆弧段之后再加入一段斜坡刀路，主要用于无刀具半径补偿刀路的下刀刀路。直线段长度一般取刀具直径的 100%，建议不小于 50%；典型圆弧扫描角为 90°，也可根据需要适当减小；斜插角度主要与铣刀端面切削刃的性能有关，断面切削刃过中心，则斜插角度可取得较大，否则斜插角度不宜太大，建议控制在 5°～10°，刀具小时取小值。

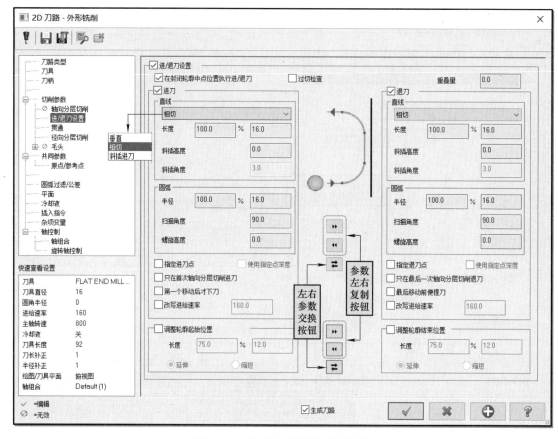

图 1-43　进 / 退刀设置选项对话框

图 1-44 所示为进 / 退刀设置示例。该图为左补偿功能加工刀路，虚线为刀心轨迹，实线为编程轨迹，其中轮廓轨迹与编程轨迹重合，大写字母为编程轨迹描述，小写字母为刀心轨迹描述。$S(s)/E(e)$ 为起始点 / 结束点，$S \to A$ 为进刀直线段，$s \to a$ 为启动刀补轨迹；$D \to E$ 为退刀直线段，$d \to e$ 为取消刀补轨迹，应用刀补功能时必须要有这一段直线段，且移动长度建议大于等于刀具半径，进 / 退刀圆弧切入 / 切出可有效提高切入点加工质量，若从直线端点切入 / 切出，也可直接延伸进刀 / 退刀段直线轮廓。

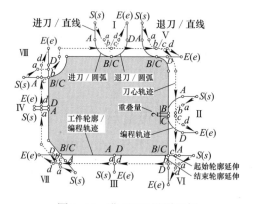

图 1-44　进 / 退刀设置示例

图 1-44 中几种进 / 退刀设置说明：

1）Ⅰ 号设置为系统默认的典型设置，切入 / 切出点在线段中点，切线切入 / 切出，进 / 退刀直线与圆弧相切。

2）Ⅱ 号设置在 Ⅰ 号设置基础上增加了 2mm 的重叠量，切入 / 切出点质量进一步得到提高。

3）Ⅲ 号设置为直线垂直切入 / 切出，切入 / 切出点质量稍差，若增加重叠量（Ⅳ 号设置）可改善切入 / 切出点质量，这种进 / 退刀设置多用于手工编程，自动编程应用不多。

4）V号设置为直线与凸圆弧端点的进/退刀示例，结束段退刀无圆弧段（扫描角度设置为0）直线延伸一段距离（CD段），仍可认为是切线切出。

5）Ⅵ号设置为两线段交点切入/切出，进刀与退刀直线均延伸一段距离，可认为是直线切入/切出。

6）Ⅶ号设置为倒角处进/退刀设置，原理类似于Ⅵ号设置。

7）Ⅷ号设置为直线与凹圆弧交点设置，原理与V号设置类似，但注意刀具半径必须小于轮廓圆弧半径。

1.4.6 下刀设置与应用

下刀设置指刀具轴向切入材料内部的切削方法（软件中称进刀方式设置）。由于很多铣刀端面切削刃并未延伸至铣刀中心，立式铣刀轴向直插下刀的应用受到限制。即使现代数控刀具有端面延伸至中心的切削刃，但由于各点的切削速度不相等，切削性能也远不如圆周切削刃，因此，经典的下刀切削方式是斜坡切削，演变到下刀方式中，则成为典型的Z字形"斜插"下刀与圆弧形"螺旋"下刀。图1-45所示为"进刀设置"选项中下刀刀路与设置参数示例。对话框中若选择单选项"关"（图中未示出），则为直插下刀，其无参数需要设置；斜插下刀的参数设置及图例如图1-45b所示；螺旋下刀的参数设置与图例如图1-45c所示。对话框中某些参数的设置会触发右侧图例的变化与提示。

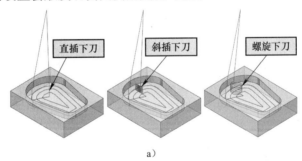

a）

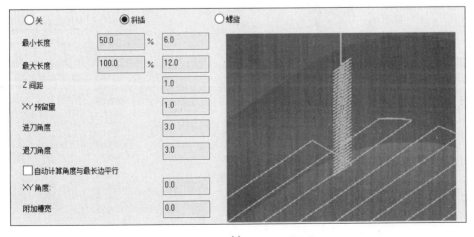

b）

图1-45 下刀设置选项对话框与刀路示例

a）三种下刀方式刀路示例 b）斜插下刀

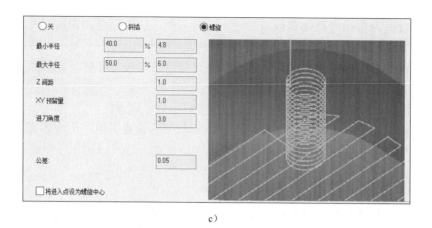

c)

图 1-45 下刀设置选项对话框与刀路示例（续）

c）螺旋下刀

从应用角度看，直插下刀用得不多，适用于深度较小的下刀以及已钻预孔等刀心部位无切削的下刀加工。斜插下刀适用于空间较小处的下刀，但不断的往复移动使得加工振动较大。螺旋下刀虽然占用的空间稍大，但其加工平稳，应用较多。

1.4.7 共同参数、参考点的设置

"共同参数"是每一种加工刀路均必须设置的参数。图 1-46 所示为 2D 铣削加工"共同参数"设置示例，各参数均配有图解，设置过程中若遇到不甚清楚的参数，可通过观察刀路变化结合专业知识理解。3D 铣削和车削加工等共同参数对话框略有差异，但概念基本相同，且也配有图解提示。共同参数设置要充分考虑加工效率、避让和碰撞等因素。图中高度参数均有"绝对坐标"、"增量坐标"和"关联"三个选项，其中"关联"选项会激活选择点按钮，用于在屏幕上拾取点获取坐标参数。

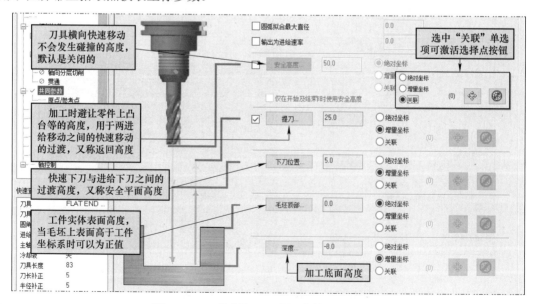

图 1-46 2D 铣削加工"共同参数"设置示例

"参考点"是加工程序的起始点 / 结束点（软件中称为进入点 / 退出点），两者一般取为同一点，且刀具在该点不影响工件的装夹、测量等操作。其设置画面如图 1-47 所示。数值复制按钮可将数据从一侧复制到另一侧。鼠标抓点按钮可进入屏幕捕捉点获取进入 / 退出点参数。

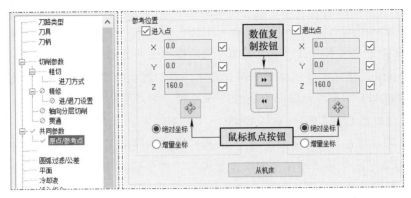

图 1-47　"参考点"设置说明

> **注意**
>
> 　本书中 Z 值往往取得较小，目的是使插图不要太高，实际中可根据机床行程设置得稍大些。

1.4.8　平面选项及其设置

图 1-48 所示为"外形铣削"对话框的"平面"选项参数设置。工件坐标系及其原点参数设置实际上是在刀具平面中进行，但系统均是以工作坐标系进行管理，故必须确保"刀具平面"的平面视图（图中的俯视图 -1）及其原点坐标（50，40，30）与左侧的工作坐标系相同。同样，"绘图平面"必须与刀具平面相同，否则无法读取有效坐标，系统会报警。在选项设置画面中，可快速将某项原点参数左右复制，也可重新在列表中选取平面坐标系或重新捕捉工件上的点设定原点参数。

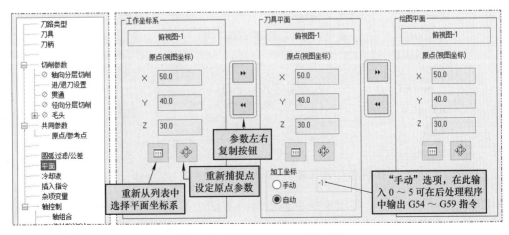

图 1-48　"平面"选项参数设置

注意

刀具平面和绘图平面跟踪工件坐标系（平面和坐标原点相同），如均为"俯视图 -1"及（50，40，30）。

另外，"刀具平面"区域下部的"加工坐标"区域的"手动"设置可使后处理程序输出 G54 ～ G59 指令。读者可试一下"手动"选项输入 1 ～ 5 和 6 ～ 53 并以例 1-1 后处理输出 NC 程序，观察其建立工件坐标系的指令变化。注：默认的"自动"选项输出的是 G54，"手动"选项输入 1 ～ 5 对应输出的是 G55 ～ G59，而"手动"选项输入 6 ～ 53 对应输出的是附加工件坐标系 G54.1 P1 ～ G54.1P48。

利用该选项，可在同一个机床群组中，通过设置不同的工件坐标系，并利用向右复制按钮 将"刀具平面"和"绘图平面"设置成与工件坐标系平面相同，然后，手动对需要单独设置工件坐标系的"加工操作"设置相应的工件坐标系指令，可实现同一机床群组中的不同加工操作具有不同工件坐标系。

1.4.9 切削液选项设置

图 1-49 所示为"冷却液"（切削液）选项设置画面，默认提供三个选项——Flood、Mist 和 Thru-tool，含义分别为冷却液、冷却雾和来自刀具（即内冷却刀具的冷却方式）。每一选项右侧有一个下拉列表，可设置为"On"或"Off"。其中，"Flood"选项设置为"On"，则输出的 NC 程序中会有 M8 和 M9 指令，若再设置"Mist"为"On"，则 NC 程序中还会出现 M07。这些选项对应后处理中的程序段 sm09、sm08 和 sm08_1 参数的设置，详见 1.6.4 节中相关内容的讨论。关于来自刀具冷却选项，目前国内普通的数控铣床和加工中心均未设置该项冷却功能，即使有，还必须要有相关的内冷却刀柄和刀具配合，从随机自带的 MPFAN.pst 后处理程序看，若设置该选项，则程序中应该输出 M88 指令，可见 1.6.4 节中相关内容。

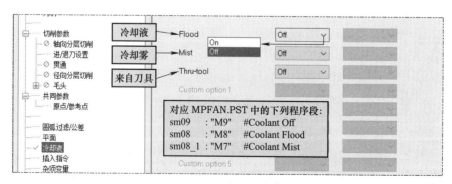

图 1-49 "冷却液"（切削液）选项设置与后处理

MPFAN.pst 后处理程序切削液指令输出修改方法：①在本地机中找到"MPFAN.pst"后处理文件；②用记事本打开该文件，用关键词 M8 搜索到图 1-49 下部的语句，可以看到 Flood、Mist 和 Thru-tool 三选项均是输出 M8 指令；③将其中第三行"sm08_1："M8"

#Coolant Mist" 中的 M8 改为 M7 并保存；④再次对同一编程文件后处理输出 NC 代码，可见到原先输出 M8 的位置现在已改为 M7。

1.4.10　杂项变量设置

"杂项变量" 选项设置画面如图 1-50 所示。前面三项参数设置可分别控制后处理生成的程序为 G92/G54 指令建立工件坐标系、绝对坐标 / 增量坐标编程、G28/G30 指令返回机床参考点等。系统默认为勾选 "当执行后处理时自动设为此值" 复选框，这时的变量参数均为默认不可选的灰色状态。取消勾选复选框，才能设置变量并确定生效。

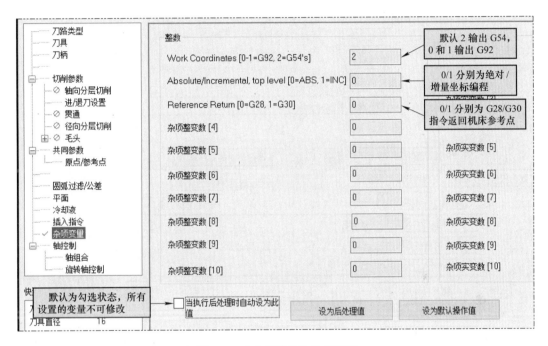

图 1-50　"杂项变量" 选项设置

1.4.11　刀路操作管理器及其应用

"刀路" 操作管理器是编程模块操作常用的操作管理器，如图 1-51a 所示。操作管理器上部有较多的工具按钮，各按钮说明参见图 1-51b。操作管理器列表中的每一个 "机床群组" 记录了一个加工工序，向下展开包括 "属性" 与 "刀具群组" 两项，"属性" 用于加工毛坯的设置等，"刀具群组" 记录了若干 "操作" （文件夹符号 📂 或 📁，带 "√" 的符号表示选中状态，这里的 "操作" 相当于工步），每一个 "操作" 记录了加工的相关参数设置，如："参数" 选项 ⇌ 参数记录了操作加工的主要参数，"刀具" 选项 📄 记录了该操作刀具的参数，"图形" 选项 ➕ 图形记录了该操作所指定加工的图线、曲面等几何参数，"刀路" 选项 ≈ 刀路记录了刀路相关信息，单击这些选项可激活相应对话框重新进行编辑，生成的刀路可 "锁定" 🔒或 "关闭" 👻，执行该操作后不能重新计算或进行后处理。

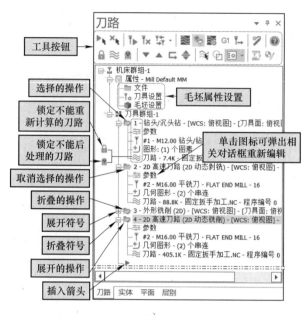

a）

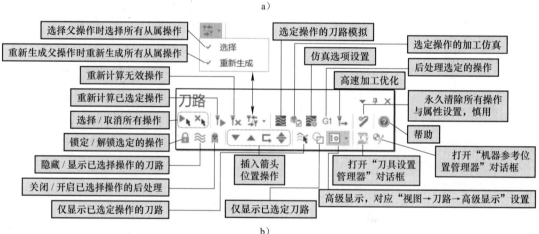

b）

图 1-51 "刀路"操作管理器及其工具按钮图解

a）"刀路"操作管理器　b）操作管理器工具按钮

1.5　刀路模拟与实体仿真操作

"刀路模拟" 与"实体仿真" 是系统提供的动态观察刀具轨迹与加工效果的功能，在加工编程中应用广泛，几乎成为所有编程软件的标准配置。

1.5.1　刀路模拟操作

"刀路模拟"又称"路径模拟"，主要用于观察刀具的加工路径，如图 1-52 所示，主要用于 2D 加工刀路的观察与分析，有关刀路模拟的设置可依次单击"文件→配置"按钮，在弹出的"系统配置"对话框的"模拟→刀路模拟"选项页中进行相关设置。另外，单击"路径模拟"对话框中的"模拟选项设置"按钮 ，在弹出的"刀路模拟选项"对话框中也可进行相关设置。

常见的"刀路模拟"入口有机床功能选项卡模拟选项区"路径模拟"按钮≋或"刀路"操作管理器上部的"模拟已选择的操作"按钮≋。另外，单击"刀路"操作管理器列表中某操作的"刀路"选项图标≋刀路也能快速进入。刀路模拟启动后会在操作窗口上部弹出"路径模拟"播放器操作栏，同时弹出"路径模拟"对话框。单击展开按钮，还可展开"路径模拟"对话框，显示更多的信息。利用"路径模拟"对话框中的按钮可对模拟路径等进行不同显示的设置。

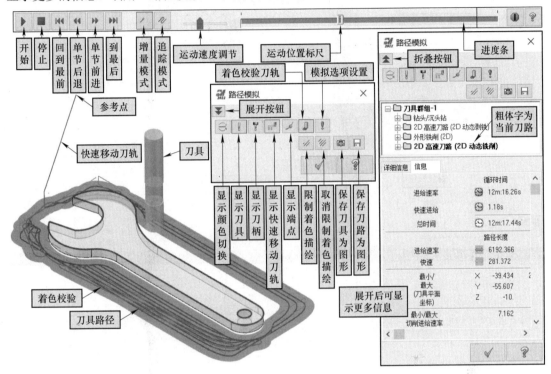

图 1-52 刀具"路径模拟"操作图解

1.5.2 实体仿真操作

对于较为复杂的 3D 加工，由于刀路重叠较多，刀路模拟观察不便，这时多采用"实体仿真"。刀具加工的实体仿真又称加工仿真，是以实体形式模拟加工过程，如图 1-53a 所示。"实体仿真"的入口有两处，分别是"机床"功能选项卡"模拟"选项区的"实体仿真"功能按钮≋或"刀路"操作管理器上部的"验证已选择的操作"按钮≋。

"实体仿真"实际上是一款专用的加工实体仿真软件，其功能较多，限于篇幅，这里不展开介绍。对于图 1-53a、b 所示工具选项卡上虚线框处的这些工具按钮的功能，读者应多加练习。例如，图 1-53b 中的"显示边界"功能按钮≋，可使毛坯的边界得到显示（图 1-53a 中的毛坯显示）；"比较"功能按钮≋可将加工后的毛坯与工件模型比较，并以不同的颜色显示剩余材料的厚度，即判断加工精度，如图 1-53c 所示，类似于 UG 刀轨可视化中的按颜色显示厚度功能。

> **注意**
>
> 这里的实体仿真仅仅是刀路文件的刀路仿真加工，与 VERICUT 等软件的 NC 代码仿真加工不同，与实际机床的加工相差更远。

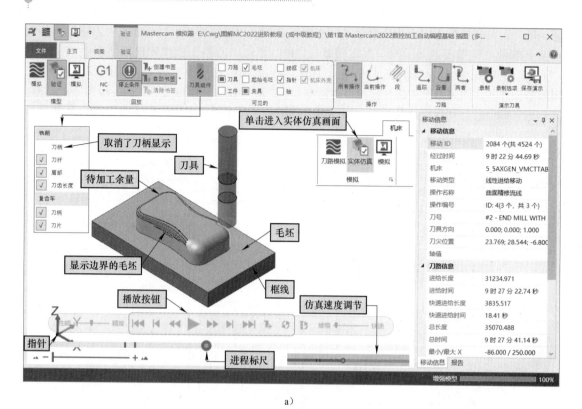

a）

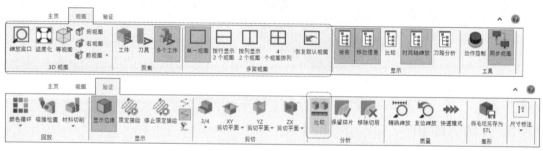

b）

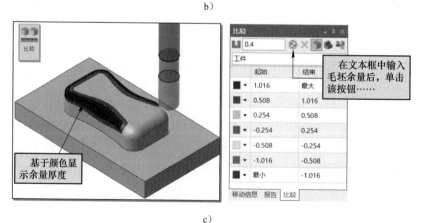

c）

图 1-53　实体仿真操作画面及其他功能

a）实体仿真画面与操作图解　b）"视图"与"验证"选项卡　c）比较功能示例

1.6 后处理与 NC 程序的输出

1.6.1 程序编辑器的设置

在"系统配置"对话框（图 1-54）的"启动/退出"选项中，单击编辑器下拉列表，可看到多个选项：第一项是 MASTERCAM，这是系统安装时的默认选项，其激活的是系统自带的 Code Expert 编辑器（参见图 1-11），是大部分 Mastercam 软件初始用户常用的编辑器；第二项 CIMCO 选项可激活 CIMCO Edit 软件（要求计算机必须事先安装该软件，如图 1-55 所示），该软件是 CIMCO 系列软件中的一个模块，主要用于数控程序的阅读、编辑与修改等，它与 Code Expert 最显著的区别是具有刀具路径动态模拟仿真功能，在数控编程技术人员中应用广泛；第三项记事本是 Windows 系统自带的一款通用文本编辑器，若选择该选项，则输出程序时激活的是"记事本"软件编辑程序。熟悉 CIMCO Edit 软件的用户可尝试一下第二个选项，会带给您满意的效果。

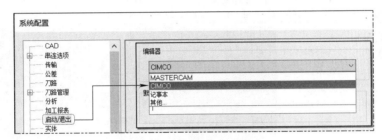

图 1-54 程序编辑器的设置

1.6.2 Mastercam 后处理与程序输出操作

后处理是将系统的刀路文件 *.NCI 转换成数控加工程序文件 *.NC（NC 代码）。后处理首先必须有一款适合加工机床数控系统的后处理程序，此处以系统默认的后处理程序 MPFAN.pst 为例，其后处理操作图解如图 1-55 所示。在第 5 步激活的 CIMCO Edit 程序编辑器中可看到输出的 NC 程序，进一步操作可进行程序的 NC 代码动态刀路仿真，并可方便地对 NC 程序进行编辑修改。

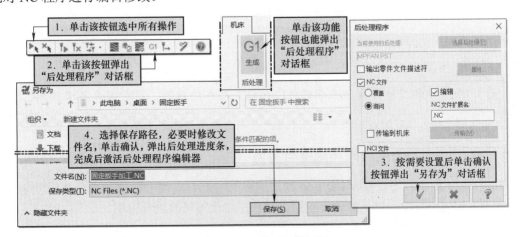

图 1-55 后处理操作图解

注：若第1步未选择全部操作，则在第3、4步之间会弹出该对话框，若选择"是"则会自动选择全部操作，若选择"否"则仅对选中的操作进行后处理

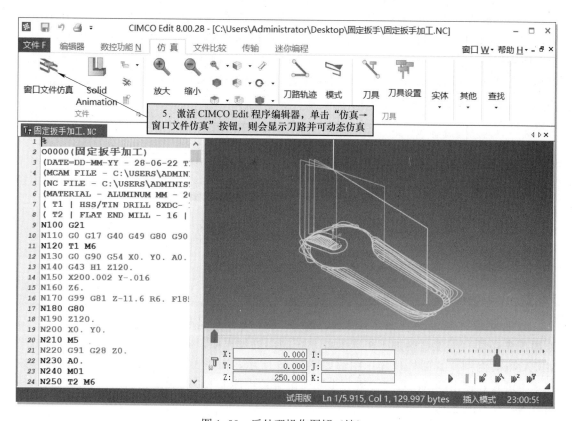

图 1-55   后处理操作图解（续）

（提示）

图 1-55 所示的刀路仿真与左侧的 NC 代码是动态对应的，这对阅读与编辑 NC 程序有很大帮助。

1.6.3 Mastercam 输出程序的阅读与修改

Mastercam 输出程序在 CIMCO Edit 程序编辑器中配合右侧的刀轨动态仿真阅读与修改是一种不错的编辑环境。以下就例 1-1 后处理程序阅读与修改进行说明。

源程序

```
%
O0000(固定扳手加工)
(DATE=DD-MM-YY - 29-06-22 TIME=HH:MM -
21:42)
(MCAM FILE - C:\USERS\ADMINISTRATOR\
DESKTOP\固定扳手\固定扳手加工.MCAM)
(NC FILE - C:\USERS\ADMINISTRATOR\
DESKTOP\固定扳手\固定扳手加工.NC)
(MATERIAL - ALUMINUM MM - 2024)
(T1 | HSS/TIN DRILL 8XDC- 12.0 | H1 )
(T2 | FLAT END MILL - 16 | H2 | XY STOCK TO
LEAVE - 1. | Z STOCK TO LEAVE - 0. )
N100 G21
N110 G0 G17 G40 G49 G80 G90
N120 T1 M6
N130 G0 G90 G54 X0. Y0. A0. S800 M3
N140 G43 H1 Z120.

N150 X200.
N160 Z6.
N170 G99 G81 Z-11.6 R6. F100.
N180 G80

N190 Z120.
N200 X0.
N210 M5
N220 G91 G28 Z0.

N230 A0.
N240 M01
N250 T2 M6
N260 G0 G90 G17 G54 X0. Y0. A0. S6000 M3
N270 G43 H2 Z120.
N280 X-38.468 Y-20.501
N290 Z5.

……
N570 G1 X11.169 Y-3.796 Z-9.75
N580 G0 Z5.
N590 Z120.
N600 X0. Y0.
N610 X-51.684 Y-17.99
N620 Z6.
N630 G1 Z-10. F1000.

N640 G41 D2 X-37.827 Y-25.99 F300.
N650 G3 X-29.827 Y-28.134 I8. J13.857
……
```

修改说明

程序开始符 %，建议保留
程序号，按需要修改，如 O0163
括号中的注释可删除

N100 的 G21 为开机默认，可删除
N110 中指令为开机默认，可删除
N120 的 T1 可修改
N130 中删除 A 轴尺寸字（A0）
N140 的 Z120. 可考虑提至 N130 行且记住 T1 刀具的长度补偿存储器编号

N150、N160 钻孔位置定点
N170 钻孔加工固定循环指令，同时注意进给量可根据实际情况调整

N190、N200 为返回起刀点
N210 的 M5 为主轴停转，为后续换刀做准备
N220 的 G28 是否改为 G30 返回换刀点指令由实际机床确定
N230 A 轴尺寸字，可删除程序段
N240 的 M01 可删除
N250 的 T2 可修改
N260 中删除 A 轴尺寸字（A0）

N280 开始进入操作 2 的扳手前端开口的剥铣铣削加工，其中注意进给速度是否合适，如 N310 程序段中的 F400 是否要修改

中间大量切削加工的 G1、G3 指令的程序段可以忽略

N580 ～ N600 再次返回起刀点

N640 为操作 3 的扳手开口精铣程序段启动刀具左补偿，注意记住刀具半径补偿存储器编号 D2，同时注意进给速度是否合适

N740 G3 X-35.401 Y6.368 I4.141 J-15.455

N750 G1 G40 X-43.401 Y-7.488   N750 中出现取消刀具半径补偿指令 G40，即轮廓精

N760 G0 Z6.   铣加工结束

N770 Z120.

N780 X0. Y0.   N770、N780 再次返回起刀点

N790 X-37.857 Y-2.492   N790 开始转为操作 4 的外轮廓动态铣削加工，中间

N800 Z6.   大量的切削走刀指令可以忽略，直接找到动态铣削的

N810 Z3.   结束程序段，如 N9560 程序段

N820 G1 Z-8.75 F7.2

……

N9560 G1 X82.751 Y26.138 Z-8.75

N9570 G0 Z6.

N9580 Z120.

N9590 X0. Y0.   后续的处理与前述钻孔结束基本相同，如 N9580、

N9600 M5   N9590 段返回换刀点

N9610 G91 G28 Z0.   N9610、N9620 程序段中的 G28 指令是否需要改为
     G30，且 N9600 段的 M5 指令可以删除

N9620 G28 X0. Y0. ~~A0.~~   N9620 中的 A0 可删除

N9630 M30   N9630 的 M30 预示着程序结束

%   程序结束符 %，与开始符对应，保留

修改程序主要注意以下几点：

1）程序名按自己的要求进行修改，如本例可改为 O0163。

2）括号中的注释一般不保留，因为进入机床 CNC 系统后会显示乱码。

3）程序开始出现的指令 G21、G0、G17、G40、G49、G80、G90 一般为开机默认，保留与否对程序加工影响不大，取决于个人习惯。

4）换刀指令 T1、M6 对于数控铣床无意义，可以删除。对于加工中心，要注意其前面的返回换刀点指令是否符合自己机床的要求，如有的机床用 G30 返回换刀点。

5）后处理输出的程序一般以每个"操作"为一个小单元，若刀具没有变换，则过渡更为简单。对于每一个小单元要注意其开始与结束部分，中间部分的刀具切削移动程序一般可以忽略。开始部分需要关注建立工件坐标系指令是否需要修改，以及主轴转速与进给速度是否正确，另外刀具半径补偿与长度补偿指令要记住存储器编号（可根据需要修改），这些在机床加工时需要设置。结束部分常常出现返回指令 G28，若其为返回换刀点指令，则注意是否修改为 G30，以及是否需要 X、Y 轴返回参考点。

6）图 1-55 中的切削加工采用了高速铣削加工（操作 2 和操作 3），程序段数量大，系统一般设置操作 N9999 后的程序段重新开始循环。对于这种情况，建议借助动态软件，如图 1-55 中介绍的 CIMCO Edit 程序编辑器，重点关注每一个操作的开始与结束部分，注意主轴转速与进给速度是否需要修改等。

7）注意本例未设置切削液指令，有兴趣的读者可参照图 1-49，加入切削液设置，再次后处理观察 M8 和 M9 指令所处程序段是否合适。

8）程序中的选择性暂停指令 M01 多出现在程序换刀指令段前，若留下此指令，则认为这里有必要暂停，以检查一下加工现场情况。当然也可以改为暂停指令 M00，取消刀具指令，改为手工换刀，这是可删除刀具指令程序段。

9）注意本示例采用的后处理程序 MPFAN.pst 是一个带 A 轴的四轴后处理程序，可用于普通三轴数控铣床增加数控转台实现四轴加工。由于本例为三轴加工，因此，所有 A 轴的尺寸字

均可删除（若想不输出 A 轴的尺寸字，则需修改后处理程序 MPFAN.pst，参见 1.6.4 节内容）。

总而言之，要想修改好 NC 程序，必须要熟悉机床 CNC 指令集及其加工设置等，否则很难修改好。

提示

修改程序的过程就是一个阅读程序的过程，建议结合自己使用的机床进行练习。

1.6.4　Mastercam 后处理程序输出 NC 程序代码的其他问题

1．G 指令和 M 指令代码前 "0" 是否省略问题

Mastercam 2022 软件安装完成后，后处理程序 MPFAN.pst 输出的 NC 程序默认省略 G 指令和 M 指令代码的前 "0"，即：G00/G01/G02/G03/G04 输出为 G0/G1/G2/G3/G4，M03/ M04/ M05/ M06/ M08/ M09 等输出为 M3/ M4/ M5/ M6/ M8/ M9 等。虽然这种输出不影响系统读取与执行程序，但 FANUC 系统编程学习时这些指令的前 "0" 一般是不省略的，为阅读方便，可自行对默认的后处理程序 MPFAN.pst 进行修改。

首先，单击"机床→机床设置→机床定义"功能按钮■，弹出"控制定义"对话框，在"后处理"按钮右侧的下拉列表框中可看到后处理程序在系统中的位置，找到相应的文件并用记事本软件打开，如图 1-56 所示，可见其是一个适用于 FANUC CNC 系统的 4 轴后处理程序——MPFAN.pst。

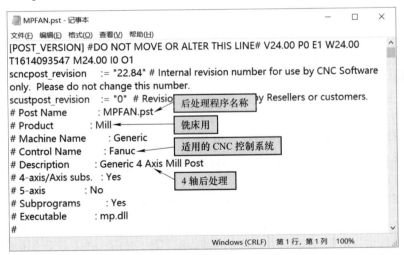

图 1-56　打开的 MPFAN.pst 后处理程序

在打开的后处理程序中找到下列部分：

```
# --------------------------------------------------------------------------
# General G and M Code String select tables
# --------------------------------------------------------------------------
# Motion G code selection
sg00      : "G0"     #Rapid
sg01      : "G1"     #Linear feed
sg02      : "G2"     #Circular interpolation CW
```

```
sg03        : "G3"       #Circular interpolation CCW
sg04        : "G4"       #Dwell
sgcode      : " "        #Target string
```

将上述代码中的 G0、G1、G2、G3、G4 修改为 G00、G01、G02、G03、G04。

继续在后处理文件中找到有关 M 指令的部分，将其前"0"补上。主要有以下几部分：

```
#Cantext string definitions (spaces must be padded here)
sm00        : "M0"
sm01        : "M1"
⋮

#Misc. string definitions
⋮
sm06        : "M06"      #Toolchange
⋮

# Generate string for spindle
sm04        : "M4"       #Spindle reverse
sm05        : "M5"       #Spindle off
sm03        : "M3"       #Spindle forward
⋮

#  Output of V9 style coolant commands in this post is controlled by scoolant
sm09        : "M09"      #Coolant Off
sm08        : "M08"      #Coolant Flood
sm08_1      : "M07"      #Coolant Mist
sm08_2      : "M88"      #Coolant Tool
⋮
```

修改完成后将文件保存后即可生效。

 注意

> 不用纠结上文讨论的前"0"是否省略，目前的数控系统几乎都能识别。

2. 圆弧插补指令 G02/G03 的 IJK 与 R 输出

圆弧插补指令 G02/G03 的格式有圆心坐标（IJK）编程和圆弧半径（R）编程两种，简称为 IJK 编程和 R 编程，前者通用性较好（如西门子系统和 FANUC 系统的 IJK 编程格式均相通），而后者的可读性较好。后处理程序 MPFAN.pst 默认输出的是 IJK 编程格式，若读者想要输出 R 编程格式，需自行设置。设置图解如图 1-57 所示，设置方法如下：

1）单击"机床→机床设置→机床定义"功能按钮 ，弹出"机床定义文件警告"对话框，单击"确定"按钮，弹出"机床定义管理"对话框（注：是否进入加工模块（如铣床或车床加工模块），弹出对话框的设置不同。若未进入铣削系统，则还会多一个"CNC 机床类型"对话框选择进入的系统。这里假设已进入铣床系统模块）。

2）单击"控制定义"按钮 ，弹出"控制定义"对话框，如图 1-57 所示。

3）在"控制定义"对话框中，单击"圆弧"标签，进入圆弧设置画面，在"圆心形式"选项区域，单击"XY 平面"下拉列表框选择"半径"选项（注：默认设置"开始至中心距离"选项为圆心坐标（IJK）编程格式）。

4）单击确认按钮，按提示多次确认即可修改完成。

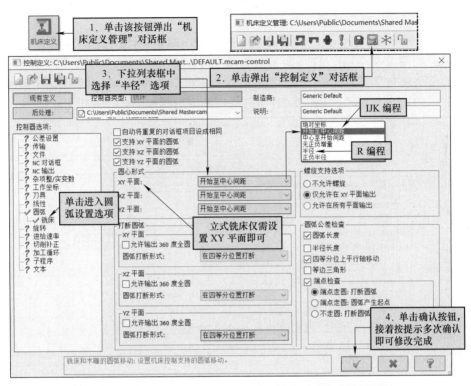

图 1-57　G02/G03 后处理输出 R 编程格式圆弧指令设置图解

在图 1-57 所示对话框中，除了"圆心形式"选项设置外，其他选项设置按文字提示配合后处理输出 NC 程序观察即可理解。

3. 去除默认后处理程序的 A 轴输出

由图 1-56 可见，MPFAN.pst 是一个 4 轴后处理程序，三轴编程时默认输出的 NC 程序刀具初始定位以及 G28 指令返回参考点时均会出现绕 X 轴旋转的 A 轴尺寸字"A0."。虽然该尺寸字的存在对程序执行无影响，但若觉得碍眼，可修改 MPFAN.pst 后处理程序，关闭 A 轴输出。具体方法是打开 MPFAN.pst 后处理程序找到下列部分，其中"rot_on_x"选项默认设置为"1"，若将其设置为"0"，则表示关闭，修改后将文件保存即可生效。

```
#region Rotary axis settings
# -------------------------------------------------------------------
# Rotary Axis Settings
# -------------------------------------------------------------------
read_md      : no$   #Set rotary axis switches by reading Machine Definition?
vmc          : 1     #SET_BY_MD 0 = Horizontal Machine, 1 = Vertical Mill
rot_on_x     : 1     #SET_BY_MD Default Rotary Axis Orientation
                     #0 = Off, 1 = About X, 2 = About Y, 3 = About Z
rot_ccw_pos  : 0     #SET_BY_MD Axis signed dir, 0 = CW positive, 1 = CCW positive
```

4. 如何使默认的后处理程序输出程序段结束符"；"

由图 1-55 可见，MPFAN.pst 默认输出的 NC 程序的程序段没有程序段结束符"；"（英文分号）。实际上这个结束符表示 CNC 系统执行程序时，分号后面的注释等被忽略。显然，在没有注释的情况下没有分号是不影响程序执行的。当然，若想后处理输出程序时的程序段带有这个分号，也可以进行设置。

参照图 1-57 所示方法进入"控制定义"对话框，单击"NC 输出"标签，进入 NC 输出设置画面，如图 1-58 所示，在页面下方勾选"每行结尾附加的字符"并在"第一个附加字符（相对于 ASCII 字符表 0 ～ 255）"后面的文本框中输入"59"，单击确定按钮即可完成设置（注：59 是分号符";"在 ASCII 字符表中的十进制编码）。

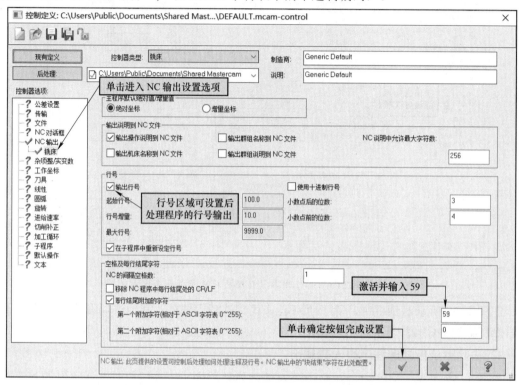

图 1-58　后处理程序输出程序段结束符";"设置图解

图 1-58 除了上述的设置外，还可以看到其他系统默认的设置并可修改。如"行号"区域可见到起始行号为 100，行号增量为 10，最大行号为 9999，NC 的间隔空格数为 1 等。当然，这些参数在 CIMCO Edit 程序编辑器中设置更方便且其功能更丰富，特别是常用的"重排行号"功能。

本 章 小 结

本章在介绍 Mastercam 2022 编程流程的基础上，讨论了 Mastercam 编程中一些典型、基础和常用的功能，旨在帮助读者快速进入编程模块的学习。内容包括 Mastercam 如何导入其他格式的数字模型；视图、主页、操作管理器等基础操作；Mastercam 编程的通用基础工作，如建立工件坐标系、设置加工毛坯、定义与创建刀具、进 / 退刀设置、下刀位置设置、共同参数与参考点设置等，并讨论了刀路模拟与实体仿真问题。最后，讨论了后处理问题及后处理程序修改的几个问题。

第❷章 2D 数控铣削加工编程 >>>

Mastercam 编程软件的 2D 铣削加工以工作平面内两轴联动加工为主，配合不联动的第三轴，可实现 2.5 轴加工，加工的侧壁一般垂直于底面。Mastercam 2022 的 2D 铣削加工功能集中在"铣床刀路"功能选项卡"2D"选项列表中，归结起来可分为普通 2D 铣削、动态 2D 铣削（即高速 2D 铣削）、钻孔、铣削孔和线架铣削加工，其中线架铣削加工现在已不多用。

2.1 2D 铣削加工特点与加工策略

2D 铣削加工以工作平面内两轴联动加工为主，其加工侧壁与底面垂直，即与主轴平行。以立式铣床加工为例，其加工的主运动为主轴旋转运动，进给运动为 X、Y 轴联动合成运动的刀具移动，Z 轴移动与 X、Y 轴不联动，可实现 2.5 轴加工。这样一种加工特点决定了其加工以平面曲线运动为主，对于封闭曲线，有外轮廓铣削、内轮廓挖槽加工，以及沿曲线轨迹移动的截面取决于刀具外形的沟槽铣削。另一种加工思路是，以 X、Y 轴定位，Z 轴轴向进给移动进行加工，如插铣加工。以钻孔为代表的定尺寸孔加工刀具的加工也是采用 X、Y 轴定位，Z 轴轴向进给进行加工的方法。对于孔径较大的圆孔，由于刀具等原因，一般以铣削代替钻孔进行圆孔加工，根据长径比的不同，圆孔铣削工艺有以水平运动为主的全圆铣削和以螺旋运动为主的螺旋铣孔加工方法。大尺寸螺纹加工常常采用螺纹铣削加工，其属于指定导程（或螺距）的螺旋铣削加工。

线架加工是基于线架生成曲面的原理生成刀具路径，它与相应线架生成曲面后再选择曲面生成刀具路径进行加工相比，仅是省略了曲面生成的过程，且线架加工仅适用于特定线架的加工，因此，其应用范围远不如基于曲面铣削的加工广泛，故近年来使用者逐渐减少。

2D 铣削加工策略集成在铣削刀路选项卡的 2D 选项列表区，如图 2-1 所示。默认为折叠状态，需要时可上、下滚动或展开使用。

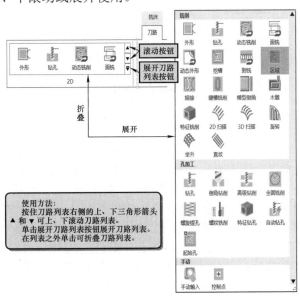

图 2-1 2D 刀路列表的展开与折叠

2.2 普通 2D 铣削加工编程及其应用分析

2.2.1 外形铣削加工与分析

"外形"铣削加工是 2D 加工策略中经典的加工刀路之一,其基础是 2D 曲线的轮廓加工,可控制刀具沿加工串连曲线铣削沟槽,或控制刀具沿着串连曲线的左侧、右侧精铣外、内轮廓。另外,可控制刀具轨迹水平或垂直方向分层铣削,实行 2D 粗铣加工。外形铣削加工功能还可拓展为 2D 轮廓倒角、斜坡铣削、2D 内拐角残料加工等实用的加工方法。

1. 外形铣削精加工——轮廓铣削

(1) 外形铣削精加工分析(图 2-2) 外形铣削经典刀路是轮廓精铣加工,刀具可沿着所选定的轮廓框线(串连曲线或轮廓串连)的左、右侧或中间进行加工。对于封闭的串连曲线,则常称作外形(外轮廓)铣削和内侧(内轮廓)铣削,沿着串连曲线正中铣削属于沟槽加工。常规的外形铣削刀具路径(刀心轨迹)是偏离轮廓框线刀具半径的偏置轨迹,其偏置方法可以是"电脑"控制或"控制器"控制,"控制器"控制偏置时的编程轨迹可不考虑刀具半径的问题,直接为轮廓框线,程序输出时有刀具半径补偿指令 G41 或 G42,实际刀具偏置后的运动轨迹取决于输入数控机床刀具半径补偿存储器的补偿值,这种方法可以精确地控制二维铣削加工件的轮廓精度,从而用于 2D 轮廓的精铣加工。

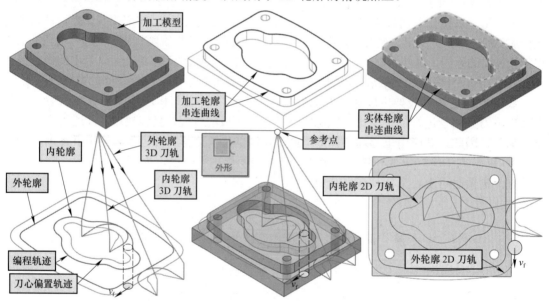

图 2-2 外形铣削精加工分析

外形铣削作为 2D 编程,传统的几何模型仅需加工模型的加工轮廓串连曲线即可,基于"实体串连"对话框的"线框"功能 选取;近年来,软件的实体轮廓串连曲线选择功能大为增强,可基于"实体串连"对话框的"实体"功能 选取,参见图 2-2。若基于串连曲线编程,没有实体模型并不影响编程加工,但考虑到后续的实体仿真以及可视性,有加工模型效果更好,具体可将加工模型等单独放置在某一个图层上,根据需要可方便地控制其显示与否。

(2) 外形铣削精加工编程 以图 2-2 所示加工模型的外、内轮廓精加工编程为例,图中最小圆弧半径为 $R15$mm,加工深度为 10mm。扫描前言中的二维码可下载练习文件"图 2-2_ 模型 .stp"、"图 2-2_ 模型 .mcam"和结果文件"图 2-2_ 加工 .mcam",加工编程操作步骤如下:

1）打开几何模型（图 2-2_ 模型 .stp 或图 2-2_ 模型 .mcam），观察模型在世界坐标系中的位置，如上表面是否在世界坐标系 Z 轴原点，必要时移动工件或在指定点建立工件坐标系。

2）执行"机床→机床类型→铣床 ▼ →默认（D）"命令，进入铣床加工模块，同时在"刀路"操作管理器中生成"机床群组 -1"和"刀具群组 -1"。

3）单击"机床群组→属性"节点 ⊞，展开"属性"子目录，单击"毛坯设置"选项标签 ● 毛坯设置，弹出"毛坯设置"对话框，基于"边界框"创建毛坯。

4）单击"铣床刀路→ 2D →铣削→外形"功能按钮 ▇，在"刀具群组 -1"标签目录下创建了一个空白的"外形铣削"加工操作，如图 2-3 中的"1- 外形铣削（2D）…"操作，这时的刀具和刀路等均有"×"符号，表示还未创建。同时弹出操作提示和"线框（或实体）选项"对话框，基于"实体"模式"环"方式选择加工串连（图示串连箭头显示为顺铣加工）。单击确定按钮 ▇ ●，弹出"2D 刀路 - 外形铣削"对话框。

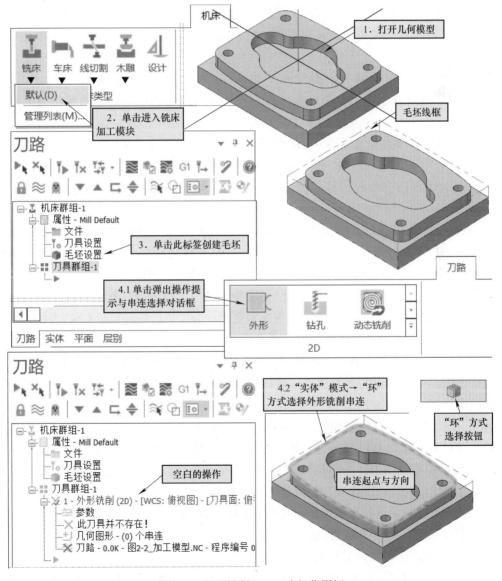

图 2-3　外形铣削 1 ～ 4 步操作图解

以上 4 步操作图解参见图 2-3。

📢 注意

串连曲线可基于软件的"线框"功能绘制，或用 AutoCAD 软件绘制后导入 Matercam。若存在 3D 模型，则可通过"线框→曲线→单边缘曲线 / 所有曲线边缘"功能提取几何模型上的边线获得。最方便的方法还是直接选取实体轮廓边界串连编程。

拾取的曲线是串连开始曲线，拾取点靠近的端点是串连的起点，串连方向从起点朝着开始曲线方向，一个绿色箭头显示串连的起点与方向。

另外，串连选择对话框下部有部分调整串连曲线的按钮，读者可逐渐熟悉掌握。

5）"2D 刀路 - 外形铣削"对话框设置如图 2-4 所示，各选项设置及说明如下：

a）刀路类型：由于第 4 步是单击"外形"按钮进入，所以默认的刀路类型为"外形铣削"。同时可注意到同类型的其他刀路，它们是可以切换的。右侧显示加工串连可重新选择。

b）刀具：从刀库中选择一把 ϕ16mm 平底铣刀，并设置相关切削参数。

c）刀柄：该设置主要为检测碰撞，在三轴加工特别是机床不确定的情况下一般可不设置。

d）切削参数：设置参数较多，介绍如下。

① 补正方式。补正在数控加工中称为补偿或偏置。系统提供 5 种补正方式。

电脑：由计算机按所选刀具直径理论值直接计算出补正后刀具轨迹，程序输出时无 G41/G42 指令。

控制器：在 CNC 系统上设置半径补偿值，程序轨迹按零件轮廓编程，程序输出时有 G41/G42 指令与补偿号等。这种方法特别适用于 2D 轮廓精铣加工。该选项在 CNC 系统设置时，几何补偿设置为刀具半径值，磨损补偿设置为刀具磨损值。

磨损：刀具轨迹同"电脑"补正，但程序输出时与"控制器"补正一样有 G41/G42 指令与补偿号等。其应用时在 CNC 系统上仅需设置磨损补偿值。该选项在 CNC 系统设置时，几何补偿设置为 0，磨损补偿设置为刀具磨损值。

反向磨损：与"磨损"补正基本相同，仅输出程序时的 G41/G42 指令相反。

关：无刀具半径补偿的刀具轨迹，且程序输出时无 G41/G42 指令等，适合刀具沿串连曲线的沟槽加工。

② 补正方向。指刀具沿编程轨迹的左侧或右侧偏置移动，即"左"与"右"两个选项，程序输出时对应 G41 与 G42 指令。若补正方式选择"关"，则刀具沿编程轨迹移动。

③ 刀位点位置。图中称为刀尖位置。所谓刀位点是指刀具上表述刀具轨迹的理论点，有"中心"与"刀尖"两个选项，默认且常用设置为"刀尖"。

④ 外形铣削方式。下拉列表中显示有 5 个选项，对应的图解会发生相应变化，说明如下：

2D：默认选项，即常规的 2D 铣削加工。

2D 倒角：利用倒角铣刀对轮廓进行倒角加工。

斜插：即斜坡方式进行外形铣削加工。斜插方式有按"角度"斜插、按"深度"斜插和

"垂直进刀"三项，对应有不同的斜插参数。

残料：主要用于对之前的单个或所有操作，或对指定粗加工刀具直径加工所剩余的拐角残料进行加工。

摆线式：在外形铣削的同时伴随有刀具的轴向移动，有利于提高表面加工质量。

⑤ "壁边"与"底面"预留量，为后续工序预留加工余量，精加工一般设置为 0。

本例以上参数设置为：补正方式为"控制器"，补正方向为"左"，刀尖补正为"刀尖"，外形铣削方式为"2D"。

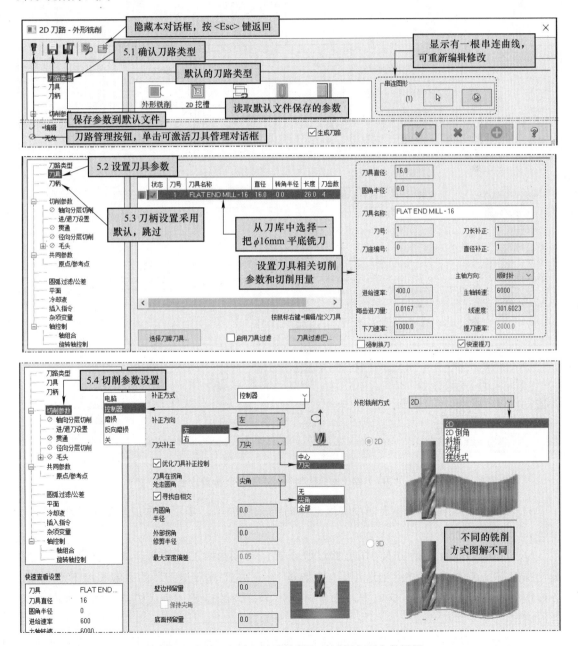

图 2-4　"2D 刀路 - 外形铣削"对话框主要参数设置

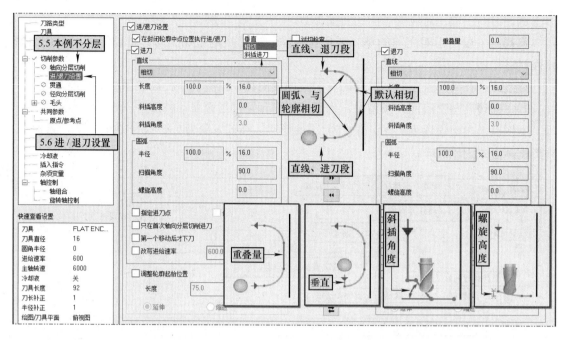

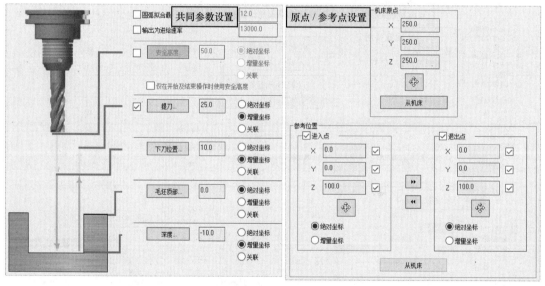

图 2-4 "2D 刀路 - 外形铣削"对话框主要参数设置（续）

  e）轴向分层切削：适用于切削深度较大时的分层加工，多用于本加工策略的粗加工。精铣加工一般不分层。

  f）进 / 退刀设置：指切入 / 切出的过渡设置，直接影响加工质量，如"重叠量"是精铣轮廓的常见选项。同时注意当选用了"控制器"补正方式，进 / 退刀段的直线长度不得为零，一般取刀具直径的 0.5 ～ 1 倍以上。读者可通过各选项的设置，生成刀路，结合生产实际进行研习。

  g）贯通：该参数主要用于无底面加工的纯 2D 外形铣削，该参数也可直接写入"共同参数"选项中的"深度"参数中。本例选用默认的无"贯通"设置。

h）径向分层切削：适用于水平方向加工余量较大的分层加工，多用于本加工策略的粗加工。本例精铣加工一般不分层。

i）毛头：关于"毛头"的概念与应用，参见参考文献 [3]。

j）共同参数：提刀 25mm，下刀位置 10mm，毛坯顶部 0，深度 −10mm。

k）参考点：进入、退出点均为（0，0，100）。

l）平面（WCS）：对三轴立式铣床而言，工件坐标系与世界坐标系重合时，工件坐标系、刀具平面和绘图平面均设置为"俯视图"。

m）"冷却液"和"杂项"变量：采用默认设置。

6）"2D 刀路 - 外形铣削"对话框设置完成后，单击确认按钮，系统自动计算并生成刀具轨迹，如图 2-5 所示。

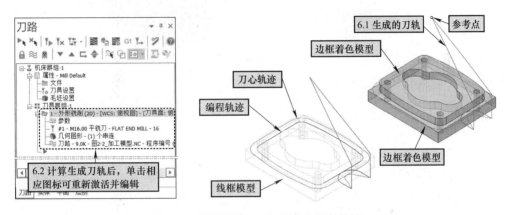

图 2-5　外形铣削（2D）操作与刀具轨迹

7）刀路模拟与实体仿真如图 2-6 所示，结果文件参见前言二维码中的"图 2-6_外廓精铣 .mcam"。

8）后处理，输出 NC 代码，操作略。

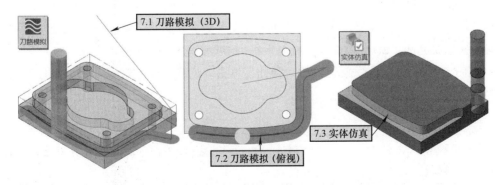

图 2-6　刀路模拟与实体仿真

（3）仿真效果分析与改进　从图 2-6 的实体仿真可见，采用立方体毛坯加工时毛坯余量较大且各处不相等。若要使仿真更接近实际，可单独设置精加工余量 1mm 的实体毛坯，如图 2-7 所示，操作过程略，读者可参照 1.4.3 节介绍的毛坯实体模型创建毛坯的方法尝试练习。图 2-7 所示的仿真可清晰看出均匀的加工余量。前言二维码中给出了练习文件"图 2-7_ 精铣毛坯 .stp"和结果文件"图 2-7_ 外廓精铣（实体毛坯）.mcam"供学习参考。

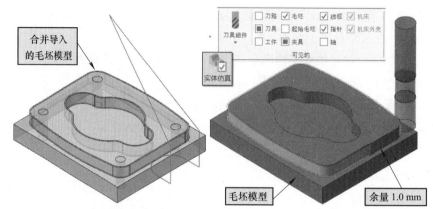

图 2-7　精加工实体毛坯精铣仿真示例

（4）内轮廓精铣加工　仍然采用"外形"铣削加工策略实现。方法一：按上述外轮廓精铣加工方法，按图 2-8 所示选择内轮廓串连；方法二：复制一个外轮廓操作，通过修改相关参数实现。关于方法一编程，读者可尝试自己完成。图 2-8 中采用方法二进行编程。

为使窗口画面清晰，在编程前先隐藏外轮廓精铣刀路轨迹。

1）按图 2-5 外轮廓精铣加工，首先，在刀路管理器中移动插入箭头⋯▶至操作 1 下，右键单击操作 1，基于快捷菜单复制操作 1，然后，在插入箭头处粘贴，获得一个外形操作——2- 外形铣削。

2）单击操作 2 的"参数"标签，弹出"2D 刀路 - 外形铣削"对话框，参见图 2-8，在"刀路类型"选项页，单击对话框右上角的选择串连按钮 ▸，弹出"串连管理"对话框，重新选择内轮廓串连，串连拾取位置和方向如图所示（圆弧 C 右段），单击确定按钮返回"2D 刀路 - 外形铣削"对话框。

3）按内轮廓加工的需要，参照上述外轮廓设置画面设置内轮廓参数，此处假设不变。单击确定按钮，完成"2D 刀路 - 外形铣削"相关参数设置。

4）由于复制的操作是隐藏刀路的，因此，单击"切换显示已选择的刀路操作"按钮 ≋ 显示内轮廓精铣加工刀路。

注意

选中的操作，单击"重新生成全部选择的操作"按钮 ▸，系统重新计算刀路，此时会显示出刀心轨迹。

5）单击"实体仿真"按钮，完成内轮廓铣削仿真加工。由图中采用立方体毛坯实体仿真结果可见，有部分材料未去除，该加工刀路仅适用于轮廓精铣加工。精加工实体毛坯实体仿真加工的结果如图 2-8 所示。

外、内轮廓编程结果文件参见前言二维码中"图 2-8_ 内廓精铣（边界盒毛坯）.mcam"和"图 2-8_ 内廓精铣（实体毛坯）.mcam"。

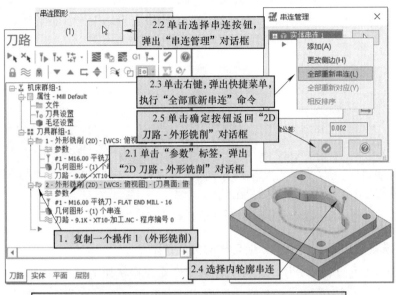

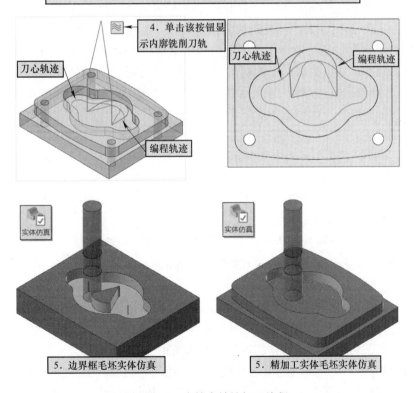

图 2-8 内轮廓精铣加工编程

（5）外、内轮廓铣削精铣加工仿真 外、内轮廓精铣加工效果如图 2-9 所示。操作过程为：

首先，单击"刀路"操作管理器上部的"选择全部操作"按钮 选中外、内轮廓精铣加工操作，再单击"切换显示已选择的刀路操作"按钮 显示外、内轮廓精铣加工刀路。然后，单击"实体仿真"按钮 ，激活"Mastercam 模拟"画面，设置适当"可见性"选项，单击"播放"按钮 开始实体仿真加工。结果文件参见前言二维码中"图 2-9_ 外、内轮廓精铣（边界框毛坯）.mcam"和"图 2-9_ 外、内轮廓精铣（实体毛坯）.mcam"。

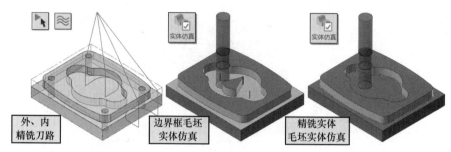

图 2-9　外、内轮廓精铣加工刀路与实体仿真

2．外形铣削粗加工——径向分层与轴向分层铣削

外形铣削可以通过径向分层与轴向分层等组合实现粗铣加工，下面以图 2-10a 所示几何模型为例进行说明，该模型为 STP 格式。加工前先基于"主页→分析→图素分析" 功能查询，可知：下部矩形为 90mm×90mm×10mm，上面两层每层高 5mm，上凸台最小圆弧半径为 5mm。两层凸台高度不大，但径向加工余量较大，需径向分层铣削。

（1）径向分层铣削加工　适合于水平面内加工余量较大工件的 2D 粗铣加工。为增加加工串连多样性的练习，本例提取出上面两层凸台的轮廓曲线作为编程串连使用。

首先，启动 Mastercam 软件，导入 STP 格式加工模型，然后基于"线框→曲线→…"相关功能提取图示轮廓线，如图 2-10a 所示。

其次，参照前述介绍，创建外形铣削加工，其他参数自定。主要参数设置如下：

● 串连选择：按图 2-10b 右上角所示选择串连及方向，可确保本示例为逆铣加工。

● 刀具：ϕ16mm 平底铣刀。

● 切削参数：补正方式为"控制器"，补正方向为"右"，壁边加工余量为 0.8mm，底面加工余量为 0，铣削方式为 2D。

● 进 / 退刀设置：直线选项为垂直，扫描角度为 60°，其余默认。

● 共同参数：下刀位置为 10mm，深度为 –5mm。

● 参考点位置：（0，0，100）。

● 径向分层切削：这是本示例重点讨论的内容，设置图解如图 2-10b 所示。分析如下：

选中"径向分层切削"选项，勾选"径向分层切削"复选框，激活径向分层参数设置。

粗切参数：包括切削次数（俗称切削刀数）和间距（侧吃刀量 a_e）。

精修参数：切削次数与间距的概念与粗切参数相同。精修次数主要用于工件、刀具刚性稍差或加工变形稍大情况下的无侧吃刀量铣削加工，其他情况下一般不用。

改写进给速度：可勾选并设置与粗切不同的精切切削参数。

其余参数，读者可依据对话框中的文字标签自行研习，必要时，输出 NC 刀路观察理解。

在轴向分层切削页面右上角有一张参数设置图解，其图示会随着光标所在参数设置项而变化，这个规律在整个软件中都可见。

刀路分析与模拟仿真如图 2-10c 所示。

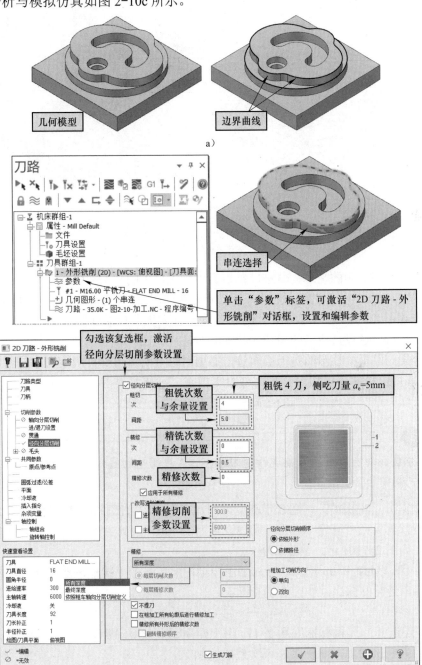

图 2-10　径向分层铣削加工图解

a）编程准备　b）参数设置

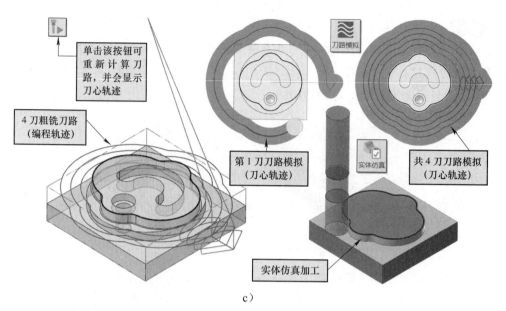

单击该按钮可重新计算刀路，并会显示刀心轨迹

4刀粗铣刀路（编程轨迹）

刀路模拟

第1刀刀路模拟（刀心轨迹）

共4刀刀路模拟（刀心轨迹）

实体仿真

实体仿真加工

c）

图 2-10　径向分层铣削加工图解（续）

c）刀路分析与模拟仿真

左图所示刀路显示的是编程轨迹，单击刀路管理器上的"重新生成全部已选择的操作"按钮，可重新计算并显示刀路，此时可显示刀心轨迹，为使画面清晰，此处未显示刀心轨迹。

径向分层铣削时，第 1 刀的最大侧吃刀量不宜太大，以防止切削力过大，如图示第 1 刀刀路，具体可通过设置适当的粗切次数和间距进行调控。

径向分层刀路模拟显示的是刀心轨迹，必要时进行实体仿真，观察刀路是否合理。

图 2-10 所示径向分层切削结果文件参见前言二维码中"图 2-10_径向分层.mcam"，其中包含下面一个圆形凸台外廓的径向分层外形铣削加工等。

📢 注意 ......

径向分层铣削功能虽然可集成精铣刀路，但不能调整切削方向，无法实现粗、精铣逆、顺铣的工艺规律。

（2）轴向分层粗铣加工　适合于深度方向加工余量较大工件的 2D 铣削加工。图 2-2 所示几何模型，其外凸台高度 10mm，现假设其为 15mm，因此外形铣削时采用轴向分层外形铣削加工，如图 2-11 所示，简述如下：

首先，启动 Mastercam 软件，导入加工模型，然后基于"线框→曲线→…"相关功能提取图示边界串连轮廓曲线，如图 2-11a 所示。

其次，参照前述介绍，创建外形铣削加工，其他参数自定，主要参数设置如下：

● 串连选择：用鼠标拾取图 2-11a 右上角所示直线 ab 靠近点 a 处，选择的串连如图所示。因为为粗铣加工，图示串连可实现逆铣加工。

● 刀具：ϕ16mm 平底铣刀。

● 切削参数：补正方式为"控制器"，补正方向为"右"，壁边加工余量为 0.6mm，底面加工余量为 0，铣削方式为 2D。

- **进/退刀设置**：本示例为外廓铣削，无空间限制，因此采用默认设置，如图 2-11c 所示。
- **共同参数**：提刀位置为 25mm，下刀位置为 10mm，深度为 –15mm。
- **参考点位置**：（0，0，100）。
- **轴向分层切削**：这是本示例重点讨论的内容，设置图解如图 2-11b 所示。分析如下：

选中"轴向分层铣削"选项，勾选"轴向分层切削"复选框，激活轴向分层参数设置。

最大粗切步进量：每一刀切削轴向方向最大切削深度（背吃刀量 a_p），实际切削深度系统会均分圆整。就本示例而言，粗切中切削深度 15mm 减去精修深度 1mm 等于 14mm，然后再用 14mm 除以图 2-11 所示设置的 3mm，得切削刀数为 4.7，圆整后轴向切削 5 刀，每一刀切削深度 2.8mm。

精修：可根据需要设置，并可修改精修加工的进给速度和主轴转速。若为阶梯面，且对底面有加工质量要求时，可考虑增加精修切削。

锥度斜壁：图中勾选了"锥度斜壁"复选框，并设置了 2° 的锥度角。

 注意

锥度斜壁设置有利于减小刀具磨损！

其余参数读者可自行研习。

刀路分析与模拟仿真如图 2-11c 所示。

图示刀路显示了俯视与等视角两种刀路显示，并显示了刀心轨迹与编程轨迹，另外还显示了实体仿真加工结果，可明显看到锥度斜壁设置的结果。

图 2-11 所示轴向分层切削结果文件参见前言二维码中"图 2-11_ 轴向分层 .mcam"，其中还包含了一个后续的外形铣削精铣加工操作。

讨论：按照金属切削加工原理，圆周铣削加工规律为：粗铣用逆铣，精铣用顺铣。因此，此处的径向和轴向分层切削均按粗铣处理，如留有侧壁加工余量，且走刀方向均按逆铣处理，即使是径向分层切削可以集成进精铣加工刀路，也未选用，而是后续再安排一道外形精铣刀路，且为顺铣加工。

另外，选择逆铣和顺铣时，要兼顾外形与内孔加工和刀具补正方向的选择。

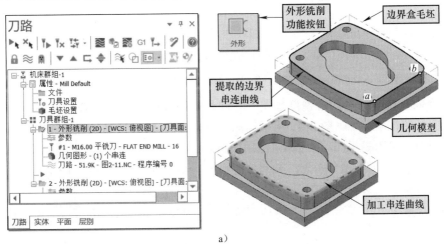

a）

图 2-11　轴向分层铣削加工图解

a）编程简介

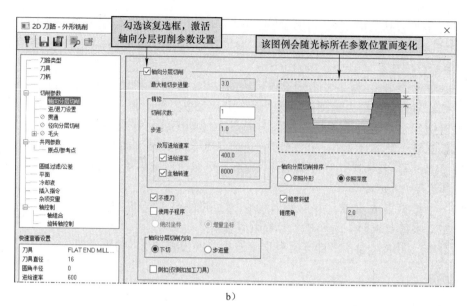

b）

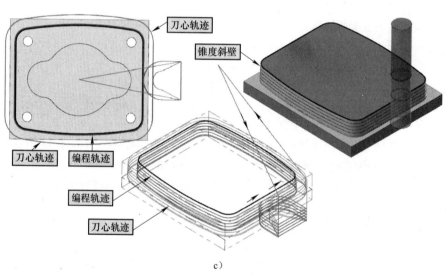

c）

图 2-11　轴向分层铣削加工图解（续）

b）参数设置　c）刀路分析与模拟仿真

（3）径向与轴向分层同时铣削加工　径向粗切与轴向粗切的综合，适合于径向和轴向均需分层粗切的铣削加工。图 2-12 所示的加工模型是图 2-10 所示模型删除中间圆凸台的几何模型，即加工轮廓线相同，凸台高度为 10mm。

图 2-12 上面三个刀路分别为：径向分层粗切、轴向分层粗切与径向＋轴向分层粗切。

径向分层粗切主要参数：粗切 4 次，间距为 5.0mm，逆铣加工。

轴向分层粗切主要参数：最大粗切步进量为 3.0mm，精修 1 次，步进量为 1.0mm，逆铣加工。

图 2-12 中下方的三张图显示该外轮廓加工工艺过程为：粗切外形→残料清角→外形精铣，具体如下：

　　粗切：采用的是径向与轴向分层粗切加工策略，刀具为 ϕ16mm 平底铣刀，壁边加工余量为 0.8mm，逆铣加工。

　　残料清角：由于模型上最小圆弧半径为 5mm，因此，这里选用了 ϕ8mm 平底铣刀预粗切圆角，加工余量为 0.4mm。该操作的加工策略为外形铣削中的残料铣削方式，参见图 2-4 中切削参数选项页。

　　精铣外形：外形精铣加工，刀具为 ϕ8mm 平底铣刀，顺铣加工。

注意

　　数控铣削轮廓精加工时，尽量选择小于最小模型圆角的刀具，通过编程移动铣削轮廓。

　　图 2-12 示例的加工参数设置和结果文件可调用前言二维码中的"图 2-12_ 径向轴向铣 .mcam"进行研习。

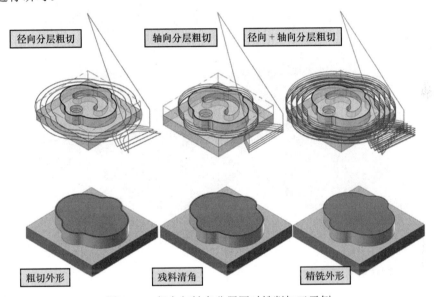

图 2-12　径向与轴向分层同时铣削加工示例

3. 斜插式外形铣削加工

　　在"2D 刀路 - 外形铣削"对话框"切削参数"选项的"外形铣削方式"下拉列表框中有一项"斜插"选项（参见图 2-4），该选项可控制刀具按照斜坡的方式沿轮廓铣削加工，这种切削方式可控制外形铣削过程中以小于模型深度且均匀的背吃刀量精铣外形，如本示例由于刀具直径较小，为减小切削力造成的刀具变形，通过减小背吃刀量且加工中均匀不变，达到提高外形轮廓精铣加工精度的目的。

　　图 2-13 所示为将图 2-12 示例中的外形精铣加工修改为斜插外形精铣加工示例。图中可见在"切削参数"选项中的"外形铣削方式"设置为"斜插"加工，且斜插参数设置为"深度"斜插，图例显示斜插深度为 4.0mm，即斜插一圈下降 4.0mm，隐性表示了斜插角度是固定的，按此角度继续斜插铣削直至底面，然后在深度不变的情况下继续铣削一圈修平底面，下部斜插刀路图可见此分析。图 2-13 中的实体仿真加工结果显示了该零件的加工工艺：粗切→残料清角→斜插外形精铣。整个加工的结果文件可调用前言二维码中的"图 2-13_ 斜插铣外形 .mcam"进行研习。

讨论：斜插外形精铣虽然可减小切削力，但会在加工面上留下接痕。反之，2D 外形铣削虽然不会留下接痕，但当背吃刀量（切削深度）较大、刀具直径较小、刚性差时加工精度会下降。

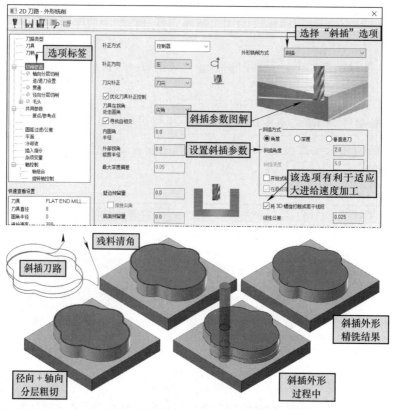

图 2-13　外形铣削——斜插轮廓精铣外形

4．2D 模型锐边轮廓倒角加工

倒角泛指零件锐边倒钝，目的是去毛刺和零件装配，前者倒角参数要求不高。常见的倒角是 45°斜面倒角及倒圆角。传统加工曲线边缘倒角多为手工完成，圆孔倒角可直接用锪钻进行。数控加工通过编程可方便地控制倒角刀按零件轮廓边缘移动完成倒角加工。早期的 2D 倒角功能集成在外形铣削的铣削方式中，Mastercam 2022 的 2D 加工策略中有独立的"模型倒角" 功能。下面以图 2-14 所示零件倒角模型为例讨论倒角加工，左图为倒角前毛坯，其提取出了边缘曲线——外边缘以及五个圆，中图模型与右图模型的差异是中间圆分别是倒圆和倒角。

（1）外形铣削"2D 倒角"铣削方式倒角　该方法是采用专用倒角铣刀，基于 2D 外形铣削编程功能控制刀具移动轨迹实现 2D 轮廓边缘倒角，可换用倒圆角铣刀实现倒圆角加工。以图 2-14 所示模型 1 为例，分析如下：

图 2-15 中，其操作 1 基于"1-外形铣削（2D 倒角）"便是采用外形铣削"2D 倒角"铣削方式倒角，倒角铣刀可从刀库中调用，图示"刀具"选项页面显示的是 1 号刀简图与参数设置。

图 2-15 的切削参数页面显示的是 2D 倒角铣削方式及其倒角参数设置画面，注意这里的补正方式选择了"磨损"选项，目的是使后续刀路显示清新，实际操作时可按自己的习惯选用"控制器"补正方式，甚至是"电脑"补正方式，通过刀具长度补偿控制倒角参数，

具体差异体现在机床加工时刀具半径补偿值的设置，这里不展开讨论。

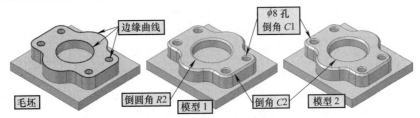

图2-14 倒角练习模型

在图2-15中的刀路管理器中，可看到3个操作，操作1的串连选择如图所示，顺铣加工，同时显示了刀路轨迹和仿真加工供研习。

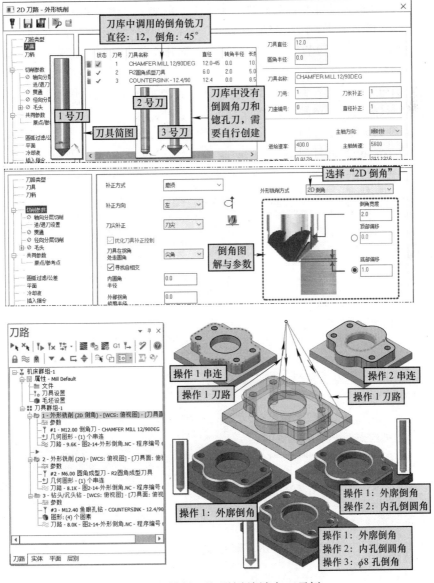

图2-15 模型1外形铣削倒角加工示例

由倒角加工参数设置可见，其刀具必须是倒角铣刀，因此模型 1 中间大孔的倒圆角只能借助 2D 外形铣削方式编程，需要注意的是倒圆角铣刀必须由用户自己创建，如图刀具选项面上叠加的 2 号刀所示，图中刀具圆角半径为 2mm，导杆直径为 10mm，顶端直径为 6mm，按前述介绍的 2D 外形铣削设置，注意"刀具"选项页中的刀具直径设置为 6mm，"共同参数"选项页中的深度按 –2mm 设置，刀具路径和实体仿真如图所示。

关于 4 个 φ8mm 孔的倒角，是借助于"钻孔" 功能，通过创建专用的锪孔刀具实现，整个加工的结果文件可调用前言二维码中的"图 2-15_ 外形倒角 .mcam"进行研习。

（2）"模型倒角"功能倒角 在铣削"刀路"选项卡"2D"刀路功能选项列表中可看到"模型倒角"功能按钮 ，这是一个专用的倒角加工策略，只能匹配倒角铣刀倒角加工。以图 2-14 所示模型 2 为例，分析如下：

图 2-16 所示为模型 2 倒角加工示例，其操作 1 是基于"模型倒角"功能，同时选择外廓与内孔边缘，选择的串连方向与位置参见图 2-15，刀具选择与图 2-15 相同。

图 2-16 所示显示了"切削参数"选项页，注意补正类型选择"电脑"，倒角参数设置如图所示。"刀路"管理器显示，其有两个操作加工，第 2 个操作与图 2-15 中的操作 3 相同。

观察模型倒角刀路可见，其进 / 退刀刀路与外圆铣削略有不同，仅有圆弧，没有直线，因此，补正类型只能选择"电脑"，否则无法建立刀补。

模型倒角参数设置较为简单，读者可调用前言二维码中整个加工的结果文件"图 2-16_ 模型倒角 .mcam"进行研习。

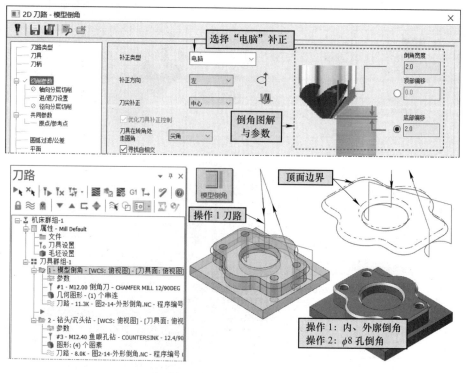

图 2-16　模型 2 倒角加工示例

关于锪孔加工的设置，学完后续的孔加工可方便地完成。

5．2D 轮廓残料加工

2D 轮廓残料指前述加工由于刀具直径较大出现的某些工件直径偏小的内拐角部位无法加工而残留下的余料，2D 轮廓"残料"加工是专门针对这些残料加工而设计的加工策略。为增加可视性，将图 2-10 示例中的粗切刀具修改为 $\phi25mm$ 平底铣刀，侧吃刀量 a_e 调整为7mm，粗切次数减少为 3 刀，侧壁边余量为 0.6mm，其余不变。

注意工件最小圆角半径为 5mm。由于粗切刀具增加，因此侧吃刀量 a_e 调整为 7mm，径向粗切由原来的 4 刀减少到 3 刀，提高了加工效率，这也是残料铣削加工的应用特点之一。

由于粗铣加工刀具半径大于零件圆角半径，因此圆角处必然存在加工残料。图 2-17 所示为残料铣削加工示例，残料铣削刀具为 $\phi8mm$ 平底铣刀，轴向分三层切削，最大步进量取 2mm。图示切削参数选项页显示，外形铣削方式选择了"残料"，粗切毛坯计算依据是粗切刀具直径 25mm，残料铣削侧壁边余量 0.5mm，后续再安排了一刀外形铣削精铣加工（图中未示出），完成整个外轮廓铣削。

图示径向分层粗切与残料轴向分层铣削加工的结果文件可调用前言二维码中的"图2-17_ 径向分层 + 残料 .mcam"进行研习。

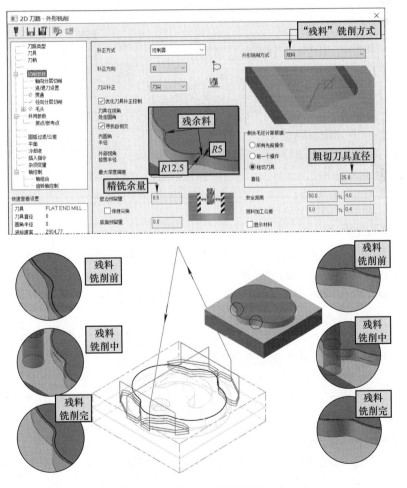

图 2-17　外形残料铣削加工示例

6. 摆线式外形铣削加工

图 2-18 所示外形铣削对话框切削参数选项页的"外形铣削方式"设置为"摆线式"方式，并设置"最低位置"和"起伏间距"两参数，则刀路在原 2D 刀路的基础上增加了 Z 轴移动，合成刀路运动为波浪式起伏状态，如图 2-18 所示。

摆线方式铣削加工由于增加了 Z 轴移动，属于斜角切削，从金属切削原理的角度分析，其实质是增大了工作刃倾角，结果是切削力减小，切削更为平稳，刀刃更显锋利，因此表面加工质量更好。"直线"式摆线刀路为上下折线运动，适合于普通切削加工。而"高速"式摆线刀路上下运动为圆弧运动（系统选择了"高速"单选项，则图解提示会变化显示），切削更加平稳，显然更适合于高速切削加工。摆线式外形铣削加工的结果文件参见前言二维码中"图 2-18_ 摆线加工 .mcam"。

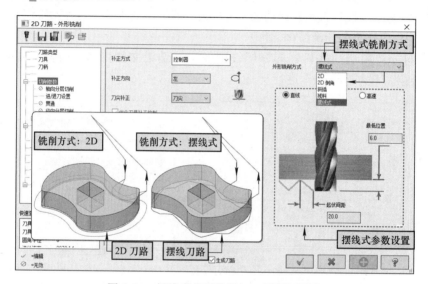

图 2-18　摆线式外形铣削加工原理与设置

7. 沟槽加工分析

沟槽加工指无刀具补偿情况下刀心沿着编程轨迹移动，切削出沟槽宽度等于刀具直径的沟槽。沟槽加工应用广泛，如塑料注射模具中的横浇道加工等。图 2-19 所示给出了一个斜插下刀方式切削的闭式凸轮槽加工示例。该闭式凸轮槽宽 16mm，深度 15mm，图示给出了主要步骤的设置图解，概述如下，未提到的参数读者可自定。

首先导入几何模型，然后通过"线框→曲线→单边缘曲线" 功能提取槽边缘线，再通过"转换→补正→串连补正" 功能偏置 8mm 获得槽中线。

其次，单击"机床→铣床→默认"命令，进入铣削模块，设置圆柱毛坯，再单击"铣床刀路→ 2D →外形"功能按钮，激活创建 2D 外形铣削加工策略，生成一个外形铣削刀路——操作 1。该外形沟槽铣削加工示例如图 2-19 所示，分析如下：

刀具：创建一把 ϕ16mm 平底铣刀。

切削参数：补正方式"关"，外形铣削方式为"斜插"，斜插方式为"深度"，斜插深度为 5mm，勾选"在最终深度处补平"。按此斜插参数设置，3 刀斜插至槽底，然后再深度不变铣削一圈。

　　进 / 退刀设置：勾选"进 / 退刀设置"，取消勾选"在封闭轮廓中点位置执行进 / 退刀"，取消勾选"进刀"和"退刀"，重叠量 2.0mm。此设置无引入和退出刀路，从所选串连段起点开始切削，结束点多切削 2mm。

　　共同参数：下刀位置 10.0mm，毛坯顶部 0.0，深度 −15.0mm。按此参数设置，刀具垂直下刀至工件上表面，然后转为斜插切槽，存在的问题是若工件上表面略高，则可能出现铣刀端切削刃切削。若不希望出现这种现象，可将毛坯顶部设置为大于 0 的参数，如设置为 1.0mm，则刀具下刀至工件上表面设置高度就转为斜插切槽，这时会出现一段无切削斜插段，然后逐渐斜插切入工件。

　　图 2-19 所示刀路是按斜插深度 5mm、毛坯顶部 0、重叠量 2mm 参数生成的，中间放大图显示的是毛坯顶部 1mm 时下刀转斜插局部刀路，注意此时刀路的结束点已远离了切入点（图中未示出）。刀路的水平位置与槽中心线重合。

　　该沟槽铣削加工的结果文件参见前言二维码中"图 2-19_ 闭式凸轮槽加工 .mcam"，同时提供有 STP 格式的几何模型"图 2-19_ 闭式凸轮 .stp"供读者全程练习。

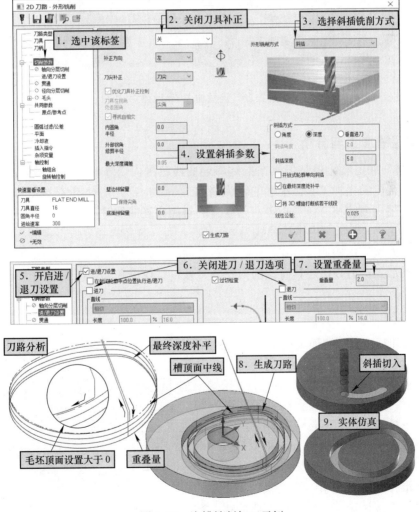

图 2-19　沟槽铣削加工示例

📢 注 意

　　沟槽加工较好地模拟了滚子在沟槽中的运动，是这类闭式凸轮较好的加工工艺。但是若直接一刀加工沟槽，由于横向切削力的存在，会导致加工精度下降，实际中可先安排一刀稍小直径刀具粗切加工，然后再用直径等于槽宽的刀具精铣沟槽。

　　关于沟槽加工，读者可基于图 2-12 几何模型的圆弧性沟槽参照图 2-20 自行探索性研习。首先基于"主页→分析→图素分析"等功能，查询沟槽几何参数，如圆弧半径和槽深等，然后按图 2-20 所示步骤练习，步骤简述：①提取沟槽中心线；②创建斜插刀路；③观察和分析刀路是否符合要求；④实体仿真验证。图示加工的结果文件参见前言二维码中"图 2-20_圆弧沟槽加工 .mcam"。

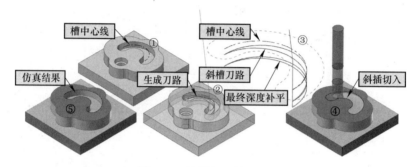

图 2-20　沟槽加工练习示例

2.2.2　2D 挖槽加工与分析

　　2D "挖槽" 加工▣可控制刀具在指定串连曲线范围内切除材料（挖槽），非常适合于指定串连曲线范围的粗加工甚至配套的轮廓精加工。当指定一条封闭串连曲线时，可按指定深度切除曲线范围内的材料；当指定两条嵌套的封闭串连曲线时，除了可对两曲线之间的材料进行挖槽加工外，若指定内串连曲线为"岛屿"，则可对岛屿部分按指定的深度铣削顶面；或设置为"平面铣"挖槽加工方式，允许刀具铣削范围超出外串连曲线，而对内串连曲线之外的部分挖槽加工。另外，还具有铣削内拐角"残料"挖槽和非封闭曲线的"开放式挖槽"加工等功能。

1．标准挖槽加工

　　"标准"挖槽是 2D 挖槽加工策略中典型的刀路。这里以图 2-21 所示加工模型为例展开讨论，加工模型可调用前言二维码中"图 2-21_十字挖槽模型 .stp"。该零件加工工序为：粗铣外阶梯面→粗、精铣内方槽→精铣外轮廓。导入模型后首先基于"主页→分析→图素分析"🔍功能查询相关几何参数，如图中的圆角半径、深度和边长等。

　　（1）标准挖槽加工分析　首先跳过第 1 步的粗铣外阶梯面，直接讨论第 2 步的内方槽的粗、精铣

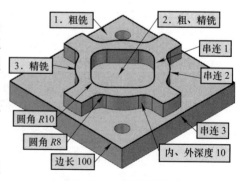

图 2-21　十字挖槽模型

挖槽加工，挖槽加工操作步骤如图 2-22 所示，分析如下：

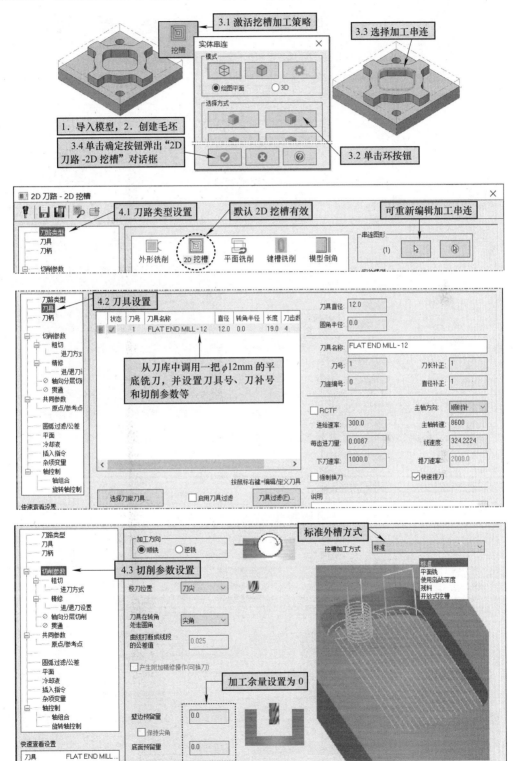

图 2-22 "2D 刀路 -2D 挖槽"对话框"标准"铣削方式主要参数设置图解

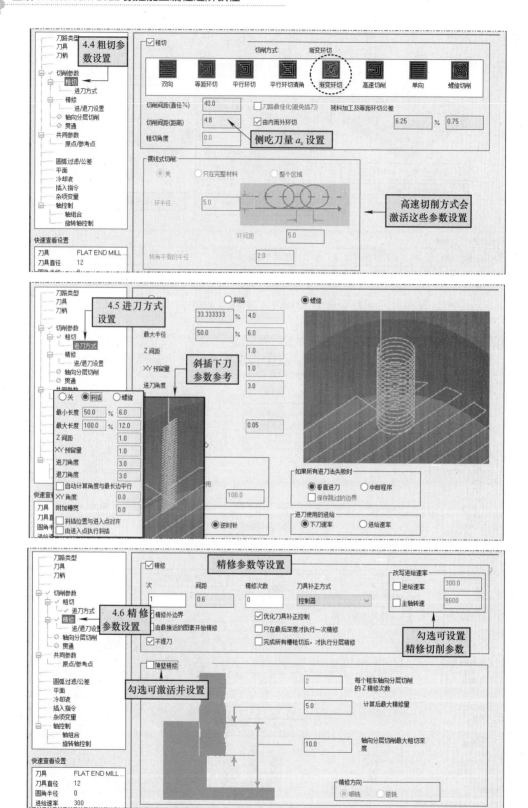

图 2-22 "2D 刀路 -2D 挖槽"对话框"标准"铣削方式主要参数设置图解（续）

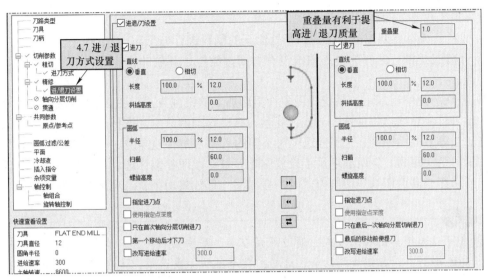

图 2-22　"2D 刀路 -2D 挖槽"对话框"标准"铣削方式主要参数设置图解（续）

1）启动 Mastercam 软件，导入待加工几何模型，必要时分析查询主要几何参数。

2）加工模块的进入与毛坯设置。单击"机床→机床类型→铣床"功能按钮下拉列表"默认"命令，进入铣床加工模块，功能选项区加载了一个"铣床刀路"功能选项卡，刀路操作管理器中创建了一个"机床群组 -1"及其下方的"刀具群组 -1"，展开机床群组的"属性"选项，单击"毛坯设置"标签 毛坯设置，弹出"机床群组属性"对话框，在"毛坯设置"选项卡中基于"边界框"创建矩形毛坯。

3）2D 标准挖槽加工。单击"铣床刀路→ 2D →铣削→挖槽"功能按钮，激活"2D 挖槽"加工策略，同时弹出选择串连的操作提示和串连选择对话框，实体模式、环方式选择加工串连曲线——串连 1，单击确认按钮后，弹出"2D 刀路 -2D 挖槽"对话框。

4）"2D 刀路 -2D 挖槽"对话框设置，参见图 2-22，分析如下：

a）刀路类型：因为是单击 2D "挖槽"按钮进入，所以默认"2D 挖槽"有效，右侧串连图形区可重新编辑加工串连。

b）刀具：从刀库中调用一把 ϕ12mm 的平底铣刀。另外，该对话框出现了"RCTF"复选项，RCTF（Radical Chip Thinning Function）又称径向减薄技术，可在保持切削厚度恒定的情况下，进一步提高进给的速度和效率。勾选"RCTF"选项后，可通过设置每齿进给量和线速度自动计算进给速度和主轴转速。注意：图中设置每齿进给量和线速度时上面对应的进给速度和主轴转速会自动按刀具齿数和直径自动计算。

c）切削参数：根据需要按图设置即可，这里选择"顺铣"是考虑要进行精铣加工，同时壁边预留量设置为"0"。该选项设置中的挖槽加工方式下拉列表有多种选择，注意其用途，后面还会具体介绍。

① 标准：系统默认的挖槽方式，其仅需一条串连曲线，仅铣削曲线内部区域的材料。

② 平面铣：当选择一条串连曲线时，以曲线为加工范围，允许刀具超出边界曲线；当选择两条串连曲线时，仅允许刀具超出外边界曲线，即加工阶梯形柱体外轮廓形状。

③ 使用岛屿深度：需选择两根串连曲线，中间的封闭曲线构成的区域称为岛屿，岛屿

可设置并加工出不同的切削深度。

④ 残料：可对前期挖槽加工内拐角处留下的残料进行加工。

⑤ 开放式挖槽：选择的串连曲线没有封闭，类似于开放的槽，开放部分允许刀具超出一定距离。

d）粗切：挖槽粗加工，系统提供多种粗切加工的铣削方式，图 2-22 中选择了"渐变环切"。学习时注意选择每种铣削方式，观察刀路进行理解，实际选择时要充分考虑切削原理与制造工艺等方面的知识，这部分选项对不同的人而言是有差异的。"切削间距（直径 %）"和"切削间距（距离）"两选项用于设置侧吃刀量 a_e，两参数任选一项后另一项自动计算。另外，当选择"高速切削"切削方式时，会激活"摆线式切削"选项区的参数设置。

提示

读者可以选择其他粗切方式，通过观察刀路，联系生产实际，体会各刀路的特点，如选择"高速切削"，在摆线式切削区选择"整个区域"单选项，体会摆线刀路的特点。

e）进刀方式：实质为下刀方式，有"关"、"斜插"和"螺旋"三个选项，图中选择了"螺旋"下刀，最小半径：4.0mm，最大半径：6.0mm，其他参数如图 2-22 所示。另外，还有一种"斜插"选项，其图解与参数如图左下角所示，斜插下刀所需空间小，但往复运动振动较大。

f）精修：2D 挖槽加工允许将精铣加工与粗铣加工设置在同一个操作中。图示精修 1 次，间距 0.6mm，控制器补正，"薄壁精修"不勾选，另外，可勾选并设置不同的主轴转速与进给速度。

g）进 / 退刀设置：按图示参数设置，注意与刀路对照理解。

h）轴向分层切削：与外形铣削原理相同，用于深度较大的挖槽加工，这里为使刀路清晰未设置，读者可自行设置，通过观察刀路研习。如设置最大粗切步进量：3.0mm，进修次数：1，步进：1.0mm，观测刀路是否与自己的想法一致，图解略。

i）贯通：非通孔，不设置此选项，图解略。

j）共同参数：不勾选"安全高度"和"提刀"复选框，下刀位置：10.0mm，工件表面：0.0，深度：−10.0mm，图解略。

k）参考点：进入点 / 退出点为（0，0，100），图解略。

（2）生成刀路并实体仿真 单击"2D 刀路 -2D 挖槽"对话框右下角的确认按钮，获得刀具轨迹（必要时需重新计算更新刀路），图 2-23 为其图解。标准挖槽的结果文件参见前言二维码中"图 2-22_ 挖槽 .mcam"。

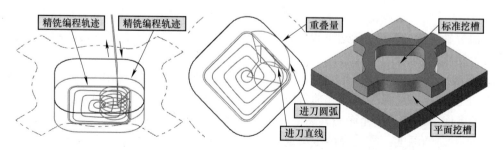

图 2-23　2D 标准挖槽刀具轨迹与实体仿真图解

2．2D 挖槽加工的平面铣方式

指 2D 挖槽"切削参数"选项页中的"挖槽加工方式"设置为"平面铣"时的挖槽加工。现以图 2-21 的十字外廓外部的粗铣加工为对象，基于 2D 挖槽平面铣方式进行加工，如图 2-24 所示。其与图 2-22 所示的标准挖槽相比，差异如下：

1）加工串连：平面铣方式挖槽的串连为图 2-21 所示的串连 2 和串连 3 两个曲线。

2）切削参数设置：因为是粗切，所以选择了"逆铣"，同时设置了侧壁精铣余量 0.6mm，挖槽加工方式选择"平面铣"，重叠量设置为刀具直径的 80%。其余参数如图 2-24 所示。

3）粗切切削方式选择"渐变环切"。

4）取消了精铣和进 / 退刀选项。

挖槽平面铣的结果文件参见前言二维码中"图 2-24_ 平面挖槽 .mcam"。

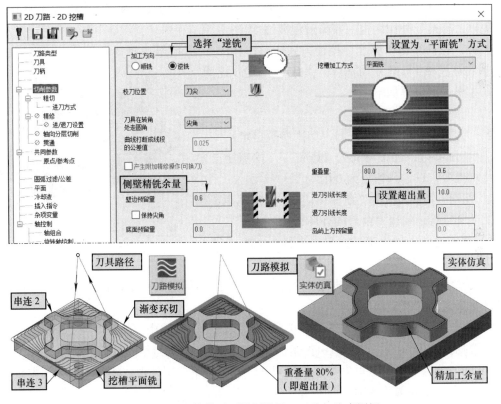

图 2-24　2D 挖槽平面铣削设置、刀路与仿真图解

> **提示**
>
> 挖槽平面铣若选择单个串连曲线，则可生成基于曲线内部的平面铣削刀路，适合于小面积、平底立铣刀的异形平面铣削加工。

3．含岛屿的挖槽加工

对于 2D 挖槽"标准"挖槽方式加工，若加工串连曲线同时选择了两根嵌套的串连，其铣削区域为两串连曲线之间的材料，这时中间的剩余材料可以认为是一个岛屿，但标准挖槽并不能对岛屿上表面按不同的深度进行加工。为此系统设置了"使用岛屿深度"挖槽方式，可在挖槽的同时将岛屿按顶面深度进行平面加工。

图 2-25 所示为含岛屿的挖槽加工模型（参见前言二维码中文件"图 2-25_ 岛屿模型 .stp"）。加工前先基于"主页→分析→图素分析"功能查询模型几何参数，如图中所示的深度和最小圆角半径；其次，按个人编程习惯，可以提取出槽和岛屿边缘轮廓线；另外，图中还提取了一条与串连 1 等高的串连 3（图示虚线所示），如图 2-25 所示。

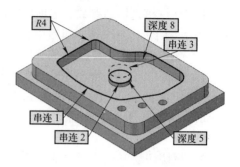

图 2-25　含岛屿的挖槽加工模型

为比较性学习，基于图 2-25 模型分别按"标准"和"使用岛屿深度"挖槽方式加工编程。以下先以"标准"外操编程，操作过程简述如下：

首先，按前述的"标准"挖槽方式步骤，按图 2-26 所示选择实体串连 1 和串连 2，建立一个"2D 挖槽（标准）"的操作，"2D 刀路 -2D 挖槽"对话框主要选项设置如下：

1）刀路类型：2D 挖槽。

2）刀具：ϕ12mm 平底铣刀，切削参数自定。

3）切削参数：加工方向为"顺铣"，挖槽加工方式为"标准"，壁边预留量为 0.0。

4）粗切：切削方式为"渐变环切"，切削间距（直径 %）为 40.0%，勾选"由内向外环切"。

5）进刀方式：螺旋下刀，最小半径为 25%，最大半径为 50%。

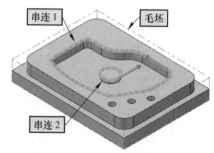

图 2-26　毛坯设置和加工串连的选择

6）精修：勾选"精修"复选框，设置"次"为 1，"间距"为 0.6mm，"精修次数"为 0，刀具补正方式为"控制器"。

7）进 / 退刀设置：勾选"进刀"选项，"直线"区域选中"垂直"单选项，"圆弧"区域设置扫描角为 60.0°，单击 ▸▸ 按钮，将退刀设置为与进刀相同。

8）轴向分层切削：这里为观察挖槽刀路，暂时按不分层处理，实际中根据需要设置。

9）贯通：不勾选此选项，即不贯通。

10）共同参数：去除"安全高度"和"提刀"复选框勾选，下刀位置为 10.0mm，工件表面为 0.0，深度为 –8.0mm。

11）参考点：进入点 / 退出点为（0，0，100）。

按此设置后的刀路及仿真如图 2-27 所示，岛屿顶面未生成刀路，不加工。

"使用岛屿深度"挖槽加工方式编程过程简述如下：

在图 2-27 编程的基础上，单击"2D 刀路 -2D 挖槽"对话框中的"切削参数"选项标签，按图 2-29 所示设置即可完成"使用岛屿深度"挖槽加工，加工刀路及仿真如图 2-28 所示。图示的岛屿上方预留量选项图解显示，还可以控制岛屿深度的实际加工值。

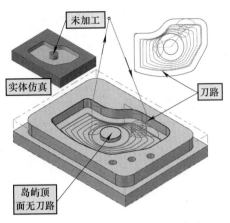

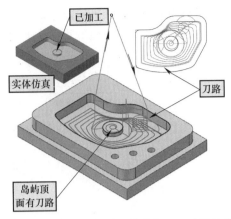

图 2-27　"标准"挖槽加工刀路及仿真　　　　图 2-28　"使用岛屿深度"挖槽加工刀路及仿真

提示

　　图 2-28 编程时，因为选择的是岛屿顶面的串连，即系统已提取了岛屿深度，图 2-29 所示岛屿上方预留量设置为 0。同理，若岛屿串连曲线选择图 2-25 所示的串连曲线 3，岛屿上方预留量设置为 -5mm，其刀路与图 2-28 相同。

　　图 2-28 所示练习和结果文件分别参见前言二维码中的"图 2-25_岛屿模型 .stp"和"图 2-28_岛屿挖槽 .mcam"。

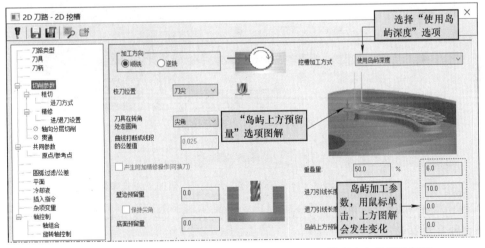

图 2-29　"2D 刀路 -2D 挖槽→切削参数"使用岛屿挖槽方式参数设置图解

4．开放式挖槽加工

　　开放式挖槽加工是标准挖槽加工方式的一种扩展，其串连曲线为开放式曲线（不封闭曲线），对开放部分系统假设仍然存在边界，并可按适当距离延伸这个假设边界实现挖槽加工，同样，还集成有精铣刀路，但这个精铣刀路则是按实际开放曲线规划。

　　图 2-30 所示为某固定扳手，这里以其前部开口为对象讨论开放式曲线挖槽加工。具体步骤为：导入扳手模型，依次单击"线框→形状→边界框"功能按钮；测量出扳手模型的边

界框尺寸约 236.6mm×85.3mm×8mm，考虑单面加工余量约 3mm，故按 242mm×92mm×8mm 创建毛坯；提取开口边缘线，并将其延伸至毛坯边界，完成编程准备工作。

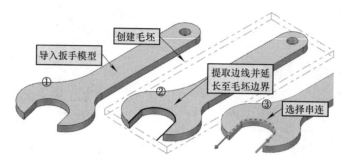

图 2-30　编程前准备图解

然后，参照前述标准挖槽的步骤创建挖槽操作编程，编程串连如图 2-30 右图所示。"2D 刀路 -2D 挖槽"对话框参数如下：

a）刀路类型：挖槽。

b）刀具：从刀库中调用一把 φ16mm 的平底铣刀，其余自定。

c）切削参数：挖槽加工方式为"开放式挖槽"，如图 2-31 所示。

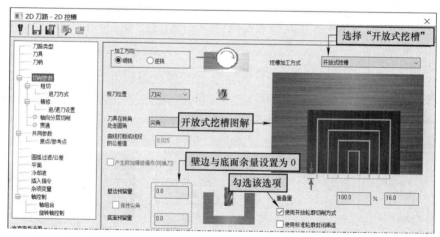

图 2-31　"2D 刀路 -2D 挖槽→切削参数"开放式挖槽加工方式参数设置图解

d）粗切：切削间距（直径 %）为 30% 或切削间距（距离）为 4.8mm。两参数只要设置一个，另一个自然计算获得。

e）进刀方式：选择"关"。

f）精修：勾选"精修"复选框，设置"次"为 1，"间距"为 0.6mm，"精修次数"为 0，刀具补正方式为"控制器"。

g）进 / 退刀设置：进 / 退刀选项相同。参数设置为："直线"区域选中"相切"单选项，"圆弧"区域设置扫描角为 30°，其余默认。

h）轴向分层切削：关闭，即取消"轴向分层切削"复选框。

i）贯通：关闭，即取消"贯通"复选框。

j）共同参数：不勾选"安全高度"和"提刀"复选框，下刀位置为 10.0mm，工件表面为 0.0，深度为 –10.0mm（这里包括贯通量 2mm）。

　　k）参考点：进入点 / 退出点为（0，0，100）。

　　以上设置的刀具路径，实体仿真如图 2-32 所示，练习和结果文件分别参见前言二维码中的"图 2-30_ 固定扳手 .stp"和"图 2-30_ 开放挖槽 .mcam"。

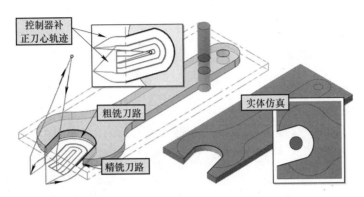

图 2-32　开放式挖槽刀具路径与实体仿真

5. 挖槽加工残料铣削方式

　　粗加工时，为提高加工效率，常常采用直径较大的刀具，若刀具半径超过工件上内拐角圆角半径，在这个内拐角处必然存在较多的未加工材料，这些材料称为"残料"。2D 挖槽加工方式中专门设置了一种加工策略，可快速去除这些残余材料。

　　图 2-33 所示为 2D 挖槽残料加工示例，加工模型参见图 2-25，图中可见模型左侧有两个 $R4$mm 圆角，经过图 2-28 所示的挖槽加工（注意其加工刀具为 $\phi12$mm 平底铣刀），其必然存在加工不到的残料，左图左上角为图 2-28 所示挖槽加工实体仿真后，基于 Mastercam 模拟器中的"验证→尺寸标注→距离" 功能测量的结果，残料最大余量约为 0.825mm。

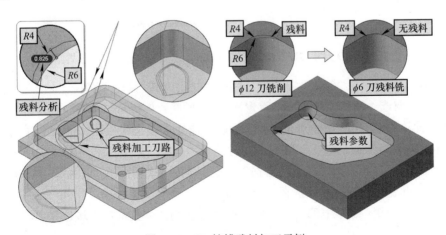

图 2-33　2D 挖槽残料加工示例

　　挖槽残料加工编程的步骤与上述标准挖槽基本相同，因此，为简化编程，可直接复制图 2-28 挖槽的操作，修改参数快速获得残料挖槽操作，其"2D 刀路 -2D 挖槽"对话框主要参数设置如下：

a）刀路类型：不变，仍然为"挖槽"。

b）刀具：从刀库中调用一把φ6mm 的平底铣刀，其余自定。

 提示

数控加工一般多采用小于加工圆弧半径的刀具通过编程移动刀具完成圆弧的加工。

c）切削参数：挖槽加工方式为"残料"，其余设置如图 2-34 所示。

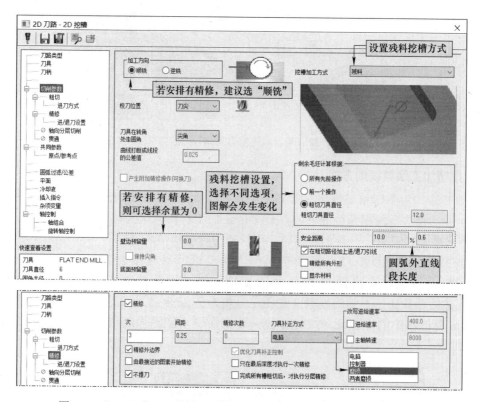

图 2-34 "2D 刀路 -2D 挖槽→切削参数和精修"残料挖槽参数设置图解

d）粗切：取消勾选"粗切"复选框，因此"进刀方式"选项无效。

e）精修：勾选"精修"复选框，设置次：3，间距：0.25mm，刀具补正方式：电脑。

说明： 此次残料余量约为 0.8mm，这里直接选择 3 刀去除残料，因此第 1 刀实际上不到 0.25mm。关于刀具补正方式，要求不高时选择"电脑"，要求较高时，由于系统不能选择"控制器"，但笔者尝试选择了"磨损"补正，且后处理生成的 NC 代码中出现了 G41，因此，轮廓精度要求较高时建议选择该补正方式。

f）进 / 退刀设置：进 / 退刀选项相同。参数设置为："直线"区域选择"相切"，圆弧扫描角为 45°，其余默认。

g）轴向分层切削：图 2-33 所示刀路，为观察方便，关闭了轴向分层功能。考虑到刀具直径较小（φ6mm 的平底铣刀），8mm 槽深略显偏大，因此建议勾选"轴向分层切削"复选框，并设置最大粗切步进量为 3.0mm，轴向分层切削排序为：依照深度。设置前、后的刀路如图 2-35 所示。

h）贯通、共同参数和参考点：与图 2-28 的设置相同。

残料挖槽结果文件参见前言二维码中"图 2-33_挖槽_残料 .mcam"。

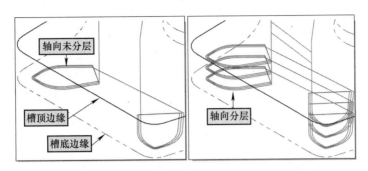

图 2-35 残料挖槽加工方式轴向分层加工刀路

2.2.3 面铣加工与分析

"面铣"加工即平面铣削加工，是对工件的平面特征进行铣削加工。面铣加工一般采用专用的面铣刀，对于较小平面也可考虑用直径稍大的平底立铣刀。面铣加工一般选择一个或多个封闭的外形边界进行加工。

面铣加工的设置相对简单，下面以图 2-36 所示的冲模下模座上平面以及两个小的压紧凸台面铣削加工为例进行讨论。

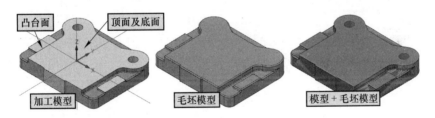

图 2-36 已知条件与基本编程环境的创建

（1）已知条件以及基本编程环境的创建 如图 2-36 所示。

1）已知条件。假设已知下模座的 STP 格式加工模型"下模座_模型 .stp"，启动 Mastercam 软件，单击"打开"按钮，弹出"打开"对话框，在文件类型下拉列表框中选择"STEP 文件（*.stp；*.step）"文件类型，选择"下模座_模型 .stp"文件，单击"打开"按钮，导入 STP 格式下模座模型，然后另存为"下模座 - 面铣 .mcam"加工文件。有兴趣的读者可基于"建模"功能选项卡中"颜色"选项区的相关按钮对工件加工面和非加工面设置不同的颜色，以增强可读性。

2）毛坯模型的准备。在打开的加工模型基础上，首先执行"模型准备→修剪→修改实体特征"命令 ，选择两个导柱孔，删除孔特征；然后基于"模型准备→建模编辑→推拉"功能 ，将上面的顶面和底面以及凸台面向上拉伸 3mm 的加工余量，并将边缘锐边倒圆角 $R3mm$（铸造圆角），另存为 STP 格式的"下模座_毛坯 .stp"文件备用。这一步主要是创建一个类似于铸造件的毛坯，因此，如有兴趣，也可将整个毛坯表面设置为与上一步相同的非加工面颜色。

3）基本加工环境的创建。再次打开"下模座-面铣.mcam"加工文件，基于"文件→合并"命令导入毛坯模型。进入"铣床"加工模块，单击"机床群组→属性→毛坯设置"标签，弹出"机床组件属性"对话框，在"毛坯设置"选项卡"形状"区选中"实体/网格"单选项，单击其右侧的选择按钮 ，选择导入的毛坯模型"下模座_毛坯.stp"，创建加工毛坯，默认的毛坯显示为"线框"显示，其屏幕上显示的栅格形式的模型可视性较差，若改为"实体"显示，可读性稍好。当然，去除毛坯"显示"的复选框，即不显示毛坯模型，这不会影响后续"实体仿真" 加工的效果。

（2）顶面"面铣"加工操作的创建　如图 2-37 所示。

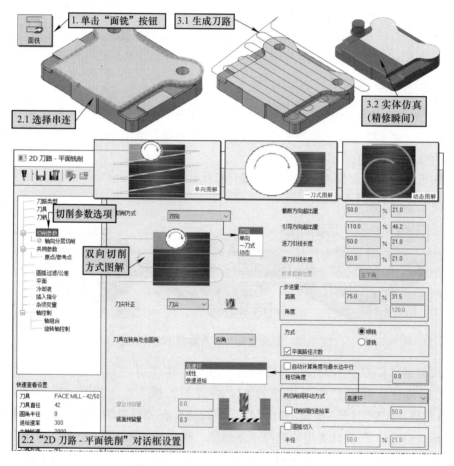

图 2-37　顶面"面铣"铣削操作图解

1）创建面铣操作。单击"铣床刀路→2D→铣削→面铣"功能按钮 ，弹出"串连选择"对话框，实体模式环选择方式选择顶面边界曲线为串连，单击确认按钮，弹出"2D 刀路-平面铣削"对话框。

2）"2D 刀路-平面铣削"对话框各选项设置如下：

a）刀路类型：面铣。

b）刀具：从刀库中创建一把ϕ42.0mm的面铣刀（FACE MILL–42/50），设置主轴转速为2000r/min，进给速度为300.0mm/min等。

c）切削参数：铣削方式为"双向"，底面预留量（后续工序的磨削余量）为0.3mm，两切削间移动方式为"高速环"，其余参数如图2-37所示。

d）轴向分层切削：取消"轴向分层切削"复选框，即轴向不分层切削。

e）共同参数：去除"安全高度"和"参考高度"复选框勾选，下刀位置：10.0mm，工件顶面：3.0mm，深度：0.0。

f）参考点：进入点/退出点（0，0，200）。

3）生成刀路并实体仿真。单击"2D刀路 - 平面铣削"对话框右下角的确认按钮，获得刀具轨迹（必要时需重新计算以更新刀路）。单击"实体仿真"按钮进行实体仿真。

（3）凸台面"2D挖槽（平面加工）"加工操作的创建 如图2-38所示。

凸台面由于加工面积和侧面空间较小，采用"面铣"加工策略显然不甚适宜，这里采用2D挖槽中的"平面铣"挖槽加工方式铣削加工，具体操作参见前述介绍。这里仅说明主要设置。

1）同时选择两凸台顶面的边界线为加工串连。

2）刀具：从刀库中选择一把ϕ16mm平底铣刀。

3）切削参数：挖槽加工方式为"平面铣"，底面预留量为0。

4）粗切：切削方式为"平行环切"，切削间距（直径%）为40.0%，取消勾选"由内而外环切"复选框。

5）不精修，深度Z不分层，不贯通。

6）共同参数：取消勾选"安全高度"和"参考高度"复选框，下刀位置为10.0mm，工件表面为–7.0mm，深度为–10.0mm。

7）参考点：进入/退出点（0，0，200）。

前言二维码中给出了练习文件"下模座_模型.stp"、"下模座_毛坯.stp"和结果文件"下模座_面铣.mcam"供学习参考。

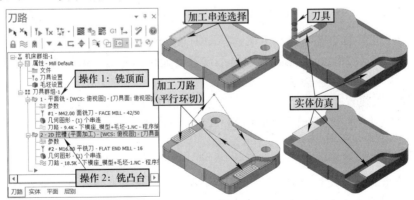

图2-38 凸台面2D挖槽平面铣加工图解

2.2.4 键槽铣削加工与分析

"键槽"铣削加工是专为平键槽而开发的加工策略，可认为是挖槽的特例，参考文献[1]

中有轴圆周面上键槽铣削加工的示例，这里以图 1-2 所示压板中间的键槽加工为例进行分析，图 1-7 所示为其刀路与实体仿真。

图 2-39 所示为其分析图解，相关参数设置参见图 1-7 中的相关说明。

（1）加工前准备　启动 Mastercam 软件，导入几何模型（练习文件"压板 .stp"），如图 2-39 所示。首先基于"转换→位置→投影"功能　在压板上、下表面提取出键槽串连线，编程时仅需要上面的串连线即可（但同时提取出下面的框线可视性较好），并通过标注尺寸查询出键槽加工几何参数，然后进入铣床模块，创建边界框毛坯。

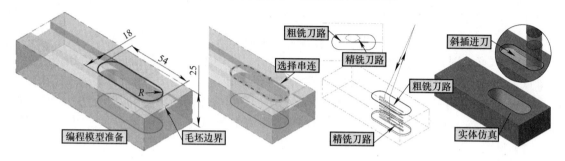

图 2-39　编程前期准备、刀路分析与实体仿真图解

（2）创建键槽加工（操作 1）　单击"铣床刀路→ 2D →键槽铣削"按钮　，建立一个"键槽铣削"加工策略，其中加工串连选择参见图 2-39，然后，进入"2D 刀路 - 键槽铣削"对话框设置。

（3）"2D 刀路 - 键槽铣削"对话框　相关参数设置如下：

刀路类型：键槽铣削　。

刀具：从刀库中选择一把 ϕ16mm 平底铣刀，修改刀齿长度 30mm，刀具总长度 100mm。设置刀具号和刀补号均为 1，主轴转速为 5000r/min，进给速度为 400mm/min。

切削参数：补正方式为"控制器"，补正方向为"左"，进 / 退刀圆弧扫描角度为 60.0°，勾选"垂直进刀"，重叠量为 3.0mm，壁边和底面预留量均为 0。

粗 / 精修：勾选"斜插进刀"复选框，进刀角度为 3.0°，勾选"螺旋以圆弧方式输出"复选框，粗切步进量为 40%，精修 1 次，间距为 0.5mm。

贯通：贯通量为 2.0mm（注：若这里不设置贯通量，则需在共同参数深度值中多加贯通量）。

共同参数：仅设置下刀位置为 5.0mm，毛坯顶部为 0.0，深度为 25.0mm。

原点 / 参考点：进入 / 退出点（0,0,120）。

📢 注意

　　进入 / 退出点一般设置为同一点，且适当远一点，确保工件装夹等操作方便，不会碰伤刀具等。本书考虑刀具轨迹显示不要太长，而设置得不是太远。

设置完成后，单击确定按钮　，系统自动计算并显示出刀具路径，必要时用"路径模拟"　和"实体仿真"　观察刀路等，参见图 2-39。

（4）键槽刀路分析　上述设置生成的刀路较为典型，如图 2-40 所示。其一般包括粗铣与精铣两部分：粗细刀路类似于前述的螺旋下刀，有效利用刀具圆周切削刃切削，本例设置用圆弧替代螺旋线，减少系统插补运算时间，有利于提高进给速度；精铣刀路类似于前述典型的外形精铣刀路，直线与圆弧进入 / 退出精铣，直线启动刀具半径补偿，圆弧切入有利于切削平稳，加工重叠量设置，有利于进入 / 退出段加工质量。详细刀路可调用随书提供的练习文件"图 2-40_ 键槽铣削 .mcam"参照图 2-40 的图解自行研习。

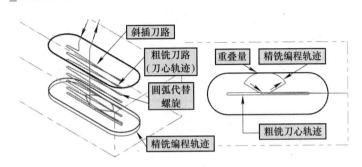

图 2-40　键槽刀路分析图解

2.2.5　2D 雕铣加工与分析

2D 雕铣加工可用于阴、阳文字及图案的雕刻等，在参考文献 [1] 中介绍了文字的雕铣加工，现有大部分资料在介绍文字雕刻时均是直接利用"线框→形状→文字" A 功能创建系统自带的字体轮廓线进行编程，这种方法无新意，不能适合手写体文字的雕刻，实际上手写体的雕铣核心是将光栅图文件（如 *.bmp、*.png、*.jpg 等）转化为矢量图文件，从而提取出字体的轮廓曲线，这里以 Mastercam 中"浮雕"模块的"栅格转矢量" 功能提取轮廓线，然后开始 2D 雕铣加工编程。

1. 手写字轮廓曲线的提取

（1）手写字体分析　手写字体数字化后常见为光栅图格式，属于点阵图，由无数个小点构造而成，无法用于数控编程。为此，需要将其转化为矢量图，这个转化过程是系统自动识别边界而生成的，因此，手写字的文字图案，边界越清晰，提取效果越好，否则，后续的修改非常费事。

（2）手写体文字轮廓曲线的提取　如图 2-41 所示，操作过程简述如下：

1）必须要有手写体的文字图案。读者可用自己单位的名称或标志进行练习。前言二维码中给出了一个校名文件"南昌航大 .bmp"供练习。

2）启动 Mastercam 2022 软件，单击"浮雕→线框→栅格转矢量"功能按钮 ，弹出"打开"对话框，找到欲转换的文字图案文件，单击"打开"按钮，弹出"黑色 / 转换成白色"对话框。

3）观察右侧图案的清晰度，必要时调整中间的刻度尺。单击确定按钮，弹出"点阵图与向量图"对话框（注：该对话框名称为 Rast2vec，意思是 raster graphic into a vector，即光栅图转矢量图），单击确定按钮弹出"调整图形"对话框，可进一步调整该图线质量。单击确定按钮弹出操作提示"您确实要退出 Rast2vec 吗？"，单击"是"按钮，系统自动根据光栅图计算转换为矢量图，在窗口可看到转化后的矢量图。将转换结果保存为"南昌航大 .mcam"。

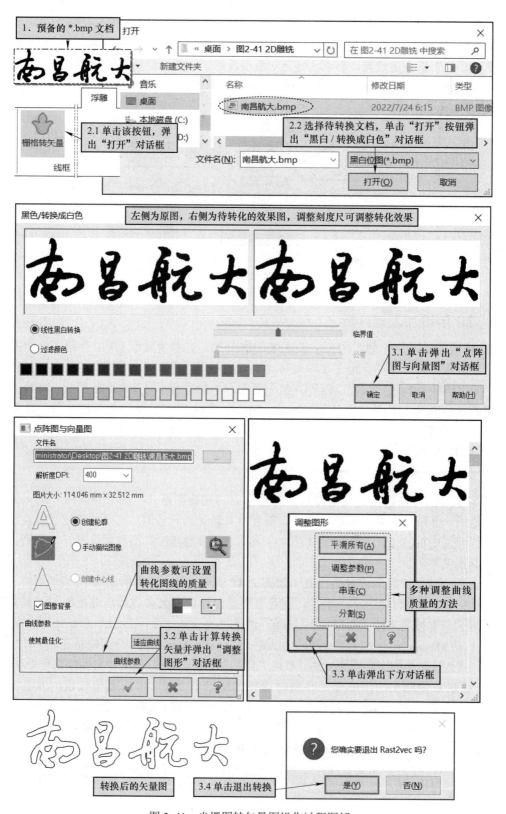

图 2-41　光栅图转矢量图操作过程图解

2.2D雕铣加工示例

（1）2D雕铣加工与分析 以上转化矢量图的大小取决于原光栅图的大小，因此编程前应按所需尺寸大小缩放编程图线。2D雕铣加工有几点注意事项。首先，雕铣虽然属于数控铣，但刀具与切削用量有特色，其刀具一般为锥度刀，刀尖直径很小，刀库中一般没有，需要自己创建，参见1.4.4的内容，在切削用量选择上，雕铣加工一般遵循高转速、小切深、大走刀的原则。

2D雕铣编程加工主要有三种形式：阴字、阳字与字轮廓雕铣。在串连选择上，一般采用"窗选"方式□选择全部串连，然后按操作提示选择串连上的一个点即可。

（2）2D雕铣加工编程 以图2-41提取的字体矢量图，创建一个胸牌加工示例，如图2-42所示，操作过程简述如下：

1）编程几何模型的准备。首先按所需尺寸绘制一个（或两个）图框，然后利用"转换→尺寸→比例"功能 尝试适当的缩放比例将文字缩放至合适大小并移动至适当位置。图中所示内框尺寸为48mm×16mm，外框是内框外偏置1mm。

2）编程环境的创建。单击"机床→铣床 ▼ →默认（D）"命令，进入铣床编程模块。单击"刀路"操作管理器"机床群组"属性下的"毛坯设置"标签 毛坯设置，在弹出的"机床群组属性"对话框"毛坯设置"选项卡中单击"选择对角"按钮 选择对角(E)...，依据文字图形绘制矩形并设置毛坯厚度1mm，创建加工毛坯。本例创建了一个250mm×100mm×1mm的毛坯。

3）阴字雕铣加工，如下所述：

a）单击"铣床刀路→2D→2D铣削→木雕"功能按钮 ，弹出"串连选项"对话框，用"线框"模式 "窗选"方式□窗选所有文字（序号①所示），按操作提示选择"南"字上部某点为串连曲线起点并选中整个字体曲线串连，单击"串连选项"对话框下的确定按钮，弹出"木雕"对话框。

b）在"刀具参数"选项卡中创建一把锥度雕刻铣刀（刀尖直径ϕ0.2mm，锥度半角15°，刀柄直径ϕ6mm），并设置相关参数。

c）在"木雕参数"选项卡中，去除"安全高度"和"参考高度"复选框勾选，设置下刀位置为5.0mm，工件表面为0.0，深度为−0.2mm，XY预留量为0等。

d）在"粗切/精切参数"选项卡中，勾选"粗切"复选框，选择"环切并清角"加工策略，勾选"先粗切后精切"复选框，切削图形选择"在深度"单选项等。

e）单击确定按钮，获得刀具轨迹（必要时需重新计算更新刀路）。单击"实体仿真"按钮进行实体仿真。

4）阳字雕铣加工，与阴字雕刻的差异简述如下：

a）操作方法同上，窗选所有文字和内框线（序号②所示），注意不要包含外框。

b）"刀具参数"选项卡设置相同。

c）"木雕参数"选项卡设置相同。

d）"粗切/精修参数"选项卡设置：加工策略选择"双向"，切削图形选择"在顶部"单选项等。

5）切割框编程。胸牌加工一般采用亚克力双色板，通过铣去颜色获得图案，雕刻时一般用雕刻刀按外框尺寸铣削值接近材料厚度，切割分离胸牌。本例在图 2-42 所示的刀路管理器中的操作 2 便是切割程序，它基于"外形"铣削功能实现，不详细展开，读者可调用本例的结果文件"南昌航大 _ 加工 _ 阴字 .mcam"和"南昌航大 _ 加工 _ 阳字 .mcam"进行研习。

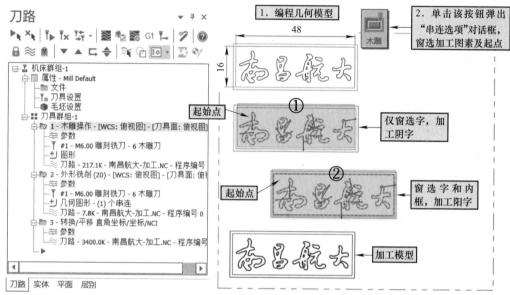

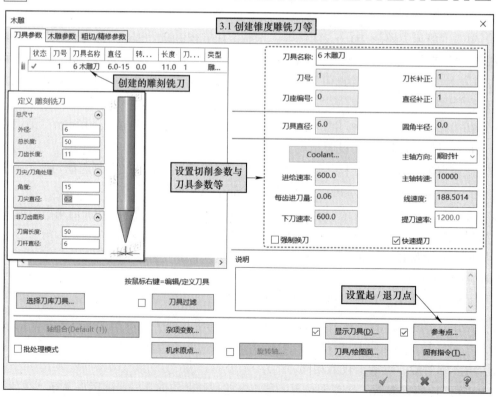

图 2-42　2D 雕铣加工——胸牌加工示例与操作图解

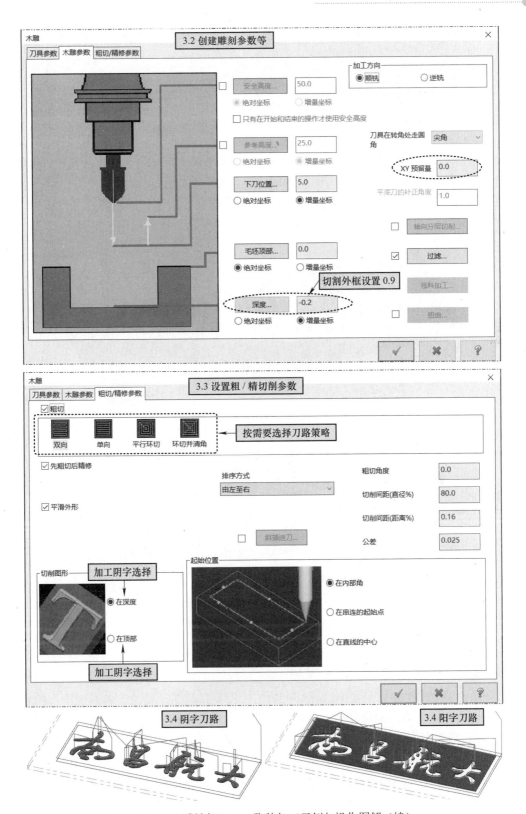

图 2-42　2D 雕铣加工——胸牌加工示例与操作图解（续）

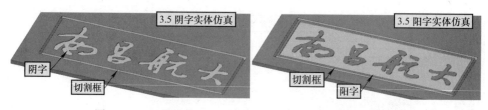

图 2-42　2D 雕铣加工——胸牌加工示例与操作图解（续）

6）胸牌雕刻指示拓展。在图 2-42 所示的刀路管理器中，操作 3 是"转换 / 平移直角坐标 / 坐标 /NCI"。这是什么？作为胸牌雕刻，往往量比较大，如学校的校徽，操作 3 实际上是前述操作 1 和操作 2（的刀路 NCI）的直角坐标阵列。所用到的功能是"刀路→工具→刀路转换"中的"平移"功能，整列的结果如图 2-43 所示，详细操作可参阅 3.4.3 节。

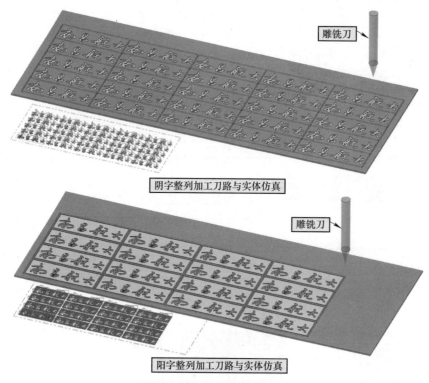

图 2-43　加工刀路整列示例

2.2.6　普通 2D 铣削综合示例与分析

以下给出某 2D 铣削加工实例，并给出加工过程及其截图，要求读者通过给出的步骤截图与简单提示完成其自动编程任务，最后对照前言二维码中相应文件，对比其吻合程度。

例 2-1：已知加工件的 STP 格式数字模型，其中 XY 平面内的轮廓参数均要求较高的加工精度，要求分析零件结构工艺性，制定加工工艺，完成零件自动编程工作。前言二维码中给出了文件"例 2-1_ 模型 .stp"、"例 2-1_ 加工 .mcam"和"例 2-1_ 工程图 .pdf"供学习参考。

（1）加工件工艺性分析　利用"主页"功能选项卡"分析"选项区的相关功能按钮进行图形分析，具体操作略，如图 2-44 所示。

1）启动 Mastercam 软件，打开 STP 格式加工数字模型"例 2-1_ 模型 .stp"，并另存为"例 2-1_ 加工 .mcam"开始加工编程练习。初步观察导入的模型可见工件上表面高出世界坐标系 8mm，为简化编程，将加工模型下移 8mm，使工件上表面与世界坐标系重合。

2）基于"图素分析"功能 ✎ 查询加工模型的几何数据，如平面的 Z 坐标（即槽深）、相关圆角半径等。为练习编程，本例提取了 φ30mm 孔倒圆角前边缘线用于圆孔、倒圆角等操作。同时，提取了薄壁顶面边缘线，用于后续实体仿真粗铣观察之用。关于加工串连选取，本书以实体串连为主，必要时提取边缘线用于选择串连。

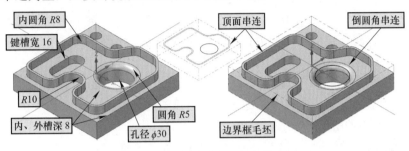

图 2-44　加工模型与几何参数分析

（2）加工工艺与分析　图 2-45 图解了该零件加工过程。从图中看，该过程分八个操作完成，具体分析如下：

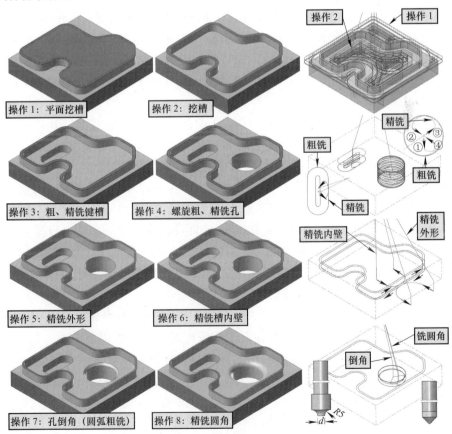

图 2-45　加工工艺分析

操作 1：外轮廓阶梯面铣削加工。刀路类型：2D 挖槽。刀具：ϕ16mm 平底铣刀。切削参数，加工方向：逆铣，挖槽加工方式：平面铣，重叠量：80%，壁边预留量：0.6mm，底面预留量：0.0，粗切切削方式：平行环切，切削间距（直径 %）：30.0%。不精修，轴向分层切削，最大粗切步进量 4.0mm，精修 1 次，步进量 1.0mm。共同参数：下刀位置：10.0mm，毛坯顶部：0.0，深度：–8.0mm。参考点：（0，0，100）。

操作 2：内轮廓挖槽加工。刀路类型：2D 挖槽。刀具：ϕ12mm 平底铣刀。切削参数，加工方向：逆铣，挖槽加工方式：标准，壁边预留量：0.6mm，底面预留量：0.0。粗切，切削方式：平行环切清角，切削间距（直径 %）：30.0%，由内向外环切。进刀方式：螺旋下刀。不精修，轴向分层切削，最大粗切步进量 3.0mm，精修 1 次，步进量 0.8mm，共同参数与参考点设置同上。

操作 3：键槽粗、精铣。刀路类型：键槽铣削。刀具：ϕ16mm 平底铣刀。切削参数，补正方式：控制器，补正方向：左，进 / 退刀圆弧扫描角度：45°，垂直进刀，重叠量：2.0mm，壁边与底面预留量：0.0。

操作 4：螺旋粗、精铣孔。这部分内容在 2.4.2 节有详细介绍。

刀路类型：螺旋铣孔。刀具：ϕ16mm 平底铣刀。切削参数，补正方式：控制器，补正方向：左，起始角度：90.0°，进 / 退刀圆弧扫描角度：90.0°，勾选"由圆心开始"和"在中心结束"，壁边与底面预留量：0.0。粗 / 精修，粗切间距 3.0mm，粗切次数：1，精修，精修方式：向上螺旋，精修间距：2.0mm，精修步进量：0.5mm。共同参数：下刀位置：5.0mm，毛坯顶部：–8.0mm，深度：–27.0mm。参考点：（0，0，100）。

注意图中刀路中的箭头与序号对应刀路分析。键槽的精铣为顺铣。螺旋铣的顺序是：圆心→序号①切入→螺旋向下粗铣→序号②切出→圆心→序号③切入→螺旋向上精铣（顺铣）→序号④切出→圆心。

操作 5：精铣外形。刀路类型：外形铣削。刀具：ϕ16mm 平底铣刀。切削参数（顺铣），补正方式：控制器，补正方向：左，外形铣削方式：2D，壁边 / 底面预留量：0.0。进 / 退刀设置如图所示，重叠量：2.0mm。共同参数自定，参考点设置同上。

操作 6：精铣内壁。刀路类型：外形铣削。刀具：ϕ12mm 平底铣刀。切削参数（顺铣），补正方式：控制器，补正方向：左，外形铣削方式：2D 倒角，壁边 / 底面预留量：0.0。进 / 退刀设置如图所示，重叠量：2.0mm。共同参数自定，参考点设置同上。

操作 7：孔口倒角，倒角参数 2×45°。刀路类型：外形铣削。刀具：CHAMFER MILL 12/90DEG，切削参数，补正方式：电脑，补正方向：左，参考点设置同上，其他参数自定。注意，该倒角刀路起到操作 8 圆角精铣的粗加工。

操作 8：孔口精铣圆角，圆角半径 R5mm。刀路类型：外形铣削。刀具：创建一把圆角铣刀，如图所示，d=6mm，R=5mm。注意编程时到位点为端面中心。切削参数（顺铣），补正方式：控制器，补正方向：左。参考点设置同上，其他参数自定。

📞 提示

操作 1 与操作 2、操作 5 与操作 6、操作 7 与操作 8 的刀路类型相同，因此，后一个操作可以复制前一个操作，通过修改相关参数和刀具等快速设置。

2.3　动态 2D 铣削加工编程及其应用分析

"动态铣削"是适应高速铣削加工而开发出来的一种加工策略，由以下内容可以看到其加工过程追求高速切削的稳定性，如切削刀路均以圆顺过渡为主，避免产生加速度而造成切削力的变化；切削用量上追求切削力的稳定，主要表现为材料切除率的稳定；避免切削力的突变，表现为大量使用摆线刀路加工。动态铣削在粗铣加工时效果明显，精铣加工也有所应用。动态高速铣削加工切削用量选用的特点是高转速、小切深（包括背吃刀量 a_p 和侧吃刀量 a_e）、大进给，动态 2D 铣削加工更多的是采用小的侧吃刀量加工。动态铣削既然是高速铣削，显然非常适合高速加工机床，但对普通数控机床加工也是有益的。

2.3.1　动态铣削加工与分析

"动态铣削"是基本与常用的高速铣削加工策略之一，主要用于 2D 粗铣加工，其刀具轨迹圆顺过渡，采用摆线刀路保持材料去除率的稳定。

图 2-46 所示为动态铣削加工学习时将要用到的加工模型之一，为 STP 格式，启动后基于"主页"功能选项卡"分析"选项区的相关功能查询了部分主要参数，如图中深度 Z、最小半径 R4mm、总体尺寸等。然后，做编程前的准备，主要是建立毛坯，图示的边界框线是否提取取决于个人的编程习惯，Mastercam 2022 可直接提取实体边界串连。

该零件加工工艺为：外轮廓动态粗铣→内槽动态粗铣→内槽精铣→内槽残料精铣→外形精铣。前言二维码中给出了练习模型"图 2-46_ 模型 .stp"和结果文件"图 2-46_ 动态铣 .mcam"供学习。

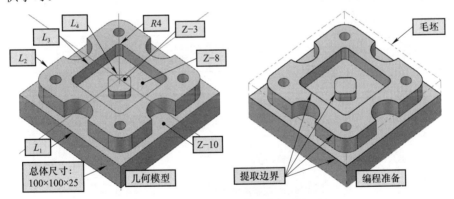

图 2-46　动态铣削加工模型与编程处理

1．外形动态粗铣加工

动态铣削粗加工可用于外形铣削，下面以图 2-46 中的外轮廓粗铣（图中 L_2 边界线）为例进行讨论。

（1）编程前的准备工作　这里以 STP 格式加工模型为例，设置如图 2-46 右图所示。

1）启动 Mastercam 2022，以 STP 文件类型打开图 2-46 所示的加工模型"图 2-46_ 模型 .stp"，并进行相关几何参数等的分析。

2）单击"机床→铣床 ▼ →默认"命令进入铣床编程模块，单击机床群组属性下的"毛坯设置"选项标签 ⬡ 毛坯设置，以边界框方式设置毛坯。

（2）外轮廓动态粗铣加工（操作 1）　以串连 L_1 为加工范围，串连 L_2 为避让范围，生成刀路，加工区域策略为开放，具体操作步骤如下所述：

1）单击"铣床刀路→2D→铣削→动态铣削"功能 ⬛ 按钮，弹出加工"串连选项"对话框，单击"加工范围"的串连选择按钮 ⬛，弹出线框或模型"串连选项"对话框（图中未示出），在"实体"模式 ⬛ "环"方式 ⬛ 下选择串连 L_1，确定后返回"串连选项"对话框，继续选择 L_2 为"避让范围"串连，然后点选"加工区域策略"选项区的"开放"单选项，如图 2-47 所示。选择完成后单击确认按钮，弹出"2D 高速刀路 - 动态铣削"对话框。

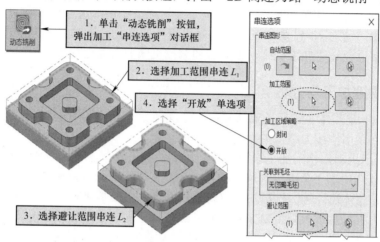

图 2-47　加工串连选择

2）"2D 高速刀路 - 动态铣削"对话框各选项设置说明如图 2-48 所示，其中未谈及的选项一般按默认或未设置。

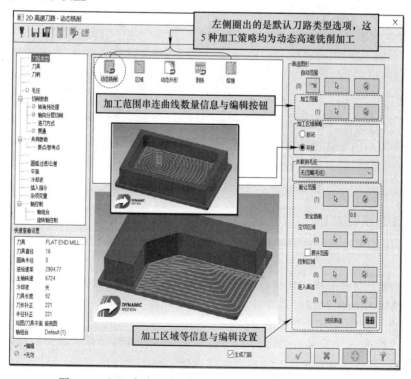

图 2-48　"2D 高速刀路 - 动态铣削→刀路类型"选项设置

刀路类型：如图 2-48 所示。刀路可选列表框中的 5 种加工策略，它们属于同一类型，大部分设置选项基本相同，可直接相互切换。

刀具：从刀库中创建一把 ϕ16mm 的平底铣刀，其余参数自定。

毛坯：这里的毛坯是默认的机床组件属性中设置的加工毛坯，所以不用设置。毛坯设置主要用于残料加工。

切削参数：按图 2-49 所示设置，注意壁边预留量 0.6mm 即后续精铣的加工余量。如不清楚设置选项的含义，可通过初步的理解，修改并观察刀路的变化，逐渐积累自己的认识。

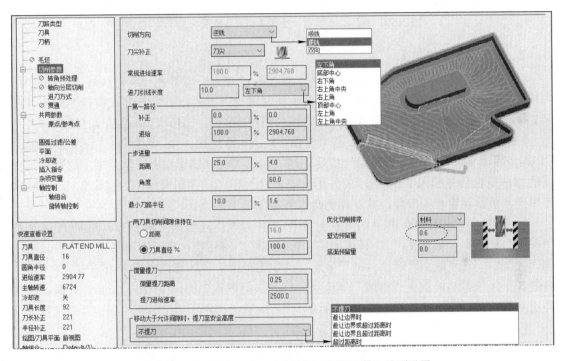

图 2-49　"2D 高速刀路 - 动态铣削→切削参数"选项设置

轴向分层切削：含义及设置取决于切削深度和材料硬度等，这里为了观察刀路，未进行轴向分层设置，实际中根据需要自定。

进刀方式：实质为下刀方式，系统提供了 6 种下刀方式，"单一螺旋下刀"选项为常用选项，其"螺旋半径"参数一般设置得小于或等于刀具半径。

共同参数与原点 / 参考点：设置项目与前述基本相同，这里取消勾选"安全高度"，其余的设置为：参考高度 6.0mm，下刀位置 3.0mm，工件表面 0.0，深度 -10.0mm。实际操作时可充分利用设置参数左侧的按钮去模型中自动提取，参考点自定，但尽可能所有操作相同。

3）生成刀路与加工仿真如图 2-50 所示，注意观察理解本节重点"动态""高速"的含义。

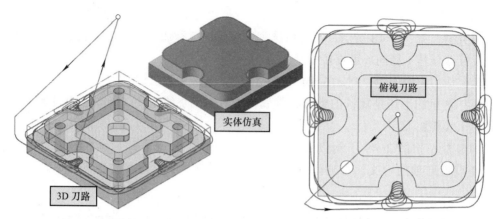

图 2-50　外形动态铣削（操作 1）刀具轨迹与加工仿真

2. 挖槽动态粗铣加工

动态粗铣加工除外形铣削外，还可用于挖槽粗铣加工。现接上一步，铣削图 2-46 中的内轮廓（图中 L_3 边界线内部区域）。分两种情况讨论：一是单一串连曲线内挖槽加工（图中 L_3 部分，深度 3mm），二是嵌套封闭串连曲线挖槽加工（图中 L_3 内部嵌套了 L_4）。

（1）单一串连曲线内挖槽加工（操作 2）　注意到图 2-46 中的岛屿上表面深度为 −3mm，即该平面以上可认为是单一串连挖槽。由于其仍然属于动态铣削类型，因此，最快捷的方法是直接复制图 2-50 所示的外形动态粗铣操作（即复制操作 1 为操作 2），修改加工串连，重新设置相关参数，并计算更新刀路实现。

这里加工串连的编辑可单击复制后操作 2 中的"几何图形"标签 🔵 几何图形，或单击"参数"标签 ≋ 参数激活"2D 高速刀路 - 动态铣削"对话框，在"刀路类型"选项画面右侧区域编辑，这里取消"避让范围"串连，"加工范围"串连修改为图 2-46 中的 L_3 串连，并将加工区域策略修改为"封闭"单选项；修改共同参数中的深度为 −3.0mm。其串连选择与更新后的刀路及加工仿真如图 2-51 所示。

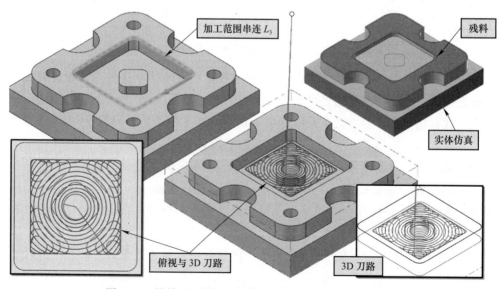

图 2-51　挖槽动态粗铣（操作 2）串连、刀路与加工仿真

（2）嵌套封闭串连曲线挖槽加工（操作 3）　这种加工类似于中间具有岛屿的 2D 挖槽，但不能使用岛屿高度加工岛屿上表面，这里中间岛屿是通过避让范围设定的，岛屿的高度必须通过其他方法去除，如 2D 挖槽的"平面铣"加工方式。

这里接图 2-51 的动态挖槽继续进行操作，首先复制一个新的挖槽动态粗铣（复制操作 2 为操作 3），加工范围串连不变，但增加一个避让范围 L_4，然后，重新设置共同参数中的深度为 -8.0mm，更新刀路及加工仿真如图 2-52 所示。

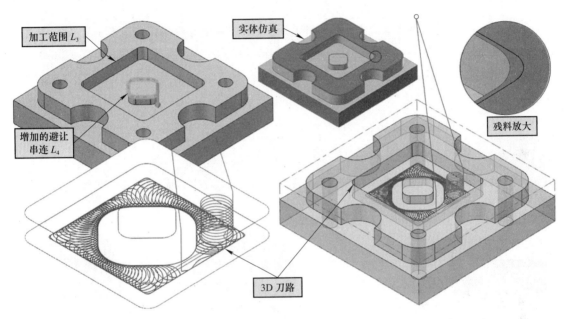

图 2-52　嵌套串连挖槽动态粗铣（操作 3）串连、刀路与加工仿真

3.动态铣削残料加工

在上述挖槽动态铣削加工时，由于刀具半径大于模型圆角半径，在内拐角转角处有部分残料，参见图 2-52 右上角放大图，加工条件：刀具直径为 10mm，模型半径为 4mm，加工余量为 0.6mm。在"2D 高速刀路 - 动态铣削"对话框中有一项"毛坯"选项，激活后可进行残料加工。

前述加工工艺谈到，内槽动态粗铣后是内槽精铣，它采用"外形"▧加工策略分两个操作（操作 4 和操作 5）完成，因此，残料加工为操作 6。

首先，复制操作 3 为操作 6，单击操作 6 中的"参数"标签⇄参数，激活"2D 高速刀路 - 动态铣削"对话框，在"刀具"选项设置中，创建一把 φ6mm 平底铣刀，用于残料加工；然后选中"毛坯"选项，进入毛坯设置画面，勾选"剩余毛坯"复选框，对挖槽后的残料加工进行设置，如图 2-53 所示，图中指定的直径为 12mm 的刀具用于挖槽精铣。

更新刀路、加工仿真可看到残料加工的结果，如图 2-54 所示。

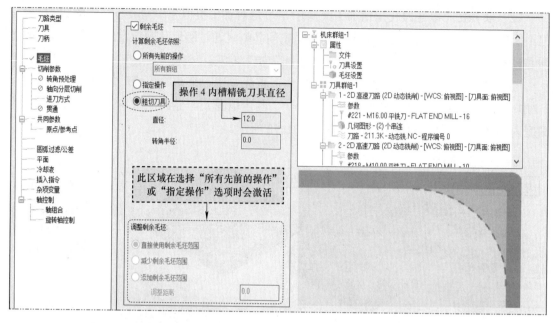

图 2-53 "2D 高速刀路 - 动态铣削"对话框"毛坯"选项设置画面（残料加工设置）

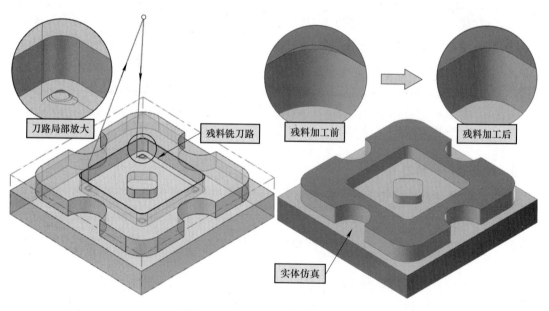

图 2-54 残料加工刀路与加工仿真

提示

　　作为 2D 高速铣削，动态铣削加工过程中尽可能选用机夹可转位立铣刀，这类刀具的切削深度（背吃刀量）一般不大，所以编程时，要注意考虑轴向分层切削选项的参数设置。书中为方便观察刀路，多未设置轴向分层切削。下同。

2.3.2　动态外形铣削加工与分析

"2D 高速刀路 - 动态铣削"对话框"刀路类型"选项中（见图 2-1）有一个"动态外形" 加工策略，适用于模型偏置毛坯（如铸造、锻造类零件）2D 轮廓曲线的粗、精铣削加工，其粗铣加工刀路具有动态铣削的特点，如切入过程均匀可调、加工余量沿铣削轮廓均匀过渡、较小的转角处会减小侧吃刀量、增加刀路以实现切削力的平稳与均匀。另外，动态外形铣削加工策略中集成了外形铣削精铣刀路，可设置控制器补正，实现加工精度的精确控制。但注意粗切刀路没有下刀选项，只能生成垂直下刀的刀路，显然下刀过程是不宜切削加工的。

图 2-55 所示动态加工示例，左图所示为几何模型，中图所示为毛坯模型，其外、内轮廓均匀向外偏置 3mm，待加工的槽和孔均取消，类似于一个锻件。右图所示是 Mastercam 软件中模型与毛坯相互位置关系，其中毛坯模型用于编程时定义毛坯。

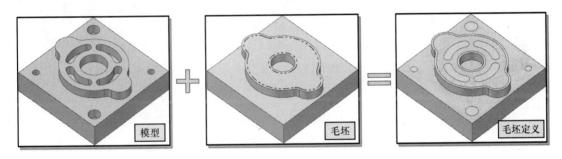

图 2-55　动态外形铣削示例

下面以该模型外、内轮廓加工为例，基于"动态外形"加工策略进行加工编程设置，前言二维码中给出了练习模型"图 2-55_ 模型 .stp"、"图 2-55_ 毛坯 .stp"和结果文件 "图 2-57_ 动态外形铣 .mcam"供学习。

1. 动态外形铣削加工

以图 2-55 模型的外、内轮廓铣削为例，编程过程如下：

（1）模型刀路与编程准备　导入模型后首先基于"主页"功能选项卡"分析"选项区的相关功能查询模型几何参数，如图中的最小圆弧半径为 $R12$mm，外廓深度为 10mm。然后，参照 1.4.3 节介绍基于实体模型建立毛坯。

（2）动态外形铣削参数设置　其操作过程与动态铣削基本相似。单击"铣床刀路→ 2D →铣削→动态外形"功能按钮 ，外轮廓加工选择顺时针方向实体串连（参见图 2-57），确保外形精铣为顺铣。设置后弹出的"2D 高速刀路 - 动态外形"对话设置如下，其余参数采用默认设置。

1）刀路类型："动态外形"选项 。

2）刀具：从刀库中调用一把 $\phi16$mm 的平底铣刀。

3）切削参数：参见图 2-56。图中补正设置为 3.5mm，略大于毛坯余量，主要考虑毛坯精度与拔模斜度等，步进量 2.0mm 小于毛坯余量，所以粗切刀数大约为 2 刀。

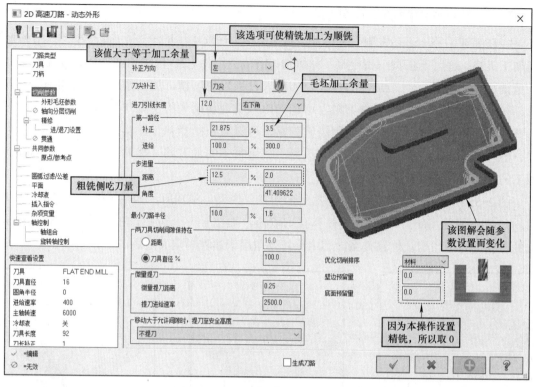

图 2-56 "切削参数"选项设置图解

4）精修：精修次数：1，间距：0.5mm（即精加工余量），补正方式：控制器。

5）进 / 退刀设置：重叠量：2.0mm，其余参见刀路图设置。

6）共同参数：提刀：6.0mm，下刀位置：3.0mm，毛坯顶面：0.0，深度：-10.0mm。

7）参考点：进入点 / 退出点（0，0，100）。

生成的加工刀路与实体仿真等如图 2-57 所示（图中给出了加工串连的选择）。

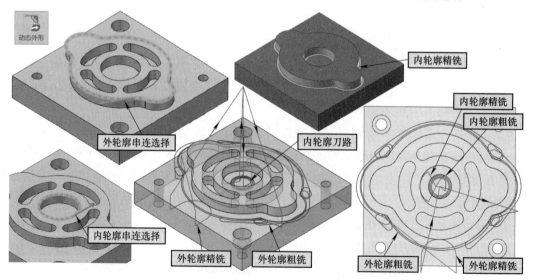

图 2-57 动态外形铣削串连选择、刀具轨迹与实体仿真

（3）内轮廓动态外形铣削加工　复制一个外轮廓铣削作为内轮廓铣削，修改的参数设置如下：

1）刀路类型：在"刀路类型"选项页"串连图形"选项区按图 2-57 所示选择串连（逆时针方向）。

2）进 / 退刀设置：为避免干涉，修改直线与圆弧垂直，扫描角度 60°，刀具轨迹如图所示。

生成的加工刀路与实体仿真等见图 2-57。

2.3.3　区域铣削加工与分析

"区域"铣削 ▣ 是一种粗铣为主的刀路，适合于挖槽与外形粗铣加工，其加工策略与普通的 2D 外形或挖槽相比，主要是刀具下刀至横向切削转折处可增加圆弧过渡，以提高机床切削的稳定性，同时，可通过摆线刀路设置进一步提高加工的稳定性。

下面以图 2-58 所示加工模型为例进行介绍。已知模型为 STP 格式，拟基于顶面外、内轮廓进行区域铣削加工练习，导入模型后基于"分析"功能查询图中的深度、最小圆弧半径和圆弧槽参数等。前言二维码中给出了练习模型"图 2-58_ 模型 .stp"和结果文件"图 2-58_ 区域铣 .mcam"供研习参考。

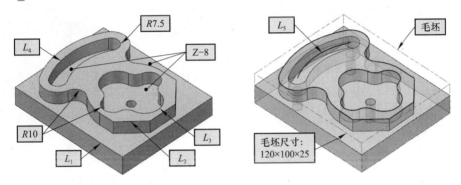

图 2-58　加工模型分析与编程准备

1. 区域铣削粗铣加工

（1）铣床模块的进入与毛坯设置　进入铣床加工模块，串连曲线 $L_1 \sim L_4$ 是否提取取决于个人习惯，提取圆弧槽中心线、创建边界框毛坯等如图 2-58 所示。

（2）外轮廓区域铣削粗加工（操作 1）　必须要有两根嵌套的串连曲线，操作步骤如下：

1）单击"铣床刀路→ 2D →铣削→区域铣削"功能按钮 ▣，弹出"串连选项"对话框，单击"加工范围"串连选择按钮 ▣，选择串连 L_1，单击"避让范围"串连选择按钮 ▣，选择串连 L_2，"加工区域策略"选择"开放"单选项。单击确定按钮后弹出"2D 高速刀路 - 区域"对话框。

2）"2D 高速刀路 - 区域"对话框设置如下：

a）刀路类型：默认为"区域" ▣，右侧的串连图形区还可重新编辑修改串连曲线等参数。

b）刀具：从刀库中创建一把 φ16mm 平底铣刀，其他参数自定。

c）切削参数：如图 2-59 所示，其中高速切削的侧吃刀量（XY 步进量）不宜太大。

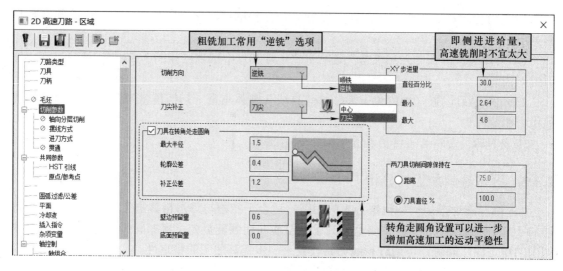

图 2-59 "切削参数"选项设置

d）摆线方式：点选"降低刀具负载"单选项，开启摆线方式，如图 2-60 所示，通过适当设置，则刀路中凹圆弧处会出现摆线加工刀路，可在高速切削加工时保持切削力稳定。

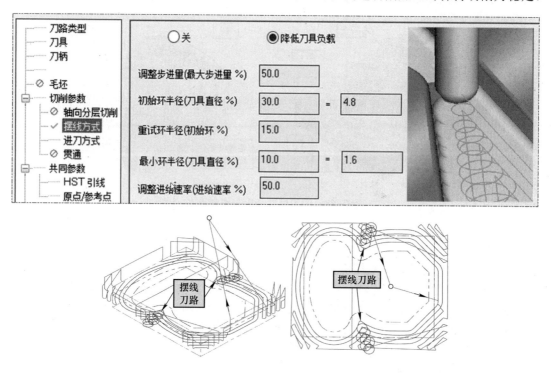

图 2-60 "摆线方式"设置

提示

摆线刀路可使加工过程中的切削面积尽可能均匀，基于软件动态观察摆线刀路可理解这个目的。

e）HST 引线：如图 2-61 所示，该选项用于设置垂直下刀 / 提刀与水平切削刀路转折处是否圆弧过渡，也是为高速切削加工而设置的参数之一。

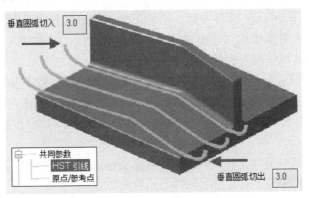

图 2-61　"HST 引线"设置

f）共同参数与原点 / 参考点：与前述基本相同，取消勾选"安全高度"选项，其余的设置为：参考高度：6.0mm，下刀位置：3.0mm，工件表面：0.0，深度：-10.0mm。实际中可充分利用设置参数文本框左侧的相关按钮拾取模型中相关图素自动提取。参考点参数自定，但需所有操作相同。

3）刀具轨迹与加工仿真如图 2-62 所示，图中刀路未开启摆线加工。

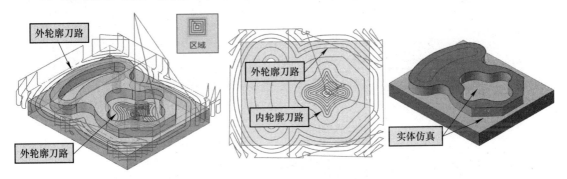

图 2-62　"区域"铣削加工刀具轨迹与加工仿真

（3）内轮廓（挖槽）区域铣削粗加工（操作 2）　由于刀路类型相同，因此可以复制一个上述的外轮廓区域操作为内轮廓区域铣削加工（操作 2），要修改的参数如下：

a）刀路类型：加工范围串连修改为 L_3，加工区域策略修改为"封闭"，删除避让范围串连。

b）刀具：从刀库中创建一把 ϕ12mm 平底铣刀，其他参数自定。

c）切削参数：不变。

d）进刀方式：螺旋下刀，半径设置为 6.0mm。

📞 提示

区域铣削采用粗铣加工策略，也可以选择两条嵌套的串连实现两串连之间区域的挖槽加工。

其他参数设置不变，生成的刀路与实体仿真参见图 2-62。

2. 普通外形与挖槽铣削的比较性学习

以下仍以图 2-58 所示几何模型为例，用外形加工策略的径向分层铣削与刀路修剪功能组合实现外轮廓粗铣，用挖槽加工策略进行内轮廓粗铣，加工参数尽可能与上述区域铣削加工相同，对比性学习区域铣削与普通铣削的差异性。

（1）外形加工策略径向分层铣削 + 刀路修剪实现外轮廓粗铣　如图 2-63a 所示，刀路类型：外形铣削，刀具：ϕ16mm 平底铣刀，补正方式：电脑，补正方向：右（配合逆时针串连实现逆铣），壁边预留量：0.6mm，进 / 退刀设置：默认。径向分层切削，粗切次数：6，间距：5.0mm。

图 2-63b 所示修剪线是毛坯外边界横向偏置 9mm 的矩形框线，基于"铣床刀路→工具→刀路修剪"功能📷对图 2-63a 所示刀路进行修剪的结果。

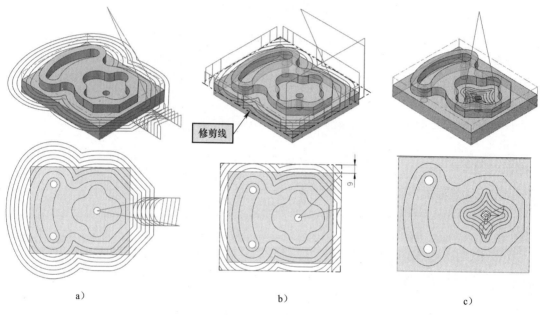

图 2-63　普通外形与挖槽铣削刀路

a）外形轴线分层铣削　b）外形轴线分层铣削 + 修剪　c）挖槽铣削

（2）挖槽加工策略实现内轮廓粗铣　如图 2-63c 所示，刀路类型：2D 挖槽，刀具：ϕ12mm 平底铣刀，加工方向：逆铣，挖槽加工方式：标准，壁边预留量：0.6mm，粗切方式：平行环切，切削间距（直径 %）：25.0%（即切削间距：3.0mm），勾选"由内向外"，进刀方式：螺旋下刀，最大半径：6.0mm，最小半径：4.0mm。

图 2-63 所示的结果文件参见前言二维码中文件"图 2-63_外形铣削 + 修剪，挖槽 .mcam"，文件中操作 1 为图 2-63a，操作 2 为修剪操作 1 的设置，操作 3 为图 2-63c 的标准挖槽。同时，文件中还给出了图 2-62 所示的外、内轮廓的区域粗细加工——操作 4 和操作 5，默认为未开启摆线加工刀路，读者可自行开启进行研习。

分析比较结论：由刀路对比可见，区域铣削粗铣加工的刀路有如下特点：①下刀 / 提刀与水平切削刀路的转折可设置圆弧过渡，参见图 2-61 所示的 HST 引线设置；②可以通过开启摆线切削方式设置摆线刀路，实现切削过程中切削面积尽可能不变，使得切削力尽可能稳定。

正是区域铣削的这两个特点，使得其归属于高速铣削加工类加工策略。

2.3.4　熔接铣削加工与分析

"熔接"铣削加工是基于熔接原理在两条边界串连曲线之间按截断方向或引导方向生成均匀过渡的刀具轨迹加工，这种刀具轨迹加工过程中切削力过渡平缓，故亦适合于高速铣削加工。在熔接铣削"切削参数"选项设置画面图解上可见，熔接铣削最适合的加工形状是 2D 贯通的沟槽，编程时需要两条串连曲线。当槽宽变化不大时多采用"引导"方向切削，否则以"截断"方向切削为主。另外，熔接加工策略中可直接设置精铣刀路，是一种粗、精加工集成一体的加工策略。现在的问题是它是否可用于常见的封闭串连轮廓的加工。以下就这一问题进行讨论，不考虑其刀路与其他刀路的优劣性。

加工模型如图 2-64 所示，假设已进入铣床加工模块，并建立好加工模型，提取出后续编程串连曲线等，其中，L_1、L_2 和 L_3 曲线右侧边直线在中点处打断，作为加工串连的起点。前言二维码中给出了练习模型"图 2-64_ 模型 .stp"和"图 2-64_ 模型 .mcam"供研习参考。

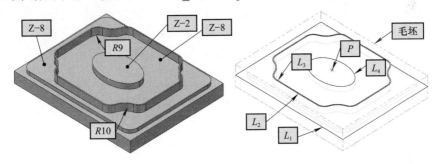

图 2-64　加工模型分析与处理

1. 熔接铣削外形加工

以图 2-64 所示的串连曲线 L_1 和 L_2 及深度 Z=-8.0mm 区域的熔接铣削加工为例。

熔接铣削外形加工（操作 1）操作步骤如下：

1) 单击"铣床刀路→ 2D →铣削→熔接"铣削功能按钮，弹出"串连选择"对话框，以"线框"模式　"串连"方式　按图示位置与方向依次选择串连曲线 L_1 和 L_2，如图 2-65 所示，单击确定按钮后弹出"2D 高速刀路 - 熔接"对话框。注意：串连曲线选择先后次序、起点位置和串连方向等均对刀路的切削顺序、起点和方向有影响。

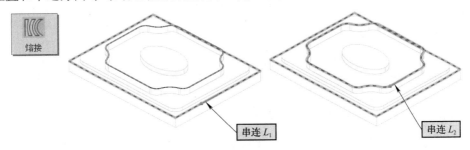

图 2-65　熔接外形铣削加工串连的选择

2）"2D 高速刀路 - 熔接"对话框设置，如下所述：

a）刀路类型：默认为"熔接"，右侧的串连图形区还可重新编辑修改串连等参数。

b）刀具：从刀库中创建一把 $\phi16$mm 平底铣刀，其他参数自定。

c）切削参数：如图 2-66 所示，切削方式：螺旋，补正方向：左，其余按图设置。

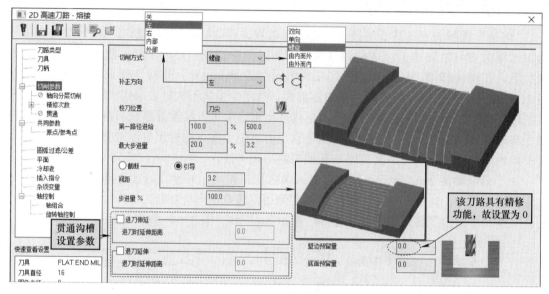

图 2-66　切削参数设置

d）精修次数：勾选"精修"复选框，精修次数：1，间距：0.6mm，勾选"只在最后深度才执行一次精修"，如图 2-67 所示。

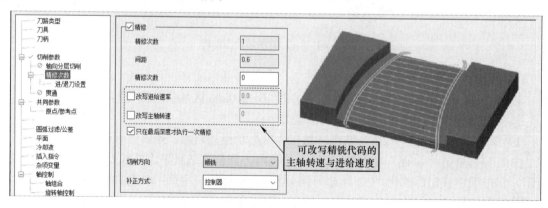

图 2-67　切削参数设置

e）进 / 退刀设置：设置原理同外形铣削。

f）共同参数与原点 / 参考点：与前述基本相同，取消勾选"安全高度"选项，其余的设置为：参考高度：6.0mm，下刀位置：3.0mm，工件表面：0.0，深度：−8.0mm。参考点自定，所有操作统一。

3）刀具轨迹与加工仿真如图 2-68 所示。从刀具轨迹看，引导方向的刀路运动轨迹更为平稳，但上、下侧边的刀路过于密集，原因是上下与左右侧的加工余量相差较大，结果是切削效率下降。而截断方向的刀路间距较为均匀，加工效率得到提高，但反复换向导致切削平稳性下降，进给速度不宜太高。图 2-68 的结果文件参见前言二维码中的"图 2-68_熔接铣削外形（引导方向）.mcam"和"图 2-68_熔接铣削外形（截断方向）.mcam"。

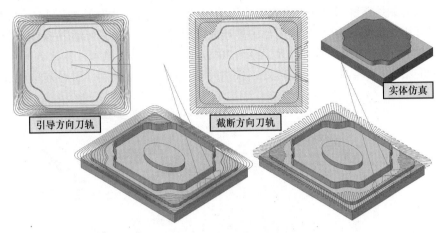

图 2-68　操作 1 刀具轨迹与实体仿真

2. 熔接铣削挖槽加工

熔接铣削挖槽加工（操作 2）操作步骤：接上一步，首先将上一步的熔接铣削外形加工复制一个操作（复制操作 1 为操作 2），然后激活其"2D 高速刀路 - 熔接"对话框，在"刀路类型"选项画面右侧"串连图形"区，单击"加工范围"的"移除串连"按钮，删除原来的加工串连，再单击"选择加工串连"按钮，依次选择串连曲线 L_3 和 L_4，参见图 2-69；在"刀具"选项中创建一把 ϕ12mm 的平底铣刀；Z 分层参数中，勾选"深度分层切削"，设置"最大粗切步进量"2.0mm；其他参数设置不变。最后，重新计算更新刀路并加工仿真，如图 2-69 所示。从刀路图可见，引导方向的刀路基本均匀，可以选用。但熔接刀路也有自身缺陷，注意到其下刀只能直插向下，对于深度较大的铣削，建议 Z 分层加工，图中为观察方便，未示出 Z 分层切削刀路（即取消勾选"深度分层切削"选项）。图 2-69 的结果文件参见前言二维码中的"图 2-69_熔接铣削挖槽（引导方向）.mcam"和"图 2-69_熔接铣削挖槽（截断方向）.mcam"。

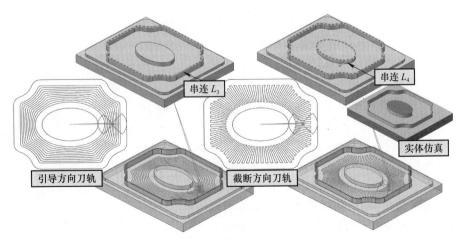

图 2-69　操作 2 串连选择、刀具轨迹与实体仿真

3. 熔接铣削铣平面加工

熔接铣削铣平面加工（操作 3）操作步骤：在图 2-69 所示的加工仿真中可见，椭圆顶面尚未铣削，注意到熔接铣削要求选择两条串连曲线，而点可以认为是长度等于零的曲线，因此这里依次选择串连 L_4 和点 P 作为加工范围串连曲线即可。图 2-70 所示为将操作 1 复制为操作 3，重新选择加工串连曲线，增大最大步距为 30%，取消"精修"选项，修改深度为 -2.0mm，更新刀路后的结果。结果文件参见前言二维码中"图 2-70_ 熔接铣削（引导方向）.mcam"。

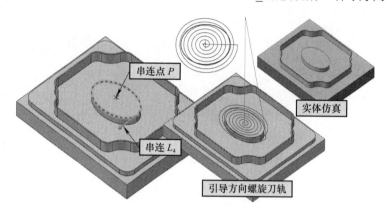

图 2-70　操作 3 串连选择、刀具轨迹与实体仿真

2.3.5　剥铣加工与分析

"剥铣"加工是一种类似摆线刀路加工凹槽的专用高速加工刀路，它还集成有精修刀路，可一次性完成粗、精铣加工。从剥铣加工的"切削参数"选项设置画面图解上可见，剥铣加工最适合的加工形状是横向 2D 贯通的沟槽，编程时需要两条串连曲线，刀具从开口外部逐渐剥铣进入，因此，加工形状必须有一定的开口。

 提示

　　对于横向不贯通的沟槽，可在串连曲线的对称位置打断曲线，构造出两条串连曲线，进行剥铣加工，参见图 1-40。

下面以图 2-71 所示几何模型为例探讨剥铣加工。该图中间有一个横向贯通的沟槽，凹圆弧半径 $R20$mm，深度 8mm，两侧敞开距离 20mm，工件上表面几何原点与世界坐标系原定重合。编程前首先创建一个边界框毛坯，然后提取沟槽边缘曲线，由于沟槽两侧平面延伸，因此在提取的曲线两端构造出一个圆弧转折（$R10$mm 圆弧）将两侧的延伸面包含到新构建的槽中。前言二维码中给出了几何模型"图 2-71_ 剥铣模型 .stp"和结果文件"图 2-71_ 剥铣 .mcam"供研习参考。剥铣加工操作练习如下：

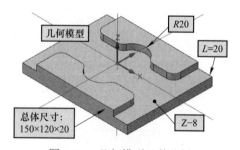

图 2-71　几何模型及其分析

（1）编程前的准备工作　这里以 STP 格式加工模型为例，模型结构如图 2-71 所示。

1）启动 Mastercam 2022，以 STP 文件类型打开图 2-71 所示的加工模型"图 2-71_ 剥铣模型 .stp"，并进行相关几何参数等的分析。

2）单击"机床→铣床 ▼ →默认"命令进入铣床编程模块，单击机床群组属性下的"毛坯设置"选项标签 ■ 毛坯设置，以边界框方式创建毛坯。提取图示沟槽编程边缘曲线并将两曲线的两端增加一个圆心角为 90°、半径为 10mm 的圆弧，如图 2-72 所示。

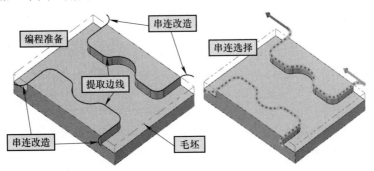

图 2-72　编程前准备与串连选择

（2）"剥铣"操作的创建　单击"机床刀路→ 2D →铣削→剥铣"功能按钮 ，弹出"串连选择"对话框，以"线框"模式 "串连"方式 按图示位置与方向依次选择两串连曲线，如图 2-72 所示，单击确定按钮后弹出"2D 高速刀路 - 剥铣"对话框。

（3）"2D 高速刀路 - 剥铣"对话框设置　如下所述：

1）刀路类型：默认为"剥铣"类型，右侧的串连图形区还可重新编辑修改串连选择。

2）刀具：从刀库中创建一把 φ16mm 平底铣刀，其他参数自定。

3）切削参数：如图 2-73 所示，高速切削的步进量（即侧吃刀量）不宜太大，其余按图设置，用鼠标单击设置某些参数时，右侧的图解会发生变化。

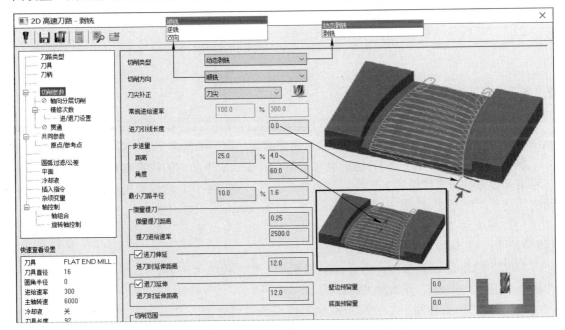

图 2-73　"切削参数"选项设置

4）轴向分层切削：用于设置切削深度（即背吃刀量），高速切削时不宜太大。本例为使刀路清晰，不勾选该选项。

5）精修次数：勾选"精修"复选框，精修次数：1，间距 0.6mm，勾选"只在最后深度才执行一次精修"复选框，切削方向：顺铣，补正方式：控制器。另外，是否改写进给速度和主轴转速可自定。这些设置基本与前述相同。

6）进/退刀设置：参数设置自定，设置原理同外形铣削，本例修改扫描度为 30°，其余采用默认。

7）贯通：不勾选。

8）共同参数与原点/参考点：与前述基本相同，取消勾选"安全高度"选项，其余的设置为：参考高度：6.0mm，下刀位置：3.0mm，工件表面：0.0，深度：-10.0mm。参考点可自定，一般可与前述操作相同，如本例的（0，0，100）。

（4）刀具轨迹与实体仿真　如图 2-74 所示。注意③→④和⑤→⑥为外形铣削精铣加工，控制器补正控制加工精度。

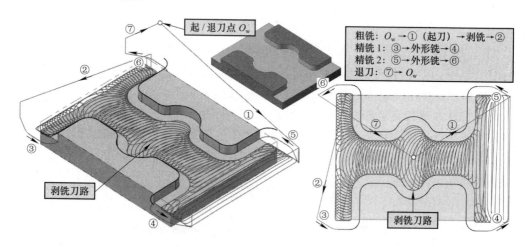

图 2-74　刀具轨迹与实体仿真图解

2.3.6　2D 动态铣削综合示例

以下给出某 2D 动态铣削加工实例，并给出加工过程及其截图，要求读者通过给出的步骤截图与简单提示完成其自动编程任务，最后对照前言二维码中相应文件，对比其吻合程度。

例 2-2：已知加工件的 STP 格式数字模型，其中 XY 平面内的轮廓参数均要求较高的加工精度，要求分析零件结构工艺性，制定加工工艺，完成零件自动编程工作。前言二维码中给出了文件"例 2-2_模型 .stp"和"例 2-2_加工 .mcam"供学习参考。

（1）加工件工艺性分析　利用"主页"功能选项卡"分析"选项区的相关功能按钮进行图形分析，具体操作略，如图 2-75 所示。

1）启动 Mastercam 2022，打开 STP 格式加工数字模型"例 2-2_模型 .stp"，并另存为"例 2-2_加工 .mcam"开始加工编程练习。

2）基于"图素分析"功能 查询加工模型的几何数据，如图 2-75 所示。虽然本书编程主要以实体串连为主，但编程之前提取了部分边线，目的是方便对实体仿真进行观察。

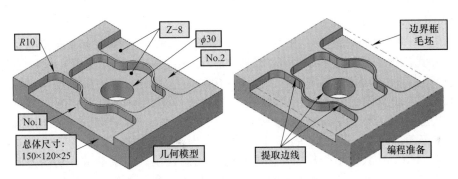

图 2-75 加工模型与几何参数分析

（2）加工工艺与分析 图 2-76 所示为该零件加工过程。从图中看，该过程共分 7 个操作，全部采用 ϕ16mm 平底铣刀，具体分析如下：

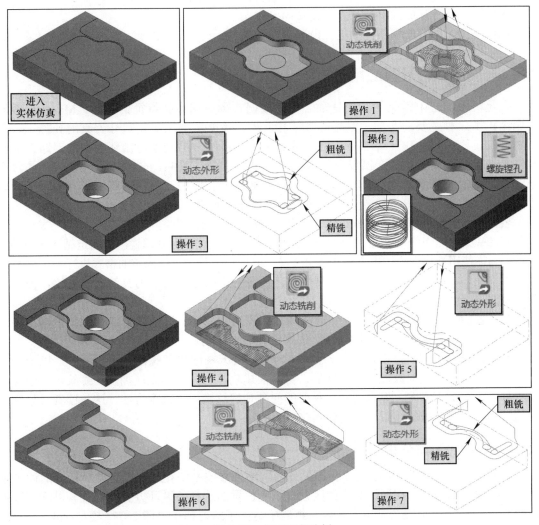

图 2-76 加工工艺分析

操作 1：内轮廓槽粗铣加工。刀路类型：动态铣削。切削参数，切削方向：逆铣，步进量，距离：3.2mm，单一螺旋下刀。共同参数：提刀：6.0mm，下刀位置：3.0mm，毛坯顶部。

0.0，深度：−8.0mm。参考点：（0，0，100）。

操作 2：孔粗、精铣加工。刀路类型：螺旋铣孔（注：软件中为螺旋镗孔）。切削参数，补正方式：控制器，逆铣。共同参数：提刀：10.0mm，下刀位置：0.0，毛坯顶部：−7.0mm，深度：−27.0mm。参考点：（0，0，100）。

操作 3：内轮廓槽精铣加工。刀路类型：动态外形，顺铣加工。第一刀路，补正：2.0mm，步进量，距离：3.2mm，精修次数：1，间距：0.6mm，补正方式：控制器。进 / 退刀设置：扫描角：45°，其余默认。共同参数与参考点设置同操作 1。

操作 4：No.1 开放槽粗铣加工。刀路类型：动态铣削。切削参数，切削方向：逆铣，步进量，距离：2.4mm，单一螺旋下刀。共同参数与参考点设置同操作 1。

操作 5：No.1 开放槽粗铣加工。刀路类型：动态外形，顺铣加工。第一刀路，补正：1.0mm，步进量，距离：2.4mm，精修次数：1，间距：0.5mm，补正方式：控制器。进 / 退刀设置：扫描角：60°，其余默认。共同参数与参考点设置同操作 1。

操作 6：No.2 开放槽粗铣加工。设置同操作 4。

操作 7：No.2 开放槽精铣加工。设置同操作 5。

2.4　孔加工编程及其应用分析

孔是机械制造中常见的几何特征之一，根据实际应用中孔特征的不同，Mastercam 软件归结出了三种主要的孔加工策略："钻孔"加工策略主要用于定尺寸刀具的孔加工，包括钻、铰、锪、镗、攻丝等加工刀路，可对应数控系统常见的固定循环指令的刀路；"铣孔"加工策略主要包括"全圆铣削"和"螺旋铣削"加工策略，分别用于孔径较大的浅孔或深孔加工；"螺纹铣削"加工策略是基于螺旋指令的加工刀路，主要用于直径稍大、丝锥无法定尺寸加工，或工件较大、不便于上车床车螺纹的工件加工。

要想学好孔加工编程，建议读者增强以下知识的学习：

1）熟悉 CNC 系统的孔加工固定循环指令，因为钻孔加工后处理输出的固定循环指令的格式可能与你使用数控机床的指令格式略有差异，要按机床数控系统固定的格式进行手工修改。

2）钻孔加工策略要熟悉孔加工典型工艺，各种定尺寸孔加工刀具结构与应用，便于自动编程时选择"循环方式"。

3）铣孔加工学习时注意其与外形铣削铣孔加工的差异，逐渐体会铣孔加工策略与外形铣削铣孔加工的优缺点，而有针对性地选择铣孔加工工艺。

4）螺纹铣孔的难度似乎要大一点，因为普通机床铣削加工螺纹孔用得不多，以至于人们对它了解得不多，但数控加工出现后，对于前述攻丝与车削等无法加工的螺纹，铣削螺纹是一种不错的加工方案，但铣削螺纹首要的问题是螺纹铣刀与铣削方法，这是读者必须熟悉的基础知识，有兴趣的读者可参阅参考文献 [3]。

2.4.1　钻孔加工与分析

"钻孔"加工策略属于定尺寸孔加工工艺。熟悉数控系统孔加工固定循环指令的读者都了解，孔加工动作基本相同，其主要区别在于孔位置的选择与循环方式的设置。以下通过图 2-77 所示的加工模型展开讨论。前言二维码中给出了练习模型"图 2-77_ 模型 .stp"、"图 2-77_ 毛坯 .stp"和结果文件"图 2-77_ 钻孔 .mcam"供研习参考。

1. 加工模型的导入与分析

启动 Mastercam 2022，导入钻孔模型的 STP 格式文件"图 2-77_ 模型 .stp"，导入的加工模型如图 2-77 左图所示。导入模型后可利用"主页→分析"选项区的相关功能分析孔的大小与深度，以及工件坐标系与世界坐标系的位置关系（一般工件上表面几何中心与世界坐标系重合）等，图中将这些数据整理并标注在模型上，实际编程时可不用表达，甚至加工时的深度值都不需事先查询而在编程时直接用鼠标捕捉。

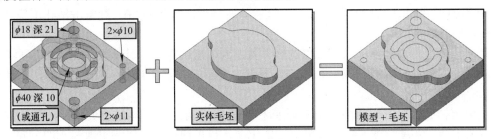

图 2-77　钻孔模型的导入与分析

2．钻孔加工策略分析与设置

以图 2-77 中的钻孔为例介绍钻孔加工编程的基本操作。

（1）铣床模块的进入与加工毛坯的设置　启动 Mastercam 2022 软件并进入铣床模块，按图 2-77 所示设置实体毛坯，并设置不显示毛坯。注意：不显示毛坯并不影响后续的实体仿真。

（2）钻孔定义　包括钻孔的选择与排序等，如下所述：

单击"铣床刀路→ 2D →孔加工→钻孔"功能按钮 ，弹出操作提示（图中未示出）和"刀路孔定义"管理器（见图 2-78），选择待加工孔，完成后单击确定按钮 ，弹出"2D 刀路 - 钻孔 / 全圆铣削　深孔钻 - 无啄孔"对话框（见图 2-81，其中"深孔钻 - 无啄孔"为默认的钻孔循环方式，编辑激活时会随着最近一次的"循环方式"选择而变化），其中刀具的创建、共同参数与参考点等的设置操作与前述介绍基本相同。以下就操作管理器设置进行介绍。

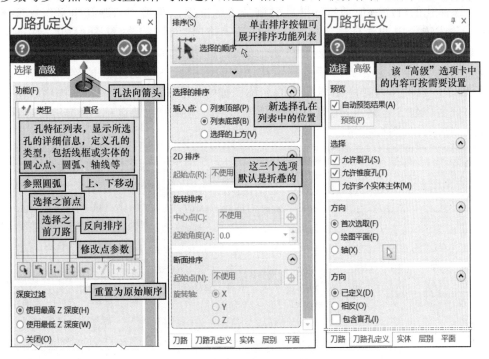

图 2-78　"刀路孔定义"操作管理器

1）孔选择方式。Mastercam 2022 提供线框与实体模型等多种孔位置的选择方法。

对于线框图，可单击窗口右侧的圆弧图素的快速选择按钮◎选择圆孔，亦可利用窗口上部选择工具栏中的临时捕捉和自动捕捉功能选择圆孔。

对于实体模型，除可直接选择实体孔，还可配合操作提示高效率地选择孔，如按操作提示"[Ctrl+ 单击] 选择所有匹配的半径实体特征"，按住 <Ctrl> 键单击某孔可选择所有直径相同的孔。

基于孔特征列表框下部的"参照圆弧"按钮◨快速选择孔，具体操作为：单击◨按钮激活该功能，用鼠标拾取孔的圆弧框线作为参照，然后"窗选"或按 <Ctrl+A> 键，系统自动选择所有匹配的孔。

快速选择孔时会显示垂直于孔的法向柱体箭头，孔钻削方向与箭头相反，箭头的初始方向取决于选取实体特征或线框圆弧靠近的末端，也可通过单击箭头更改箭头的方向。

另外，还可基于"选择之前点"按钮◨快速选择前一操作创建的孔；或基于"选择之前的操作"按钮◨快速选择之前创建的刀具路径并将新操作应用于其点。

选中的孔会在孔特征列表中以"类型＋直径"的参数列表显示，如"圆弧 n+10.0"或"实体特征 n+10.0"（n=1、2、3、…）；新选择的孔会按"插入点"选项插入列表中；孔特征列表中选定的孔可应用"上、下移动"按钮◨◨调整在列表中的顺序；在列表中选择孔可在图形窗口中看到黄线连接的加工顺序，起始孔用红色点标志显示，结束点用绿色点标志显示，其余点用黄色点标志显示，单击"反向排序"按钮◨可对调起始孔与结束孔排序。

在孔列表中选择单个或多个孔，单击"修改点参数"按钮◨，会激活"选择＞修改点参数"管理器，可对选定的单个或多个孔单独设置相关参数，具体设置略。

在孔列表中选择单个或多个孔，单击鼠标右键，弹出的快捷菜单基本包含了上述大部分按钮的功能。

2）选择孔的排序。所谓排序即孔钻削加工的顺序，单击"刀路孔定义"管理器"选择（S）"选项卡中的"排序"按钮，可展开"排序"列表，参见图 2-79，拖动列表框右侧的滚动条可看到三组图标排序按钮，如 2D 排序、旋转排序和端面排序组，每个排序图标红色十字显示起始孔，箭头表示排序方向，图标下部的坐标轴及方向进一步表达排序的顺序，也可作为排序图标按钮的名称、如 2D 排序区的"X-Y+"排序。由于空间限制，部分名称包含省略号，但鼠标指针悬浮其上时会弹出完整名称，如旋转排序区的"双向旋转＋逆时针"图标按钮。

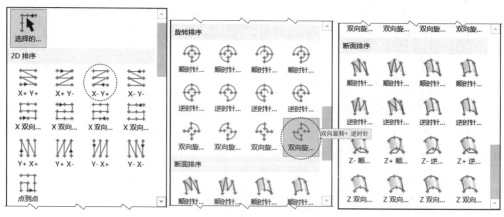

图 2-79　孔排序功能列表

2D 排序（2D Sort）方式多用于非圆形分布孔的钻孔排序，旋转排序（Rotary Sort）主要用于圆形布置孔的钻孔排序，断面排序（Cross Sort）主要用于圆柱体圆周面上径向钻孔的排序。图 2-80 给出了图 2-79 中两个圈出刀路的排序示例供参考，图中箭头指定位置为起始孔。

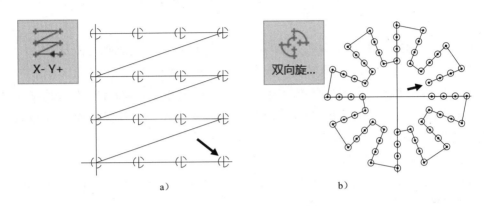

图 2-80　排序图标及其示例

a）"X-Y+" 排序　b）"双向旋转 + 逆时针" 排序

Mastercam 2022 提供了较多的孔选择与排序方法，读者可通过练习逐渐学习并理解其应用目的。

（3）"2D 刀路 - 钻孔 / 全圆铣削……" 对话框及其设置（后面的……会随循环方式不同而变化）　单击 "刀路孔定义" 操作管理器右上角的确定按钮⊘，会弹出 "2D 刀路 - 钻孔 / 全圆铣削　深孔钻 - 无啄孔" 对话框，其主要设置如下：

1）刀路类型：如图 2-81 所示，默认 "钻孔" 类型⬛有效。单击 "加工图形" 区域的选择点按钮🔲，会激活 "刀路孔定义" 管理器，可再次编辑钻孔定义相关参数。

图 2-81　"2D 刀路 - 钻孔 / 全圆铣削　深孔钻 - 无啄孔" 对话框→"刀路类型" 选项

2）刀具：与前述介绍基本相同。优先从刀库中选择，必要时创建刀具。图 2-77 所示模型用到的刀具包括：定位钻（又称定心钻）、ϕ10mm 和 ϕ11mm 麻花钻和沉头孔锪钻（需要创建，可用平底铣刀代替）等。

3）切削参数：如图 2-82 所示。其 "循环方式" 下拉列表提供了 8 种预定义的钻孔循环指令和 11 种自定义的循环方式。其中 8 种预定义的钻孔循环指令选项是钻孔操作的关键，读者必须对照 FANUC 系统孔加工固定循环指令的格式学习，并注意其与自己使用的 CNC 系统指令的差异，以便于输出 NC 程序后快速手工修改。以下给出 8 种预定义的钻孔循环指令选项对应的 G 指令并简单介绍。

钻头/沉孔钻：默认暂停时间为 0，输出基本钻孔指令 G81，若设置孔底暂停时间则输出 G82。

深孔啄钻（G83）：排屑式深孔钻循环指令，可更好地排屑、断屑与冷却。

断屑式（G73）：断屑式深孔钻循环指令，较好地实现断屑。

攻牙（G84）：默认主轴顺时针旋转输出指令 G84，设置主轴逆时针旋转输出指令 G74。

Bore#1（feed-out）：默认暂停时间为 0，输出指令 G85，设置时间后输出指令 G89。

Bore#2（stop spindle，rapid out）：镗孔指令 G86。

Fine Bore（shift）：镗孔指令 G76。

Rigid Tapping Cycle：输出带刚性攻丝 M29 的攻丝指令 G84/G74（主轴设置反转）。

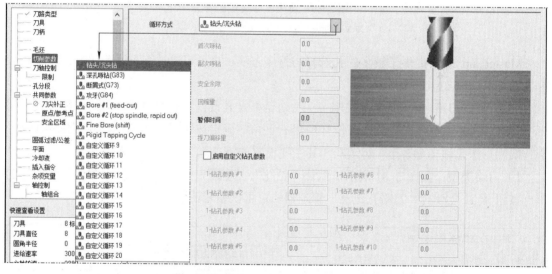

图 2-82 "2D 刀路 - 钻孔 / 全圆铣削 深孔钻 - 无啄孔"对话框→"切削参数"选项

4）刀轴控制等：主要用于 4、5 轴数控加工，这里不进行讨论。

5）共同参数：如图 2-83 所示。其中"深度"参数可先单击左侧的深度按钮 深度... 捕捉孔深度参数，通孔加工可单击"深度计算"按钮 ，弹出"深度计算"对话框，确认钻头直径后（必要时可修改），单击确认按钮 ，会将增加的深度值加入"深度"文本框获得新的深度值，计算的深度值建议圆整，这一步实际上是计算贯通量。

6）刀尖补正：勾选"刀尖补正"复选框，可设置刀尖补正参数（即钻孔贯通及超出量），如图 2-84 所示。此选项参数设置与图 2-83 计算并圆整的效果是相同的，因此注意不要重复计算。

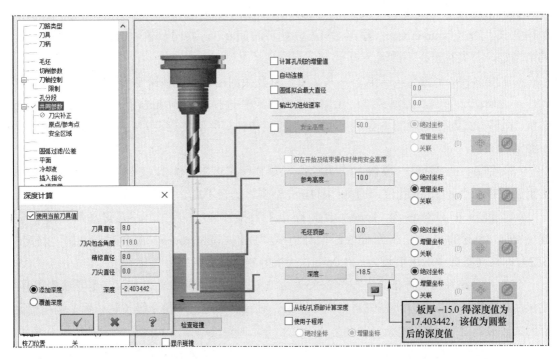

图 2-83 "2D 刀路 - 钻孔 / 全圆铣削 深孔钻 - 无啄孔"对话框→"共同参数"选项

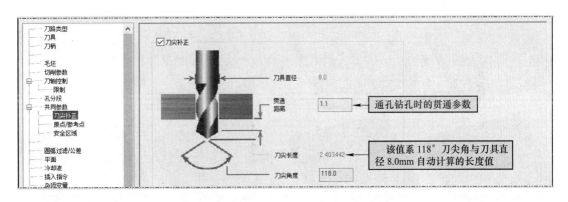

图 2-84 "2D 刀路 - 钻孔 / 全圆铣削 深孔钻 - 无啄孔"对话框→"刀尖补正"选项

7）原点 / 参考点：同前所述。

3. 钻孔加工示例

下面以图 2-77 所示模型的钻孔加工为例进行分析，其操作过程简述如下：

该模型零件的加工工艺为：钻定位点（4 个）→钻 ϕ10mm 通孔→钻 ϕ11mm 通孔→锪沉孔 ϕ18mm 深 21mm。前言二维码中给出了钻孔练习的模型文件"图 2-77_ 模型 .stp"、"图 2-77_ 毛坯 .stp"和结果文件"图 2-77_ 钻孔 .mcam"供研习参考。以下按该工艺简述加工编程过程。

（1）钻定位点（操作 1） 共 4 个，刀具：定位钻（俗称定心钻，也可用中心钻代替），循环方式"Drill/Counterbore（输出 G81），循环时间 0"，共同参数中切入深度 −3.0mm，其余自定，刀尖补正：不激活。

（2）钻 ϕ10mm 通孔（操作 2） 共 2 个，可直接创建，但复制操作 1 更快，这里以复制操作 1 为操作 2 为例。刀路类型：在加工图形区重新选择 2 个 ϕ10mm 孔位，刀具：ϕ10mm 钻头。循环方式与循环时间不变，共同参数中深度值计算并圆整后设为 −39.0mm，刀尖补正：不激活。

（3）钻 ϕ11mm 通孔（操作 3） 共 2 个，复制操作 2 为操作 3，刀路类型：在加工图形区重新选择 2 个 ϕ11mm 孔位，刀具：ϕ11mm 钻头。其余不变。

（4）锪沉孔 ϕ18mm 深 21mm（复制操作 1 为操作 4） 共 2 个，刀具：从刀库中创建一把 ϕ18mm 的平底立铣刀代替，循环方式"Drill/Counterbore，循环时间 0.5"（输出 G82），共同参数中深度值设为 −21.0mm，刀尖补正：不激活。

（5）刀具路径与实体仿真 如图 2-85 所示。这些刀路看起来非常相似，若要深刻理解，建议后处理输出加工程序，仔细研究程序结果、对应的固定循环指令等及其与手工编程相比有何优劣势。

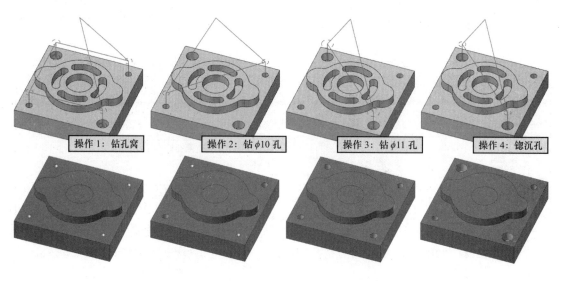

操作 1：钻孔窝　　操作 2：钻 ϕ10 孔　　操作 3：钻 ϕ11 孔　　操作 4：锪沉孔

图 2-85　钻孔加工刀路与实体仿真示例

2.4.2 全圆铣削加工与分析

"全圆铣削"是基于圆弧插补指令铣削，径向尺寸逐渐扩大至所需尺寸的整圆孔铣削策略。对于盲孔，可启用螺旋方式下刀；对于精度要求稍高的圆孔，可启用半精铣与精铣刀路；对于深度稍大的圆孔，可启用深度分层铣削。因此，全圆铣削加工是一种加工精度略逊于镗孔，但灵活性较大的孔加工工艺，适合于长径比不大的大圆孔加工。

全圆铣削设置并不复杂，这里以图2-77中的$\phi40$mm孔为例进行讨论，为简化操作，这里调用上节钻孔的结果文件，增加一个全圆铣削操作。全圆铣削操作步骤如下：

（1）创建全圆铣削操作　单击"铣床刀路→ 2D →孔加工→全圆铣削"功能按钮，弹出"选择钻孔位置"对话框和操作提示，按操作提示按住 <Ctrl> 键，单击$\phi40$mm孔壁，可看到圆心处出现一个向上的绿色箭头，单击管理器上的确定按钮，弹出"2D刀路 - 全圆铣削"对话框。

（2）"2D刀路 - 全圆铣削"对话框设置

1）刀路类型：默认为"全圆铣削"加工策略。

2）刀具：从刀库中选择一把$\phi12$mm平底铣刀。

3）切削参数：选择"控制器"补正方式，可较好地控制加工精度。其余参数设置如图2-86所示。

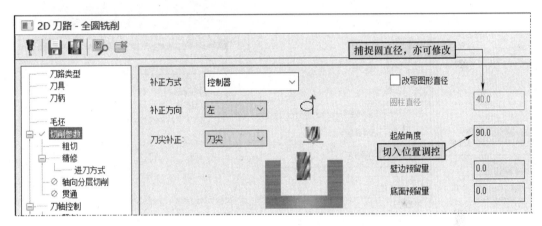

图2-86 "全圆铣削 - 切削参数"选项设置

4）粗切：图2-87所示为粗切加工参数设置，盲孔加工要设置螺旋进刀参数。

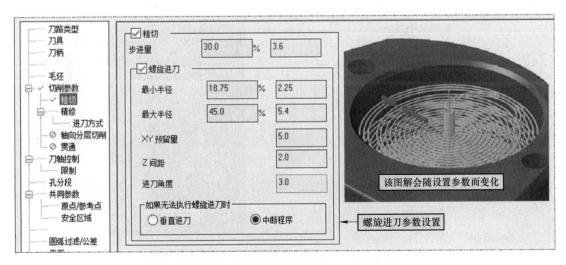

图2-87 "全圆铣削 - 粗切"选项设置

5）精修：如图 2-88 所示，可设置半精铣和精修加工及其参数等，若设置半精铣后发现半精铣与精铣之间过渡刀路出错，可尝试关闭"进刀方式"选项中的"高速进刀"选项。

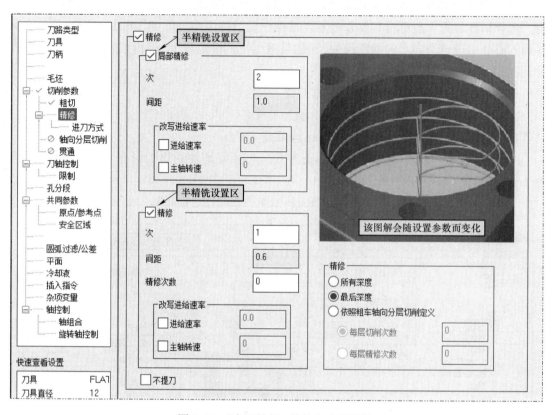

图 2-88 "全圆铣削 - 精修"选项设置

6）进刀方式：如图 2-89 所示。

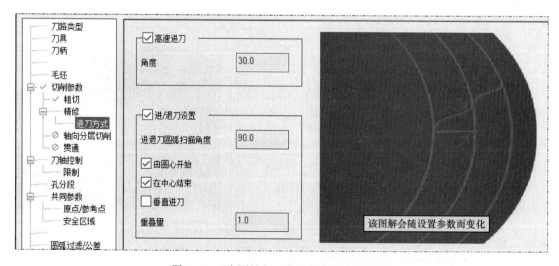

图 2-89 "全圆铣削 - 进刀方式"选项设置

7）轴向分层切削：当切削深度较大时，可激活并设置轴向分层切削功能，参数设置基本与前文相同。本书为使刀路清晰，一般均未设置轴向分层切削，读者可尝试练习。

8）贯通：用于通孔加工切削深度延伸量的设置。

9）共同参数：与前述基本相同，取消勾选"安全高度"选项，其余的设置为：提刀：10.0mm，下刀位置：5.0mm，工件表面：0.0，深度：-10.0mm。参考点设置为（0，0，100）。

（3）生成刀路与实体仿真　如图 2-90 所示。

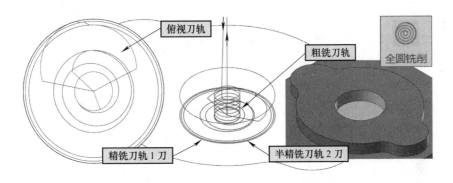

图 2-90　全圆铣削刀具轨迹与实体仿真

2.4.3　螺旋铣孔加工与分析

"螺旋铣孔"加工以螺旋插补指令为主、轴向螺旋切削为主铣削圆孔，通过改变粗切次数，多次螺旋铣削扩大孔径。另外，还可启动精修加工，提高孔的加工精度。螺旋铣孔加工适合于长径比较大的大圆孔加工，但需要注意的是铣削孔的精度不如镗孔的高（注：Mastercam 2022 汉化时将其翻译为"螺旋镗孔"，这是不准确的）。

这里借用图 2-77 所示的钻孔模型，但将中间 ϕ40mm 的盲孔改为通孔，孔深 35mm。螺旋铣孔操作步骤如下：

（1）创建螺旋铣孔操作　假设钻孔加工与前面叙述相同，这里仅增加了螺旋铣孔操作。前言二维码中给出了模型文件"图 2-93_ 螺旋铣孔 _ 模型 .stp"和结果文件"图 2-93_ 螺旋铣孔 .mcam"供研习使用，编程前直接打开钻孔结果文件"图 2-77_ 钻孔 .mcam"，基于"模型准备→建模编辑→推拉"功能将 ϕ40mm 的盲孔修改为通孔。

（2）螺旋铣孔参数设置

1）单击"铣床刀路→ 2D →孔加工→螺旋铣孔"功能按钮▤，按全圆铣孔方式选择 ϕ40mm 通孔，单击管理器上的确定按钮，弹出"2D 刀路 - 螺旋铣孔"对话框。

2）"2D 刀路 - 螺旋铣孔"对话框设置如下所述：

a）刀路类型：默认为"螺旋铣孔"▤加工策略。

b）刀具：在刀具列表中选中 ϕ16mm 平底铣刀。

c）切削参数：如图 2-91 所示。

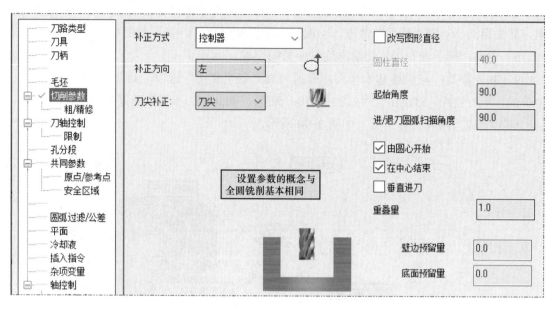

图 2-91 "螺旋铣孔 - 切削参数"选项设置

d）粗 / 精修：如图 2-92 所示。螺旋粗切 3 刀，间距为 3.0mm（侧吃刀量）；圆弧插补精车 1 刀，间距为 0.8mm。

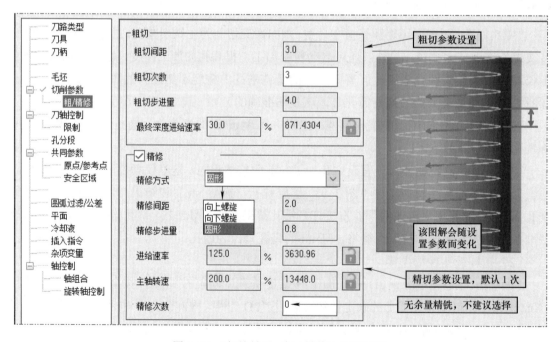

图 2-92 "螺旋铣孔 - 粗 / 精修"选项设置

e）共同参数：与全圆铣孔设置相同。

3）生成刀路与实体仿真如图 2-93 所示。

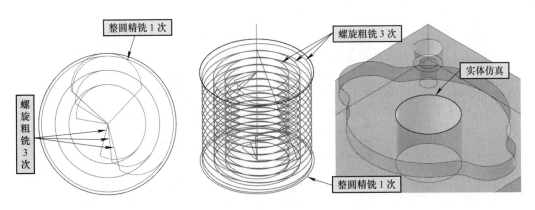

图 2-93 螺旋铣孔刀具轨迹与实体仿真

 提 示

螺旋铣削的立铣刀，侧面切削刃长度必须大于孔的深度。

应当说明的是，螺旋铣孔加工精度是不如镗孔加工的，仅从编程的角度看不出问题，具体原因涉及金属切削原理与加工工艺的问题，超出本书讨论范畴，因此不详细展开。若要获得更高的加工精度，可将螺旋铣孔作为粗铣（不需设置精修刀路），留出 1mm 左右的加工余量，然后再增加一道镗孔工艺。

2.4.4 螺纹铣削加工与分析

初识"螺纹铣削"感觉似乎有难度，为什么呢？实质是对螺纹铣削方法与铣削刀具知识有所缺乏。

1．螺纹铣削基础知识

（1）螺纹铣削刀具 目前常见的螺纹刀具按结构分为整体式与机夹式两种，前者多用于尺寸较小螺纹的加工，后者则主要用于加工尺寸较大的螺纹；按刀齿数量分为单牙与多牙型式，如图 2-94 所示。

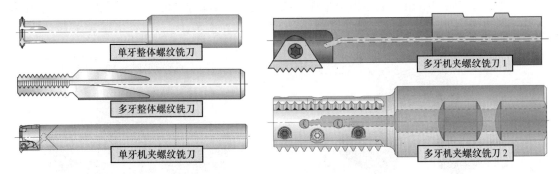

图 2-94 螺纹铣削刀具常见结构型式

（2）螺纹铣削方法 螺纹铣削可用于外、内螺纹的加工，螺纹铣削的刀路规划涉及外、内螺纹、顺铣与逆铣等。图 2-95 示出了螺纹铣削加工方法。

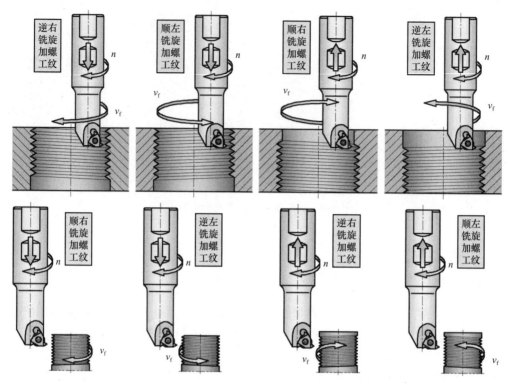

图 2-95　螺纹铣削加工方法

2. 螺纹铣削加工编程

螺纹刀具一般由专业厂家生产，部分专业螺纹刀具厂商还会提供螺纹加工编程软件或典型程序供用户参考，有意深入研习的读者可查阅相关刀具厂商资料。这里仅就 Mastercam 软件提供的螺纹铣削加工编程方法进行讨论。

图 2-96 所示为一个螺纹加工参考模型（前言二维码中给出了其工程图及尺寸），其包含外、内螺纹各一个。对于 M42×2 的螺纹，其螺纹底径为 $\phi39.402\text{mm}$，对于 M30×2 的螺纹，其螺纹底孔直径为 $\phi27.9\text{mm}$，未注倒角取 C2，按照这些参数，可构造出图 2-97 所示的毛坯模型。前言二维码中给出了毛坯模型文件"图 2-97_毛坯模型 .stp"、"图 2-97_毛坯模型 .mcam"和结果文件"图 2-97_螺纹铣削 .mcam"供学习参考。

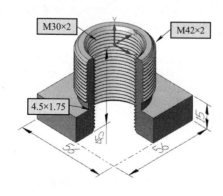

图 2-96　螺纹铣削加工模型

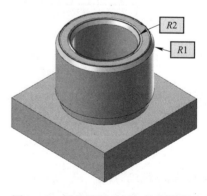

图 2-97　螺纹铣削毛坯与编程模型

（1）外螺纹加工编程　以图 2-96 所示 M42×2 细牙螺纹加工为例。

1）模型的导入与加工毛坯的设置。首先导入图 2-97 所示 STP 格式的毛坯模型"图 2-97_毛坯模型 .stp"，过程略，并将该实体模型在属性中设置为加工毛坯，即在"机床群组"的"属性"中设置实体毛坯。再在模型顶面构造出直径分别为 $\phi39.402$mm 和 $\phi30$mm 的两个圆，作为螺纹加工编程确定圆直径的图形，如图中的 $R1$ 和 $R2$ 圆曲线。

2）激活螺纹铣削加工策略。单击"铣床刀路→ 2D →孔加工→螺纹铣削"功能按钮，弹出操作提示和"刀路孔定义"管理器，选择圆弧 $R1$ 曲线捕捉圆心，单击确定按钮，弹出"2D刀路 - 螺纹铣削"对话框。

3）"2D 刀路 - 螺纹铣削"对话框设置如下：

a）刀路类型：默认为"螺纹铣削"加工策略，注意到其右侧的"加工图形"或"实体模型"显示的信息显示均有 1 条，这就是上一步捕捉圆 $R1$ 的原因，或许捕捉其他圆的圆心也可以，但圆弧直径不同。

b）刀具：在刀具列表框空白处单击右键，弹出快捷菜单，执行"创建刀具"命令，创建一把多牙螺纹刀具，刀具参数设置如图 2-98 所示，其类似于图 2-94 中的多牙机夹螺纹铣刀 2，刀齿长度须大于待加工螺纹的有效长度。

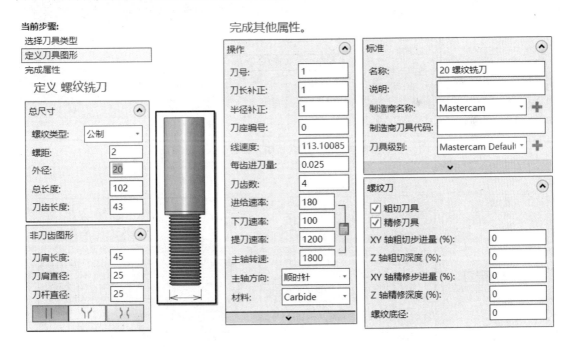

图 2-98　多牙螺纹刀具参数设置

c）切削参数：如图 2-99 所示，必须选择"控制器"补正方式以保证加工精度。

d）进 / 退刀设置：如图 2-100 所示，其中引线长度不得为零，圆弧半径确保切入 / 切出的平稳及切入点的表面光顺。

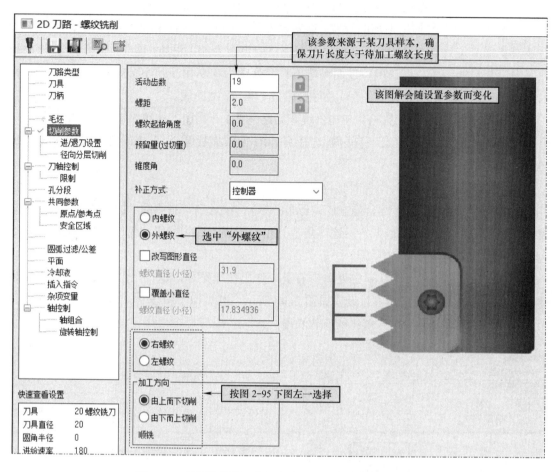

图 2-99   外螺纹铣削"螺纹铣削 - 切削参数"选项设置

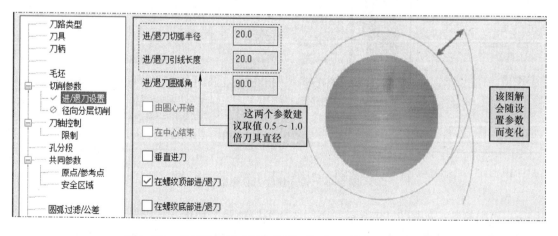

图 2-100   外螺纹铣削"螺纹铣削 - 进 / 退刀设置"选项设置

e）径向分层切削：如图 2-101 所示，径向分层切削相当于进行粗、精加工，精度要求不高时可不分层加工，效率较高，但径向分层后可以设置精铣刀路，提高加工质量。

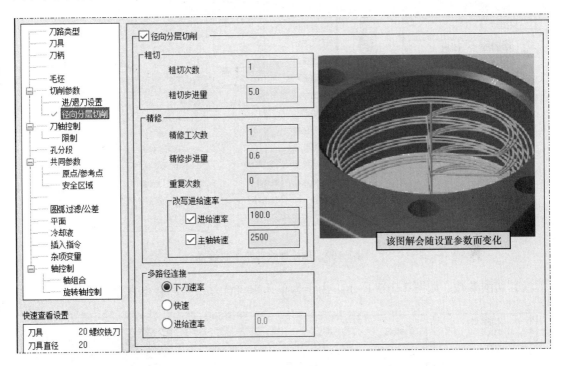

图 2-101 外螺纹铣削"螺纹铣削 - 径向分层切削"选项设置

f）共同参数：安全高度：20mm，勾选"只有在开始及结束操作才使用安全高度"，下刀位置：5.0mm，螺纹顶部位置：0.0，螺纹深度位置：-27.0mm。参考点设置：（0，0，100）。注意共同参数设置中没有"贯通"选项设置，因此贯通部分的深度要自己加入深度设置值中。

4）生成刀路与实体仿真如图 2-104 所示。注意：实体仿真时必须关闭工件显示。

（2）内螺纹加工编程 以图 2-96 所示 M30×2 细牙螺纹加工为例。其编程步骤与外螺纹基本相同，简述如下（也可复制上一个操作快速编程）：

1）模型的导入与加工毛坯的设置。与前述基本相同，这里注意编程圆弧为 φ30mm 圆，即图中的 R2mm 曲线。

2）单击"铣床刀路→2D→孔加工→螺纹铣削"功能按钮■，弹出操作提示和"刀路孔定义"管理器，用鼠标捕捉圆 R2mm 的圆心，确定后弹出"2D 刀路 - 螺纹铣削"对话框。

3）"2D 刀路 - 螺纹铣削"对话框设置如下：

a）刀路类型：默认为"螺纹铣削"■加工策略。

b）刀具：此处按图 2-102 所示设置一把单牙螺纹铣刀。单牙螺纹铣刀成本较低，灵活性较高，但铣削时间较长。

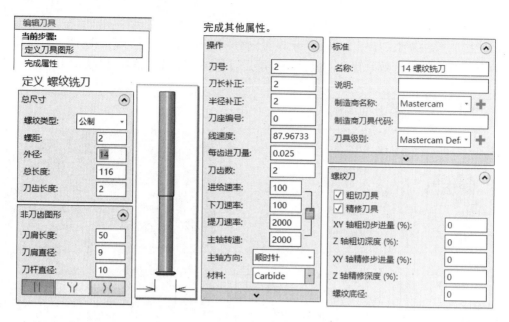

完成其他属性。

图 2-102　单牙螺纹刀具参数设置

c）切削参数：如图 2-103 所示，由于为单牙螺纹铣刀，因此必须设置螺距。

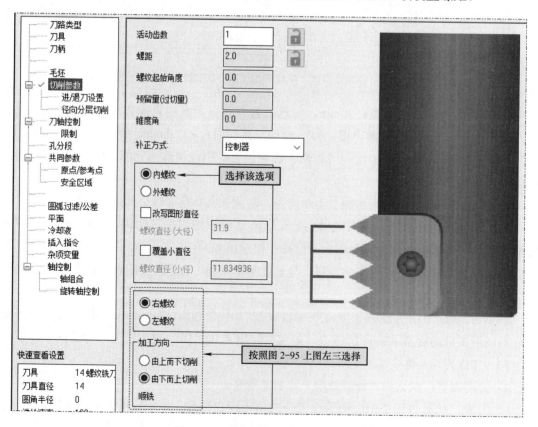

图 2-103　外螺纹铣削切削参数设置

d）进／退刀设置：参数设置为：进／退刀切弧半径 7.0mm，勾选"由圆心开始"和"在螺纹底部进／退刀"。

e）径向分层切削：这里为观察刀具轨迹方便，假设不分层加工，实际中可根据需要设置。

f）共同参数：螺纹深度位置 -47.0mm，其余同前述的外螺纹设置。

4）生成刀路与实体仿真如图 2-104 所示。从图中可见，外螺纹铣削由于刀齿长度大于螺纹长度，故仅需一个螺旋循环即可完成整个螺纹的加工。而内螺纹铣削由于为单牙刀具，故需要足够的螺纹循环才能切削出完整的螺纹，但其适应范围宽。

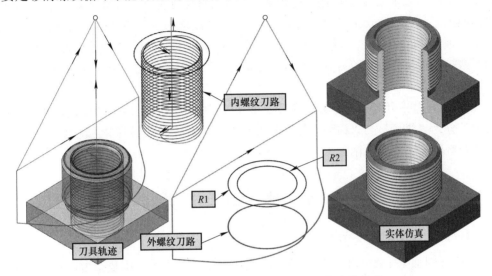

图 2-104 外、内螺纹铣削加工刀具轨迹与实体仿真

提示

多牙螺纹铣刀可以用一个循环加工出所有螺纹，而单牙螺纹铣刀则需走出所有螺纹圈数。多牙螺纹铣刀加工螺纹的螺距是固定的，而单牙螺纹铣刀可加工出不同螺距的螺纹。

本 章 小 结

本章主要介绍了 Mastercam 2022 软件 2D 铣削加工编程，内容包括 2D 普通铣削加工编程和 2D 高速铣削（动态铣削）加工编程，另外还介绍了常用的孔加工编程和螺纹加工编程。

2D 普通铣削加工是传统的加工策略，适合于普通三轴数控铣削加工，应用广泛；而 2D 高速铣削（动态铣削）加工编程是为适应现代高速数控铣削加工技术而开发的加工策略，近年来，各类编程软件均推出这类高速铣削刀路，因此应认真研读，必要时可以尝试使用。螺纹铣削加工难度稍大，但随着数控加工技术的出现，这种工艺会逐渐普及，值得研习。

学完本章内容后，读者可自行选择其他相关图例尝试编程，以检验自己的学习效果。

第❸章　3D 数控铣削加工编程

Mastercam 编程软件的 3D 铣削加工即三维铣削加工，类似于 UG 中的轮廓铣加工。3D 铣削加工的对象多为几何模型的三维表面，早期的几何模型以曲面模型为主，所以又称为三维曲面加工，在 Mastercam 2022 中仍然存在曲面功能选项卡及各种曲面模型创建与编辑功能。然而，基于 3D 实体模型直接进行编程可避免提取、创建曲线与曲面模型，简化了编程，是当今数控编程软件的主流方向，Mastercam 软件也不例外，这一点在 Mastercam 2022 版使用时可以体会到。

3D 铣削加工策略（又称加工刀路）主要集中在铣床"刀路"功能选项卡"3D"选项列表中，分为"粗切"与"精切"加工两大类，分别对应机械制造中常说的粗加工与精加工，或称粗铣削加工与精铣削加工。

3.1　3D 铣削加工基础、加工特点与加工策略

1. 铣削加工概念与特点

3D 铣削加工主要基于三轴数控铣床或加工中心，用于三维复杂型面铣削加工的场景，依据加工工艺要求，常分为粗铣削与精铣削加工两类工序。粗铣削主要用于高效率、低成本地快速去除材料，其刀具选择原则是尽可能选择直径稍大的圆柱平底铣刀或小圆角的圆角铣刀。精加工主要是为了保证加工精度与表面质量，为更好地拟合加工曲面，一般选用球面半径小于加工模型最小圆角半径的球头铣刀或圆角铣刀。粗、精加工之间，可根据需要增加半精加工。半精加工是粗、精铣削加工之间的过渡工序，目的是使精加工时的加工余量不要有太大的变化。半精加工的刀具直径一般略小于粗铣加工，刀具型式可以是圆柱平底铣刀或圆角铣刀，其中圆角铣刀的刀尖圆角稍大，可适用于小曲率曲面的精铣削加工。

与 2D 铣削类似，传统的 3D 铣削加工，切削用量的选择也是遵循低转速、大切深、小进给的原则，但随着机床、刀具技术的进步，近年来的高速铣削加工，切削用量的选择多采取高转速、小切深（包括背吃刀量 a_p 和侧吃刀量 a_e）、大进给的原则。高速铣削加工要求切削力不能有太大的突变，包括刀具轨迹不宜有尖角转折、切削面积不宜太大和突变等。

高速切削加工是金属切削加工的发展方向之一，这一点在近年来 Mastercam 加工策略的发展上可见一斑。实际上，关注高速切削加工时，不要忘了关注数控刀具的发展，具体可参阅参考文献 [3]、[12] 等。

2. Mastercam 2022 铣削加工策略

3D 铣削加工策略（3D 刀路）集成在铣削"刀路"选项卡的"3D"选项列表区，分为粗切与精切两部分。默认为折叠状态，需要时可上、下滚动或展开使用，如图 3-1 所示。

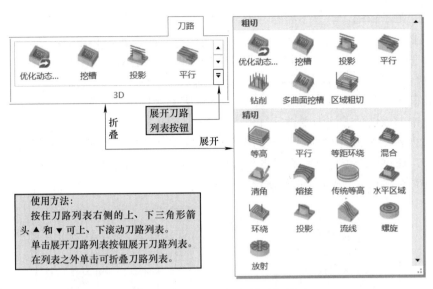

图 3-1　3D 刀路列表的折叠与展开

　　3D 铣削加工的对象是三维几何模型的表面。早期的几何模型以曲面模型为主，在 Mastercam 2022 中仍然存在曲面功能选项卡及各种曲面模型创建与编辑功能，甚至有专门的"由实体生成曲面" 功能。然而，实体模型的优势使其成为通用几何模型使用与交换的主流形式，如典型的 STP 格式模型。实际上，Mastercam 软件在"打开"对话框"文件类型"下拉列表中可导入当今主流软件与常用几何模型交换格式的文件。另外，第 2 章 2D 数控编程时，加工串连选择对话框的串连模式有"实体"模式，可以直接选择实体模型表面的边缘作为串连。在本章 3D 加工编程时，也可以直接选择实体模型所需的表面进行编程。这些直接基于实体模型进行 2D 和 3D 数控编程的特点优于过去 2D 曲线获得串连，3D 曲面获得加工表面，本书也主要遵循这个规律。

3．3D 铣削加工基础

　　从编程的角度看，每次加工前均必须做几项基础工作。

　　（1）加工模型的准备　CAM 的特点就是要有一个加工模型，加工编程过程中通过指定加工表面并提取相关几何参数来进行自动编程。Mastercam 作为一款 CAD/CAM 软件，从其自身的 CAD 模块直接造型和绘制自然是一种常规的方法，然而，现实生产中，进行自动编程时，用户的数字模型往往不一定是 Mastercam 创建的模型，更多的是其他通用三维软件创建的 3D 模型，或其转化而成的常用数据交换格式的数字模型。本书大部分练习模型均采用 STP 格式模型，这种模型属于无参数的实体类模型，导入后常常需要了解相关的几何参数，这些功能主要集中在"主页→分析→…"功能选项区。当然，其他功能也是经常用到的，如"线框→形状→边界框"功能可查询实体模型的总体尺寸，"曲线"选项区的曲线提取功能可提取实体边缘线成为曲线，以及"曲面"功能选项卡的"由实体生成曲面"和"实体"选项卡的"由曲面生成实体"功能。另外，"模型准备"功能选项卡中基于同步建模技术的相关功能，主要针对无参数模型的编辑与修改，这对导入 STP 格式模型的工艺处理非常有帮助。

　　另外，虽然本书跳过几何模型创建的 CAD 模块，而重点介绍其 CAM 模块，但依然没有脱离 Mastercam 软件编程环境，其自有的一些操作功能也应掌握，如图层的使用、图素颜色的修改等。限于篇幅，这里不展开讨论，可参阅参考文献 [1]、[5] 等。

（2）工件坐标系的建立　加工编程时，工件坐标系的设置是必需的工作。Mastercam 中常见的建立工件坐标系的方法是将工件欲建立的工件坐标系 WCS 移动到世界坐标系位置，如图 3-2a 所示。另一种方法是不用移动工件，而是在工件上指定点建立一个坐标系，并在编程时指定其为工件坐标系，如图 3-2b 所示。前者是大部分读者的操作习惯，且操作较为简单，因此本书以这种方法为主进行讨论。

关于工件移动至世界坐标系原点的操作，系统有"转换→位置→移动到原点" 功能实现。另外，通过查询工件坐标系原点与世界坐标系原点之间的坐标关系，利用"转换→位置→平移 / 镜像 / 旋转"等功能也能实现这一操作。

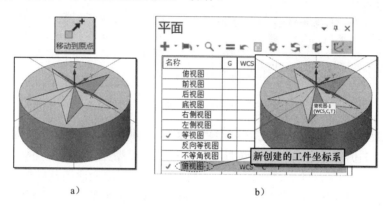

a)　　　　　　　　　　　　　　b)

图 3-2　工件坐标系的设定图解

a）工件坐标系移动至世界坐标系　b）新建工件坐标系与世界坐标系不重合

 提示

"移动到原点"功能必须在"3D"绘图模型下进行。

（3）铣床加工模块的进入　"机床"功能选项卡"机床类型"选项区的"铣床"下拉列表可进入多种预置的编程环境，其中"默认（D）"选项编程环境的后处理是 FANUC 数控系统的代码系统，能够满足大部分需要，实际中的编程环境取决于自身使用的数控机床，本书均采用"默认（D）"选项进入铣床编程模块。加工毛坯的设置与前述基本相同，本章不再详细介绍。

3.2　3D 铣削粗加工及其应用分析

3D 铣削粗加工主要用于高效率、低成本地快速去除金属材料，Mastercam 2022 软件提供了 7 种 3D 粗铣加工策略，参见图 3-1。

3.2.1　3D 挖槽粗铣加工与分析

3D "挖槽" 粗加工（在本章中也简称挖槽加工，注意其与 2D 挖槽加工不同）是应用广泛且出现较早的加工策略之一，属于传统 3D 铣削加工范畴。挖槽粗铣加工的字面含义似乎是指凹槽模型（型腔）的粗加工，实际上，其对凸台模型（型芯）粗铣加工同样适用，如图 3-3 所示。挖槽加工编程一般要选择串连曲线确定切削范围，凹槽模型粗铣加工一般选择模型的凹槽型面轮廓边界，而凸台模型加工则选择模型的最大边界（即毛坯边界）。切削范围串连的选取对 Z 坐标无要求，因此加工面边界不清晰时，可直接选择模型底面的矩形轮廓，甚至可以自行绘制一个范围曲线。

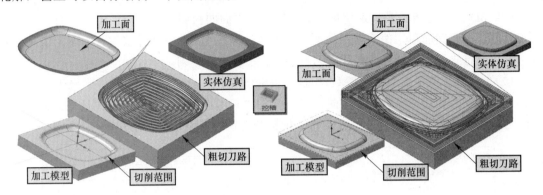

图 3-3　3D "挖槽" 粗铣加工示例与分析

1．加工前准备

加工模型，这里以图 3-3 所示的 STP 格式加工文件 "图 3-3_凹槽模型 .stp" 和 "图 3-3_凸台模型 .stp" 为例，前言二维码中有相应文件供学习参考。

首先，读入 STP 格式的加工模型；基于 "主页→分析" 选项区的相关功能按钮对模型进行分析，并移动工件至世界坐标系原点建立工件坐标系。

然后，提取实体模型的曲面和切削范围曲线等，必要时按自己的需要设定实体、曲面和曲线的颜色。

建议：由实体提取曲面操作是 Mastercam 软件编程的传统做法，新用户建议尽量采用直接拾取实体模型表面的方法，必要时了解一下由实体提取曲面的方法即可。

最后，进入铣床加工模块，定义加工毛坯，观察并建立工件坐标系。凹槽挖槽毛坯按边界框确定，尺寸为 280mm×240mm×50mm，凸台挖槽毛坯确定时，顶面留 3mm 加工余量，尺寸为 280mm×240mm×61mm。

加工前准备的结果如图 3-3 所示。凹型工件坐标系建立在工件上表面几何中心。具体可作一条对角辅助线，捕捉中点移动工件与世界坐标系重合，操作过程略。凸件需要应用 "线框→形状→边界盒" ⬢ 功能生成边界盒框线，在俯视图绘制一条对角线，捕捉其中点移动工件与世界坐标系重合，再将整个模型向下移动 3mm。

2．3D 挖槽粗铣加工操作的创建与参数设置

以图 3-3 所示凹槽模型 3D 挖槽粗铣加工为例，前言二维码中有相应文件供学习参考。

首先，进入铣床加工模块，建立工件坐标系，具体操作略。然后开始创建挖槽操作。

（1）3D 挖槽粗铣加工操作的创建　单击 "铣床→刀路→ 3D →粗切→挖槽" 功能按钮🔧，弹出 "选择实体面、曲面或网格" 操作提示，传统的操作可以是俯视图视角窗选凹槽型面，返回等视图。而对于本例，按操作提示第一条，按住 <Shift> 键单击凹槽内任一曲面可选择所有的加工表面（因为这些表面是相切的）。单击 "结束选择" 按钮（✅结束选择），弹出 "刀路曲面选择" 对话框，可见加工面区域显示有 17 个已选择的曲面图素。单击 "切削范围" 区

域的选择按钮 ![]，弹出"串连选择"对话框，用"实体"模式"环"方式选择凹槽型面边界曲线，参见图 3-3，单击确定按钮，返回"刀路曲面选择"对话框，可见切削范围区域显示有 1 个范围串连图素。单击确定按钮，弹出"曲面粗切挖槽"对话框，默认进入"刀具参数"选项卡。

（2）3D 挖槽粗铣加工参数设置　主要集中在"曲面粗切挖槽"对话框。该对话框还可单击已创建的"曲面粗切挖槽"操作下的"参数"标签 ![] 参数激活并修改。下面未谈及的参数读者可自行尝试，通过设置并观察刀轨的变化逐步理解学习。

1）"刀具参数"选项卡及参数设置，如图 3-4 所示。该对话框主要用于设置刀具及其刀具号、刀补号和切削参数等。同时，右下角的"参考点"按钮可设置刀路的"进入 / 退出点"等。图中从刀库中创建了一把 D16R1 的圆角立铣刀并设置其切削参数等。

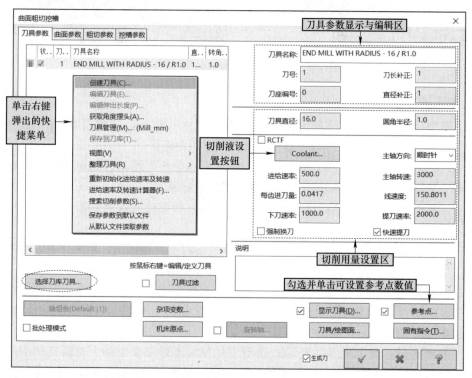

图 3-4　"曲面粗切挖槽"对话框→"刀具参数"选项卡及参数设置

2）"曲面参数"选项卡及参数设置，如图 3-5 所示。该选项卡的参数包括后续加工余量和安全高度、参考高度、下刀位置及工件表面的高度参数等设置。图中设置了精加工余量 0.6mm。另外，这里出现了"干涉面"的概念，所谓干涉面相当于避让面，选择并设置距离后刀路会避开这个面的加工。

3）"粗切参数"选项卡及参数设置，如图 3-6 所示。图中设置 Z 最大步进量。另外，默认未激活"铣平面"按钮，勾选后单击会弹出"平面铣削加工参数"对话框，设置后，生成的刀路仅对模型的所有平面进行加工。

4）"挖槽参数"选项卡及参数设置，如图 3-7 所示。该对话框中的各种切削方式（刀路）值得深入研习，具体可通过生成的刀路结合机械加工相关知识判断。

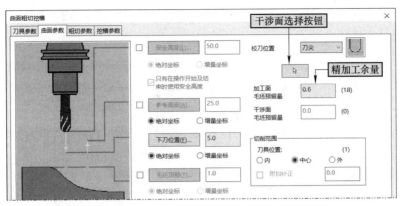

图 3-5　"曲面粗切挖槽"对话框→"曲面参数"选项卡及参数设置

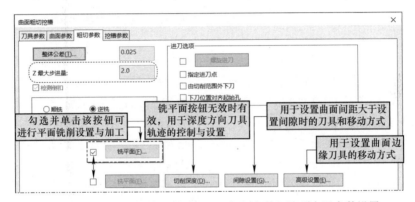

图 3-6　"曲面粗切挖槽"对话框→"粗切参数"选项卡及参数设置

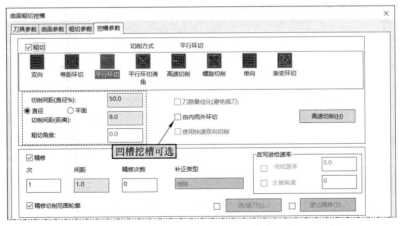

图 3-7　"曲面粗切挖槽"对话框→"挖槽参数"选项卡及参数设置

3．生成刀具路径及路径模拟与实体仿真

第 1 次设置完成"曲面粗切挖槽"对话框中的参数并单击确定按钮，系统会自动进行刀路计算并显示刀路。若后续对参数进行了修改，可单击"刀路"操作管理器上方的"重建全部已选择的操作"按钮等重新计算刀具轨迹。

"刀路"操作管理器和"机床"功能选项卡"模拟"选项区均含有"路径模拟"按钮和

"实体仿真"按钮 ，可对已选择并生成的刀路进行路径模拟与实体仿真。图 3-3 所示显示了刀具轨迹与实体仿真图例。

注意

3D 刀路主要应用"实体仿真" 功能验证，"路径模拟" 功能用得不多。

图 3-3 中凸台挖槽加工时，激活了图 3-6 中"切削深度"设置按钮，并将深度设置绝对坐标，最高位置：3.0mm，最低位置 -18.0mm，设置后顶平面就会生成刀轨并加工。

另外，复制一个凹槽挖槽操作，可快速修改为凸台挖槽粗切操作。修改相关参数并激活"铣平面"按钮 铣平面(F)... ，将加工面预留量改为 0，再次更新刀轨并仿真，可见其仅对两个平面进行加工，且加工至模型表面。

4. 3D 挖槽粗铣加工练习

（1）基本练习 以下给出的两个练习，其"要求 1"是基本练习，"要求 2"若多次练习熟练后可不做。

练习 3-1：已知 STP 加工模型"练习 3-1.stp"和已完成加工前准备的"练习 3-1.mcam"。要求：1、打开"练习 3-1.mcam"，进行相关设置完成其加工编程并保存为"练习 3-1_加工.mcam"。2、有兴趣的读者可读入"练习 3-1.stp"尝试加工前的准备工作练习，达到"练习 3-1.mcam"的要求。

练习 3-2：已知 STP 加工模型"练习 3-2.stp"和已完成加工前准备的"练习 3-2.mcam"。要求：1、打开"练习 3-2.mcam"，进行相关设置完成其加工编程并保存为"练习 3-2_加工.mcam"。2、有兴趣的读者可读入"练习 3-2.stp"尝试加工前的准备工作练习，达到"练习 3-2.mcam"的要求。

练习 3-1 和练习 3-2 操作步骤简述参见表 3-1。

表 3-1　3D"挖槽"粗铣加工练习参数设置

项目名称	练习 3-1	练习 3-2
开启文件名称	练习 3-1.mcam	练习 3-2.mcam
加工曲面与切削范围	加工曲面　切削范围	加工曲面　切削范围
"刀具参数"选项卡	从刀库中选择一把 D16R1 圆角立式铣刀，切削用量等自定，参考点（0，0，160）	从刀库中选择一把 D12 平底铣刀，切削用量等自定，参考点（0，0，160）
"曲面参数"选项卡	加工面预留量 0.6mm，其余自定	加工面预留量 0.6mm，其余自定
"粗切参数"选项卡	Z 最大步进量 2.0mm，其余自定	Z 最大步进量 3.0mm，勾选"由切削范围外下刀"，其余自定
"挖槽参数"选项卡	切削方式为"平行环切"，切削间距（直径%）50.0%，其余自定	切削方式为"平行环切"，切削间距（直径%）50.0%，其余自定
刀轨与实体仿真	类似于图 3-3	类似于图 3-3
对照学习文件	练习 3-1_加工.mcam	练习 3-2_加工.mcam

（2）拓展练习　以下给出一对练习文件，读者可尝试先练习，然后与前言二维码中给出的加工结果对照检查。

练习 3-3 和练习 3-4：练习模型如图 3-8 所示，前言二维码中给出了"练习 3-3.stp"、"练习 3-4.stp"和"练习 3-3.mcam"、"练习 3-4.mcam"，以及加工结果文件"练习 3-3_加工 .mcam"、"练习 3-4_ 加工 .mcam"，要求读者参照练习 3-1 和练习 3-2 要求，参照表 3-1 的项目完成凹模型型腔与凸模型外廓的 3D 挖槽粗加工自动编程工作，并对其进行实体仿真。加工刀具要求：练习 3-3 采用 D16R1 圆角铣刀，练习 3-4 采用 D16 平底铣刀（注：前言二维码中给出的结果文件包括传统的基于曲面与框线模型的编程方法和新近的基于实体模型的编程方法，读者可分别全程模仿进行尝试，体会两者编程的差异，总结出适合自己的编程方法）。

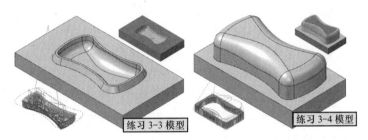

图 3-8　"练习 3-3"和"练习 3-4"加工模型

3.2.2　平行粗铣加工与分析

"平行" ▦ 粗铣加工是在一系列间距相等的平行平面中生成在深度方向（Z 向）分层逼近加工模型轮廓切削的刀轨。这些生成刀轨的平面垂直于 XY 平面且与 X 轴的夹角可设置。平行粗铣加工适合于细长零件的凸形模型加工，加工编程时同样要求指定切削范围，平行粗铣加工后局部可能留下较多的余料。与 3D 挖槽粗铣类似，平行粗铣加工也属于传统铣削加工范畴。下面以图 3-9 所示模型为例，讨论平行粗铣加工，前言二维码中给出了几何模型"图 3-9_ 模型 .stp"和结果文件"图 3-9_ 加工 .mcam"供研习参考。

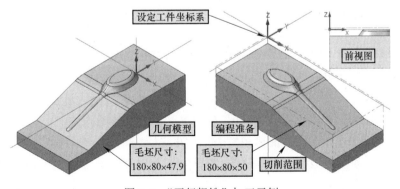

图 3-9　"平行粗铣"加工示例

1. 加工前编程准备

读入 STP 格式的加工模型"图 3-9_ 模型 .stp"，初步观察可见该零件为长方形结构，虽然为水平位置，但方位需要调整，如长度方向在 Y 轴方向，从立式加工中心的装夹角度看，拟将其旋转 90°。另外，工件坐标系的位置不甚理想，数控铣削加工工件坐标系的典型位置一般是工件上表面四个角点或几何中心位置，本例拟建立在工件上表面左上角位置，为此，要将工件上表面左上角移至世界坐标系原点，如图 3-9 右图所示。以上两点的操作简述如下：

首先，在平面管理器中切换至俯视图绘图平面环境，然后基于"转换→位置→旋转" 功能将工件旋转 90°。

其次，单击窗口下部状态栏上的"2D/3D"绘图模式转换按钮，切换至 3D 绘图模式，单击"转换→位置→移动到原点"功能按钮，用鼠标捕捉模型上表面（模型勺底面）任一点，则模型上表面与世界坐标系重合。再次单击"2D/3D"绘图模式转换按钮，切换至 2D 绘图模式，单击"移动到原点"按钮，用鼠标捕捉模型右上角点，则模型上表面右上角移动至世界坐标系原点，完成工件坐标系建立。

执行"机床→机床类型→铣床→默认"命令，进入铣床编程模块。单击展开机床群组属性列表，单击"毛坯设置"标签 毛坯设置，用边界框方式创建毛坯，在边界框管理器中，设置立方体形状，将毛坯原点设置为底面中心点，可见毛坯大小为：（X：180.0，Y：80.0，Z：47.9），考虑到模型上表面要加工，余量取 2mm 左右，因此，将 Z 向尺寸设置为 50mm，确认后完成毛坯的创建，如图 3-9 右图所示，由前视图可清楚地看到工件坐标系 Z 向位置。

2．平行粗铣加工操作的创建与参数设置

图 3-9 所示模型的加工工艺为：平行粗铣（D16R1）→平行半精铣（D8R2）→环绕精铣（BD6）→清角（锥度刀 D1），详见结果文件"图 3-9_ 加工 .mcam"，这里以第一步的平行粗铣为例，讨论平行粗铣加工操作。

（1）平行粗铣加工操作的创建 单击"铣床→刀路→ 3D →粗切→平行"功能按钮，弹出"选择工件形状"对话框，选择"凸"单选项，单击确定按钮后，弹出操作提示，切换至"前视图"视角，窗选上部的加工表面部分，切换回"等视图"视角，单击"结束选择"按钮 结束选择，弹出"刀路曲面选择"对话框，可见加工面区域显示有 18 个已选择的曲面图素。单击"切削范围"区域的选择按钮 ，弹出"串连选择"对话框，用"实体"模式"环"方式选择模型底面边缘线串连，单击确定按钮返回"刀路曲面选择"对话框，可见切削范围区域显示有 1 个范围串连图素。单击确定按钮，弹出"曲面粗切平行"对话框，默认进入"刀具参数"选项卡。

（2）平行粗铣加工参数设置 主要集中在"曲面粗切平行"对话框。该对话框还可单击已创建的"曲面粗切平行"操作下的"参数"标签 参数激活并修改。

1）"刀具参数"选项卡，与前述 3D 挖槽粗切基本相同，此处从刀库中创建一把 D12R1 的圆角立铣刀，参考点设置为（0，0，100），其余参数自定。

2）"曲面参数"选项卡，与前述 3D 挖槽粗切基本相同，但多一个"干涉面毛坯预留量"设置文本框可用，如图 3-10 所示。可单击选择按钮 去选择所需的避让面。该对话框同时有共同参数的设置。

3）"粗切平行铣削参数"选项卡，该选项卡中的参数专为平行粗铣加工设置，如图 3-11 所示，虚线框出的部分为平行粗铣加工主要的参数设置区域。注意加工角度为默认的 0°，即 X 方向。

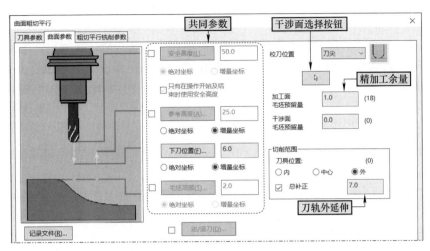

图 3-10　"曲面粗切平行"对话框→"曲面参数"选项卡

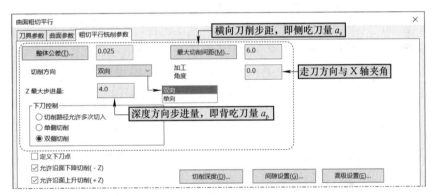

图 3-11　"曲面粗切平行"对话框→"粗切平行铣削参数"选项卡

3．生成刀具路径及路径模拟与实体仿真

"曲面粗切平行"对话框中参数设置完成后，生成刀轨，并进行实体仿真。若不满意，则重新激活该对话框并编辑参数，再次生成刀路并仿真，可反复进行，直至满意。图 3-12 所示为该平行铣削粗铣加工的刀路轨迹与实体仿真。

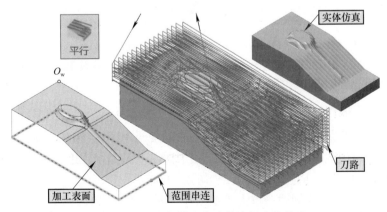

图 3-12　"平行粗铣"刀路轨迹与实体仿真

4．平行粗铣加工练习

要求导入图 3-9 所示的 STP 格式模型，参照上述介绍完成其平行铣削粗铣加工编程工作。

练习 3-5：已知 STP 加工模型"练习 3-5.stp"，要求完成加工编程工作并保存为"练习 3-5_平行粗铣 .mcam"。（前言二维码中有对应的模型文件和结果文件供研习）。

练习步骤简述如下：

1）启动 Mastercam 2022，读入"练习 3-5.stp"。

2）参照图 3-9 及其分析，完成加工前准备工作，包括：旋转模型、建立工件坐标系和设置毛坯等。

3）加工编程，"曲面粗切平行"对话框各参数的设置，以及生成刀具路径与实体仿真。

3.2.3 插削（钻削）粗铣加工与分析

插削铣削（简称插铣，Plunge Milling）的刀具进给运动为轴向，类似于钻孔，所以 Mastercam 中翻译为"钻削" 粗加工，但钻削加工选择刀具时容易误认为选择钻头，因此本书回归加工工艺，用词以"插削铣削"或"插铣"为主。插铣加工的主切削刃为端面切削刃，其工作条件劣于圆周切削刃加工，但刀具轴向的刚度远大于横向刚度，因此插铣加工的进给速度等一般取得较大，加工效率较高。下面以图 3-9 所示模型为例讨论插铣加工，如图 3-13 所示，前言二维码中配套有模型文件"图 3-13_ 模型 .stp"和结果文件"图 3-13_ 加工 .mcam"。

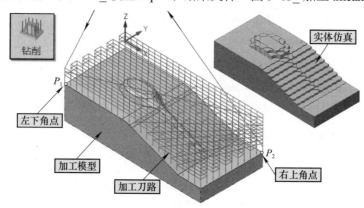

图 3-13 "插铣"加工示例

1．加工前准备

首先读入 STP 格式的加工模型，然后参照图 3-9 所示图解及其相关介绍完成工件坐标系与毛坯的创建等。

2．插铣粗加工操作的创建与参数设置

该模型加工工艺是将图 3-9 所示加工工艺的第一步平行粗铣更换为插铣，即：插铣（D16）→平行半精铣（D8R2）→环绕精铣（BD6）→清角（锥度刀 D1），详见结果文件"图 3-9_ 加工 .mcam"，下面讨论其操作 1 的插铣加工。

（1）插铣粗加工操作的创建 单击"铣床→刀路→ 3D →粗切→钻削"功能按钮 ，弹出操作提示，切换至"前视图"视角，窗选上部的加工表面部分，切换回"等视图"视角，单击"结束选择"按钮 ⌖结束选择，弹出"刀路曲面选择"对话框，可见加工面区域显示有 18 个已选择的曲面图素，这里不选择干涉面，因此，单击确定按钮，弹出"曲面粗切钻削"对话框（该对话框设置下面单独介绍），单击确认按钮，弹出操作提示："在左下角选择下刀点"，选择图 3-13 所示的 P_1 点，再次弹出操作提示："在右上角选择下刀点"，选择图 3-13 所示的 P_2 点，选择结束后，系统自动计算加工轨迹，计算完成后显示出刀具轨迹。

📢 **注 意**

　　最后两步选择两个对角点类似于前述挖槽等操作的选择切削范围，因此，这两点的选择要求是两点构成的矩形范围包含加工曲面，选择时的左、右点 Z 坐标不一定相等，只要在俯视图视角下任意单击两点构成的矩形包含加工曲面即可。

（2）插铣粗加工参数设置　主要集中在"曲面粗切钻削"对话框中。

1）"刀具参数"选项卡及参数设置，与挖槽粗铣加工基本相同，但注意到插铣刀在默认的刀库中是没有的，因此，学习中可以直接选择平底铣刀练习，此处从刀库中选择一把 D16 平底铣刀。插铣刀的主切削刃是端面刃，且切削刃过中心，因此选择刀具时要考虑这个问题，有的刀具厂商还专门供应插铣刀。

2）"曲面参数"选项卡与平行粗铣（见图 3-10）基本相同，但切削范围不可编辑。要想编辑切削范围，必须在该操作下的"图形"标签下单击"图形：2 个网格"标签 ✚ 图形：2 个网格。该选项卡设置中，加工面预留量：1.0mm，干涉面毛坯预留量：0.0，下刀位置：5.0mm。

3）"钻削式粗切参数"选项卡是插铣加工参数设置的主要部分，参见图 3-14 的说明。

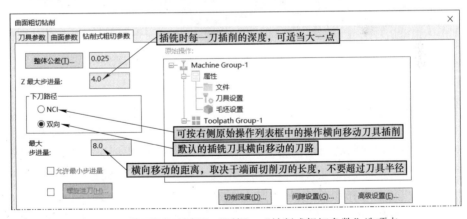

图 3-14　"曲面粗切钻削"对话框→"钻削式粗切参数"选项卡

3．生成刀具路径及路径模拟与实体仿真

"曲面粗切钻削"对话框中参数设置完成并单击确定按钮后，系统自动计算并生成刀轨，用户可通过"刀路模拟"或"实体仿真"观察刀具路径，直至满意，3D 铣削一般采用实体仿真观察。刀具轨迹与实体仿真结果如图 3-13 所示。

4．插铣粗加工练习

（1）基本练习　要求导入图 3-13 所示模型的 STP 文件，完成该零件的插铣粗加工编程工作。

练习 3-6：已知 STP 加工模型"练习 3-6.stp"，要求完成加工前准备工作并保存为"练习 3-6.mcam"，接着完成其插铣粗加工操作并另存为"练习 3-6_加工.mcam"（也可直接调用前言二维码中的"练习 3-6.mcam"进行插铣粗加工操作练习）。操作步骤参见本节前文介绍。

（2）拓展练习　前言二维码中给出了"练习 3-7.stp"和"练习 3-7.mcam"，读者可调用相应文件进行插铣加工练习，并另存为"练习 3-7_加工.mcam"。

练习 3-7：已知"练习 3-7.stp"和"练习 3-7.mcam"，调用相应文件进行插铣加工练习，并另存为"练习 3-7_加工.mcam"，与前言二维码中的相应文件进行比较。

加工要求简述如下：加工模型与加工曲面如图 3-15 所示，方位对角点在边框外偏置 8.0mm 的方形角点上，加工毛坯设置时工件上表面留 1mm 加工余量。加工策略为"钻削"。"曲面粗切钻削"对话框设置：刀具为 D16 平底铣刀；进入/退出点为（0，0，150）；加工面预留量 1.0mm，下刀位置 5.0mm；Z 最大步进量为 6.0mm；下刀路径为"双向"；最大距离步进量为 6.0mm。加工刀轨与实体仿真等参见图 3-15。

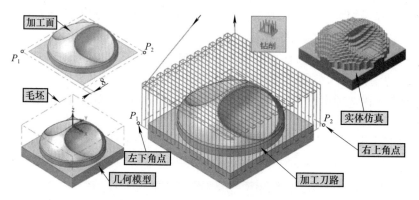

图 3-15　练习 3-7 的加工模型、刀具轨迹与实体仿真提示

3.2.4　优化动态粗铣加工与分析

"优化动态" 粗铣加工是充分利用刀具圆周切削刃大切深快速粗切去除材料加小切深分层逼近加工表面，实现高效的粗铣加工策略。它是一种动态高速铣削刀轨，在拐角处可自动生成摆线式刀轨。同时，还可通过"毛坯"选项"剩余材料"的设置实现半精加工等。

图 3-16 所示为一个优化动态粗铣加工示例，加工曲面高度为 50mm，壁边预留量 0.6mm，底面预留量 0.5mm，工件坐标系设置在模型顶面，设置的分层深度为 16mm，每层内步进量为 1.6mm。因此，系统自动计算出刀轨的粗切分层是 3 层，第 1 层 Z=-15.5mm，第 2 层 Z=-31.5mm，第 3 层 Z=-47.5mm。刀具首先按粗切第 1 层 Z=-15.5mm 切削，按壁边预留量逼近加工曲面，然后，再按步进量 1.6mm 向上逐层逼近加工表面，共分 10 刀；同理，转入第 2 层 Z=-31.5mm 粗切切削逼近加工表面，再转为步进量 1.6mm 向上分 10 刀逼近加工表面；第 3 层切削同理，最后再分两刀铣削至底面 Z=-59.5mm，留底面预留量 0.5mm。在每层粗切时，径向刀路是典型的动态刀轨，逐渐向内接近加工表面，必要时增加摆线刀轨。以上分析，读者可进入"实体仿真"模式动态观察，仿真时开启"刀路"选项还可观察到凹拐角处的动态摆线刀路，刀轨坐标值可通过"主页"功能选项卡"分析"选项区的"刀路

分析"功能按钮动态查询。当然，也可以后处理生成 NC 代码，然后用 CIMCO Edit 软件观察刀轨和对应的坐标。

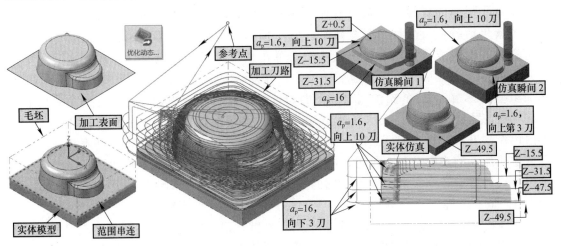

图 3-16　"优化动态粗切"粗铣加工示例与分析图解

1. 加工前准备

这里以图 3-16 所示的 STP 格式加工模型"图 3-16.stp"为例进行演示。

首先，读入 STP 格式的加工模型；然后，基于"主页→分析"选项区的相关功能按钮对模型进行分析等。

其次，进入铣床加工模块，创建加工毛坯，顶面留 2mm 加工余量，建立工件坐标系。

2. 优化动态粗铣加工操作的创建与参数设置

以图 3-16 所示的几何模型优化动态粗铣加工为例，前言二维码中有相应文件供学习参考。创建操作过程如下：

（1）优化动态粗铣加工操作的创建　单击"铣床→刀路→ 3D →粗切→优化动态粗切"功能按钮，弹出"3D 高速曲面刀路 - 优化动态粗切"对话框"模型图形"选项页，如图 3-17 所示。

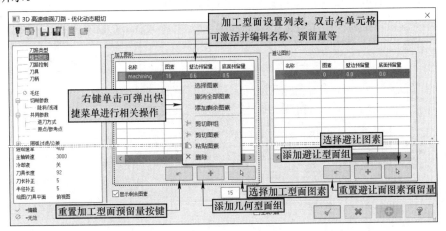

图 3-17　"3D 高速曲面刀路 - 优化动态粗切"对话框→"模型图形"选项页

（2）"模型图形"选项页 如图 3-17 所示，这里模型图形的原文为 Model Geometry，应该理解为模型几何图素，即模型型面，包括加工和避让型面。该选项主要设置加工型面和避让型面的属性与参数，各加工图素以组的形式列表显示。以加工图素为例，每组图素包括颜色、名称、图素数量、壁边预留量和底面预留量等属性，双击各单元格可激活并编辑或设置，右键单击各组可弹出快捷菜单，可选择、添加、修剪和粘贴单元格内容。列表下部分别有重置 ⬚（单击会清零预留量值）、添加图素组 ➕ 和选择加工型面图素 ⬚ 三个操作按钮。下面勾选的"显示剩余图素"选项有一个颜色显示与编辑框，默认显示 15，表示其是 Mastercam "系统配置"对话框中的颜色编号，15 是"白色"，表示选择几何图素时，未选中的面是白色。避让图素的操作基本相同，用于设置避让加工的表面及其余量等，类似于前述的干涉面及其设置。注意图示新型的余量设置方式可将壁边与底面设置为不同的预留量，这相对于早期仅能设置一个预留量（见图 3-5）是一个进步。

"3D 高速曲面刀路 - 优化动态粗切"对话框默认进入的是"模型图形"选项页，而第 1 项"刀路类型"必要时可以单击观察，其激活的刀路类型应该是"粗切"单选项和"优化动态粗切"刀路，因为该对话框是单击"优化动态粗切"功能按钮 进入的，必要时可以浏览并确认，如图 3-18 所示的"粗切→优化动态粗切" 类型。

图 3-18 "刀路类型"选项确认

（3）"刀路控制"选项页 如图 3-19 所示，主要用于设置切削范围、刀具相对切削范围的内外偏置、是否跳过挖槽区域（即空切区域）等。可参见图解进行研习。注：边界串连曲线可以是模型上的最大边界，也可以自行绘制边界曲线，其 Z 轴高度不受限制。

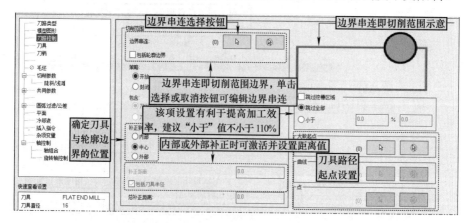

图 3-19 "3D 高速曲面刀路 - 优化动态粗切"对话框→"刀路控制"选项页

（4）"刀具"选项页　本例从刀库中调用一把机夹式方肩铣刀 SHOULDER MILL-25（直径 25mm），双击激活"编辑刀具"对话框，并对参数进行修改，总长度：130.0mm，刀齿长度：25.0mm，激活刀尖圆角，设置为 0.8mm，其余默认。

"刀柄"设置主要用于碰撞检测，因为涉及刀柄知识，这里不展开介绍。

（5）"毛坯"选项页　默认是未激活状态，本例也不设置。单击"毛坯"选项并勾选"剩余材料"复选框，可进行半精加工设置，包括对所有先前的操作、指定的操作或粗切刀具等方式加工的表面进一步进行半精加工等，如图 3-20 所示。读者可复制一个"优化动态粗铣"操作，并激活"毛坯"选项，进行半精加工刀路设置。

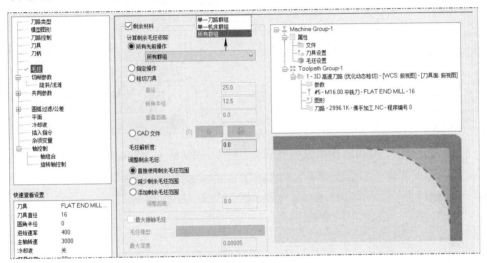

图 3-20　"3D 高速曲面刀路 - 优化动态粗切"对话框→"毛坯"选项页

（6）"切削参数"选项页　该选项是优化动态粗铣加工设置的主要部分，如图 3-21 所示，看图设置即可。图中的分层深度与步进量与图 3-16 刀路对应。若不勾选"分层深度"下的"步进量"，则刀路按分层深度逐层往下切，这时的分层深度不宜设置得太大。该步进量是将分层深度进一步向上逐层切削。若分层深度设置得较大，则步进量的距离不能设置太大，取刀具直径的 20% ～ 40% 即可。若不勾选"步进量"，直接逐层向下铣削，则分层深度一般也不能太大，这时，切削间距可适当增大。读者实际操作时观察不同视角刀路，可见其具有高速动态铣削的特点，如微量提刀、最小刀路半径等参数设置。

提示

勾选分层深度的"步进量"并设置适当参数后，这些增加的分层切削刀路类似于等高精铣加工，可认为是半精铣加工，这样可提高切削效率，这一点在切削仿真加工时可明显看出。

（7）"陡斜 / 浅滩"选项　如图 3-22 所示，用于设置最高与最低位置参数，其实质是设置深度方向的切削范围。最高与最低位置参数可以自动检测，也可以进一步手工修改。

（8）"共同参数"选项页　如图 3-23 所示，此处比 2D 铣削的共同参数以及图 3-5 所示版本的共同参数设置选项要丰富得多，如进 / 退刀参数中增加了垂直进刀 / 退刀、圆弧设置参数等。

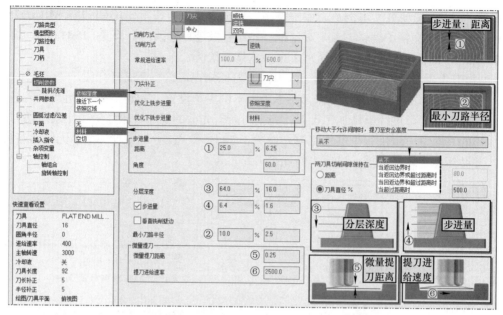

图 3-21 "3D 高速曲面刀路 - 优化动态粗切"对话框→"切削参数"选项页

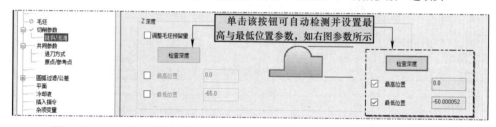

图 3-22 "3D 高速曲面刀路 - 优化动态粗切"对话框→"陡斜 / 浅滩"选项页

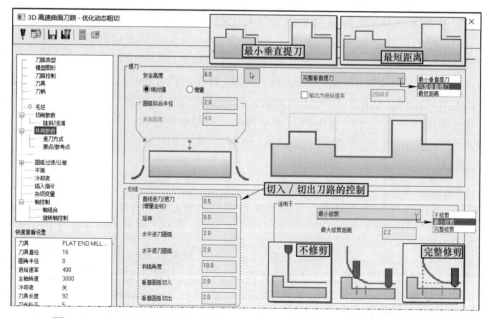

图 3-23 "3D 高速曲面刀路 - 优化动态粗切"对话框→"共同参数"选项页

（9）"进刀方式"选项页　如图 3-24 所示，其实质是下刀方式，不同选项，其参数与图解会相应变化，一般看图即会操作。

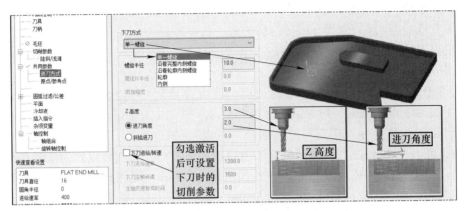

图 3-24　"3D 高速曲面刀路 - 优化动态粗切"对话框→"进刀方式"选项页

（10）"原点 / 参考点"选项页　与前述介绍基本相同。

3．生成刀具路径及路径模拟与实体仿真

"曲面粗切挖槽 - 优化动态粗切"对话框参数设置完成后，生成刀轨并进行实体仿真。若不满意，则重新激活该对话框并编辑参数，再次生成刀路并仿真，可反复进行，直至满意。刀路轨迹与实体仿真参见图 3-16。

结论：优化动态粗铣加工策略通过设置较大分层深度，再增加较小步进量的办法，实现了"粗铣 + 半精铣"的加工效果。这一结论可通过实体仿真动态观察理解，或在分层深度不变的情况下，分别观察步进量复选框是否勾选的实体仿真效果，结论显而易见。

4．优化动态粗铣加工练习

（1）基本练习　要求导入图 3-16 所示 STP 格式模型，完成该零件的优化动态粗铣加工编程工作。

练习 3-8：已知 STP 加工模型"练习 3-8.stp"，要求完成加工前准备工作并另存为"练习 3-8.mcam"，接着完成优化动态粗铣加工并另存为"练习 3-8_ 加工 .mcam"（前言二维码中配有"练习 3-8.mcam"和"练习 3-8_ 加工 .mcam"，可参照学习）。

练习步骤简述如下：

1）启动 Mastercam 2022，读入"练习 3-8.stp"。

2）参照图 3-16 及其对应的介绍完成加工前准备工作，包括：模型分析、设置毛坯、建立工件坐标系等。

3）加工编程，如下所述：

a）加工曲面与切削范围等参见图 3-16。

b）模型图形：设置壁边预留量：0.6mm，底面预留量：0.5mm。

c）刀具：从刀库中创建一把方肩铣刀 SHOULDER MILL-25（直径 25mm），并对参数进行修改，总长度：130.0mm，刀齿长度：25.0mm，激活刀尖圆角，设置为 0.8mm，其余默认。

d）毛坯：粗铣不用激活。

e）切削参数：参见图 3-21 设置，注意体会分层深度与步进量参数与刀路的关系。

f）陡斜 / 浅滩：本例采用自动设置，不用考虑。

g）共同参数：参见图 3-23 设置。

h）参考点：进 / 退刀点为（0，0，150）。

4）观察刀具轨迹与实体仿真效果，直至满意为止。

（2）拓展练习　如下所述。

练习 3-9：图 3-25 所示为某吊钩凸型，前言二维码中给出了几何模型"练习 3-9. stp"、"练习 3-9.mcam"和结果文件"练习 3-9_ 加工 .mcam"，其中"练习 3-9. mcam"已完成工件坐标系建立与毛坯创建，可直接进行练习。

调用"练习 3-9.mcam"，激活优化动态粗切加工策略，其主要设置为：刀具为 D20 平底立铣刀，加工型面如图 3-25 所示，壁边预留量：0.6mm，底面预留量：0.0，切削方式：逆铣，步进量距离：5.0mm，分层深度：6.0mm，勾选"步进量"，距离：1.0mm，最高位置：3.0mm，最低位置：-12.4mm，勾选"调整毛坯预留量"，参考点：（0，0，160）。其余参数自定，加工刀具轨迹与实体仿真如图 3-25 所示，图中给出了后续的精铣实体仿真，具体参见前言二维码中给出的结果文件"练习 3-9_ 加工 .mcam"供参考。

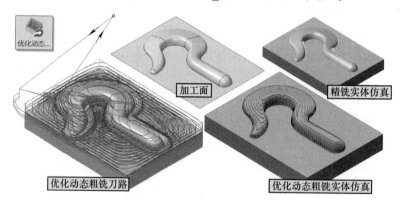

图 3-25　练习 3-9 的刀具轨迹与实体仿真

3.2.5　3D 区域粗铣加工与分析

3D"区域粗切" 粗铣加工是一种快速去除材料的粗铣加工策略，与优化动态粗铣加工同类，均属 Mastercam 2022 软件中的高速粗铣加工策略，可快速加工凹槽类与凸台类模型（如型腔与型芯等），通过"毛坯"选项"剩余材料"的设置，可实现区域粗铣残料加工，即机制工艺常说的半精铣加工。

下面通过一个示例来观察区域粗铣加工刀具轨迹的特点并进行动态实体仿真分析。图 3-26 所示为图 3-15 中练习 3-7 的加工模型，将原来的"插铣"粗加工操作更换为"区域粗铣"加工的结果。图中等视图刀路为关闭摆线方式的刀路，其对应的俯视图在右下角，右上角俯视刀路为开启摆线功能的刀路，它增加了很多圆形刀路，这就是摆线刀路。摆线刀路是典型的动态高速刀路之一，可在软件中通过刀路模拟和实体仿真等动态学习，摆线刀路可使切削过程中切削力更为均匀。下面以图 3-26 所示模型为例讨论区域铣削加工操作的创建。

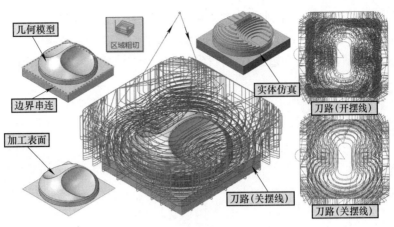

图 3-26　"区域粗铣"加工示例

1. 加工前准备

编程前的加工准备与图 3-15 基本相同，只是区域铣削的加工范围是指定一个封闭串连，如图 3-26 所示。因此，可直接调用"练习 3-7.mcam"，删除原来的插铣操作，重新创建一个"区域粗铣"加工操作。

2. 区域粗铣加工操作的创建与参数设置

加工模型参见图 3-26，具体是直接调用"练习 3-7.mcam"进行工作，前言二维码中有相应结果文件供学习参考。首先，进入铣床加工模块，设置加工毛坯，上表面留 1mm 加工余量。

单击"铣床→刀路→ 3D →粗切→区域粗切"功能按钮 ⬚，弹出"3D 高速曲面刀路 - 区域粗切"对话框，默认进入"模型图形"选项页面。这几步操作与前述"优化动态粗切"加工操作基本相同。对话框中各参数设置如下：

1）模型图形：设置页面参见图 3-17。设置加工余量，壁边与底面预留量：0.6mm，不设置避让，选择图 3-26 所示加工表面。

2）刀路类型：设置页面参见图 3-18，一般可采用默认设置。

3）刀路控制：设置页面参见图 3-19，选择图 3-26 所示的边界串连。策略：开放，补正到：外部，其余为默认。

4）刀具：从刀库中调用一把 D20 平底铣刀，参数自定。

5）毛坯：不激活。

6）切削参数：该选项是区域粗铣加工设置的主要部分，如图 3-27 所示。右上角的图解会随当前编辑的参数而变化。图中分层深度即背吃刀量 a_p，XY 步进量即侧吃刀量 a_e，两刀具切削间距保持在"距离"或"刀具直径 %"指的是超过这个值需要提刀快速移动。分层深度与 XY 步进量要相互兼顾，如分层深度大，则 XY 步进量就应该减小。"添加切削"复选项可通过最小斜插深度（即下刀深度 a_p）和最大剖切深度（横向切削距离，即侧吃刀量 a_e）控制增加切削层数量，系统默认值是最小斜插深度为刀具直径的 10%，最大剖切深度为刀具直径的 50%。调整这两个值可理解为，在最小斜插深度一定时，最大剖切深度（实际上是横向切削距离）不得大于设定值，否则就增加切削层。因此，在图中设置条件下，若减小剖切深度，则可增加切削层数量，即平坦区域会增加刀路。同理，在最大剖切深度一定的情况下，减小最小斜插深度可在陡立区域增加切削层数量。总之，减小这两个值都能够增加切削层，只是增加的区域不同。因此，若预勾选"添加切削"选项，则分层深度可选得大一点，如设置为刀具直径的 50% ～ 100%。另外，因为最大剖切深度对应横向切削距离，因此其值最大不能超过刀具直径，建议不超过刀具直径的 75%。其余参数按文字和图解提示设置即可。

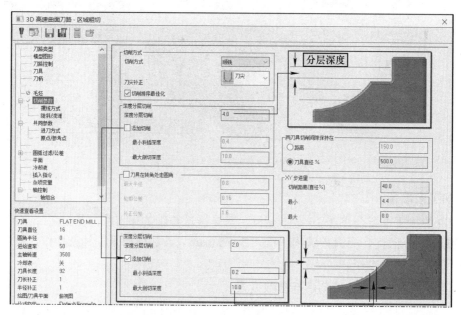

图 3-27 "3D 高速曲面刀路 - 区域粗切"对话框→"切削参数"选项页

7）摆线方式：进入"摆线方式"选项页，选中"降低刀具负载"单选项，可激活摆线方式，并可设置摆线参数，如图 3-28 所示。设置各参数时，右侧的图解会跟着编辑项变化而提示用户待设置参数的含义，图中的图解序号对应左侧的编辑项序号。

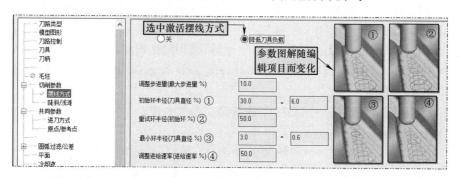

图 3-28 "3D 高速曲面刀路 - 区域粗切"对话框→"摆线方式"选项页

8）陡斜 / 浅滩：用于设置 Z 方向的切削范围，设置页面参见图 3-22，单击"检测深度"按钮可自动激活并设置最高 / 低位置，当然，也可以手工修改这两个参数。

9）共同参数：与优化动态粗切相同，参见图 3-23。

10）进刀方式：其实质是下刀方式，如图 3-29 所示，系统提供了"螺旋下刀"与"斜插下刀"两种方式，优先选择"螺旋下刀"。

11）原点 / 参考点：可自行确定。这里设置为（0，0，150）。

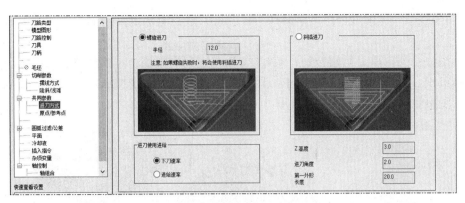

图 3-29　"3D 高速曲面刀路 - 区域粗切"对话框→"进刀方式"选项页

3．生成刀具路径及路径模拟与实体仿真

"曲面粗切挖槽 - 区域粗切"对话框参数设置完成后，生成刀轨，并进行实体仿真。按照以上设置生成的刀具轨迹与实体仿真参见图 3-26。读者可设置不同的分层深度观察刀轨的变化，体会其应用。

4．"区域粗切"半精铣加工——毛坯剩余材料加工操作

图 3-27 所示"切削参数"选项页中的切削深度为 4mm，其对应的实体仿真如图 3-26 所示，可见其加工阶梯余料较多。减少加工余料最直接的方法是将切削深度减小，如改为 2mm，但注意粗切刀路是分层切削的，其切削时间必然增加较多。现换一个思路考虑，用"区域粗切"加工策略中的"毛坯"剩余材料加工功能，看看其加工效果。具体操作如下：

1）复制图 3-26 所示的"区域粗切"操作。

2）单击新复制的操作下的参数标签 ≋ 参数，激活其"3D 高速曲面刀路 - 区域粗切"对话框，修改以下参数：

a）模型图形：重新按图 3-30 选择加工表面和避让表面，并设置加工面壁边和底面预留量为 0.3mm，避让表面的壁边预留量 0.1mm，底面预留量 0.0。

b）刀具：从刀库中调用一把 D12R2 圆角立铣刀。

c）毛坯：勾选"剩余材料"复选框，在"计算剩余毛坯依据"选项区选中"指定操作"单选项，在右上角刀具群组中选中区域粗切加工操作。

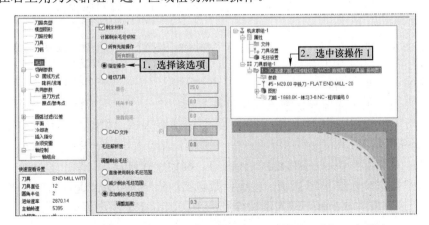

图 3-30　"3D 高速曲面刀路 - 区域粗切"对话框→"毛坯"选项页

d）切削参数：将深度分层切削修改为 1.2mm，注意其添加切削的深度参数会自动计算匹配。

其余参数不变，单击确定按钮，退出"3D 高速曲面刀路 - 区域粗切"对话框，并重新计算刀具轨迹，如图 3-31 所示。图中刀路显示其仅有一层围绕加工表面刀轨，类似于精铣刀路，显然同等条件下的加工时间更短。

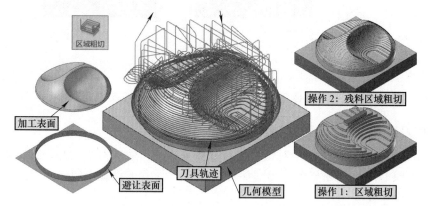

图 3-31 "残料区域粗铣"加工策略半精加工示例

拓展练习：单击"刀路模拟"按钮≋，弹出"刀路模拟"对话框，单击左上角的展开按钮▼，在展开的"信息"选项卡中可查询到某选中操作的总加工时间。基于这个功能，可查询出同等条件（切削深度、进给速度）下，图 3-31 所示的残料区域粗切加工可节省较多时间。另外，从实体仿真加工效果看，残料区域粗铣是对区域粗切加工面的进一步精细加工，是粗加工与后续精加工之间的过渡加工，所以称之为半精加工。分析结论：增加图 3-31 所示的半精加工比直接减小粗加工的切削深度效率更高，质量更好。读者可直接练习或直接调用图 3-31 的结果文件"图 3-31_半精铣"研习，文件中还包含后续的精铣加工示例。

5．区域粗铣加工练习

（1）基本练习　要求按上述介绍完成图 3-26 所示加工模型的区域粗铣加工编程。

练习 3-10：已知已完成加工前准备工作的"练习 3-7.mcam"，要求进入铣床加工模块，设置加工毛坯，参照上述介绍基于区域粗切加工策略完成该零件的粗铣和半精铣加工编程，并另存为"练习 3-10_加工 .mcam"，与前言二维码中对应文件对照检查。

练习步骤简述如下：

1）启动 Mastercam 2022，读入"练习 3-7.mcam"。进入铣床加工模块，设置立方体加工毛坯，上表面留 1mm 加工余量。

2）加工编程，如下所述：

a）模型图形：加工曲面与切削范围参见图 3-26。

b）刀路类型：边界串连区域选择图 3-26 所示边界串连，策略区选择"开放"，补正区域选择"外部"。

c）刀具：从刀库中调用一把 D20 平底铣刀，其他参数自定。

d）切削参数：参见图 3-27 设置。主要参数包括：分层深度为 4.0mm，勾选"增加切削"并设置最小斜插深度为 0.4mm，最大剖切深度为 10.0mm，XY 步进量中切削距离（直径％）为 40.0%。

e）摆线方式：分关闭和开启两种情况观察刀轨，开启设置参见图 3-28 设置。

f）陡斜 / 浅滩：不用设置或设置最高位置为 1.0mm，最低位置为 -45.0mm。

g）共同参数：参见图 3-23 自行设置。

h）进刀方式：螺旋进刀，半径为 12.0mm。

i）参考点：（0，0，150）。

3）刀具轨迹与实体仿真。图 3-26 所示刀路为关闭摆线加工，开启摆线加工刀路进一步观察刀路，联系实际加工重点体会摆线刀路的特点。

4）复制出一个上述区域粗切刀路，参照图 3-31 及其相关介绍，基于区域粗切策略中"毛坯"选项页的剩余材料加工功能，进行半精铣加工。

（2）拓展练习　如下所述。

练习 3-11：调用优化动态练习文件"练习 3-8_ 加工 .mcam"，复制一个"3D 高速刀路（优化动态粗切）"操作，快速修改出一个"3D 高速刀路（区域粗切）"操作，并与原来的"优化动态"粗切加工策略进行对比，体会其刀具轨迹与最终结果的异同点。另存为"练习 3-11_ 加工 .mcam"，与前言二维码中对应文件对照检查。

操作过程简述如下：

1）启动"练习 3-8_ 加工 .mcam"，复制出一个"3D 高速刀路（优化动态粗切）"操作成为操作 2。

2）单击新复制的操作 2 下的参数标签 ≋ 参数，激活其"3D 高速曲面刀路 - 优化动态粗切"对话框，修改以下参数：

a）刀路类型：修改为"区域粗切"加工策略。

b）切削参数：参见图 3-27 修改参数设置，深度分层切削：4.0mm，勾选"添加切削"复选框，最小斜插深度：0.4mm，最小剖切深度：12.5mm，XY 步进量，切削距离（直径 %）：40.0%。

c）摆线方式：默认是关闭的，可最后学习时临时开启，并观察摆线加工刀路，体会其特点。

d）陡斜 / 浅滩：单击"检查深度"按钮 检查深度，并将最高位置修改为 2.0mm（毛坯上表面），单击确定按钮 ✓，计算并生成刀路等，如图 3-32 所示。右图所示刀路激活了摆线加工方式，初看其特点是刀路中增加了大量圆形刀路，但动态观察可见其圆心迂回可确保切削面积变化不大，从而保证切削力变化不大，这是高速切削的需要。

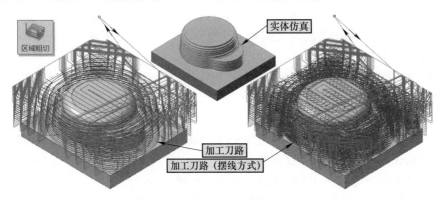

图 3-32　"区域粗切"粗铣加工示例

3.2.6 多曲面挖槽粗铣加工与分析

"多曲面挖槽" 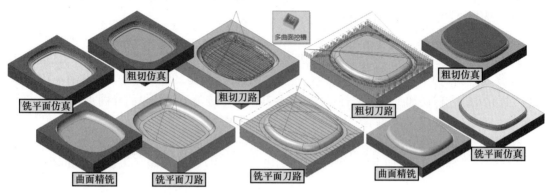粗铣加工可认为是前述的"挖槽"粗铣加工的典型应用,其对加工参数的设置在"挖槽参数"选项卡基础上做了部分简化,仅有"双向"与"单向"两种切削方式(见图 3-34),由于加工刀路以直线运动为主,加工效率较高。

图 3-33 所示为"多曲面挖槽"粗铣加工示例,与前述 3D 挖槽粗铣加工相同,可实现凹、凸型面挖槽加工。同样,它也具有"铣平面"复选框及其对应的按钮 铣平面(F)...,勾选复选框后"铣平面"按钮即可生效,这时仅对加工曲面中的平面进行铣削。

图 3-33 "多曲面挖槽"粗铣加工示例

1. 多曲面挖槽粗铣加工学习说明

前言二维码中给出了图 3-33 加工编程所需相关文件,包括:凸型模型的"图 3-33 凸.stp"、"图 3-33 凸.mcam"和"图 3-33 凸_加工.mcam"以及凹型模型的"图 3-33 凹.stp"、"图 3-33 凹.mcam"和"图 3-33 凹_加工.mcam",读者可直接打开相应文件,进行不同层次的学习。如:

1)基于 *.stp 的从基础到编程加工的全过程练习。

2)基于 *.mcam 的编程加工练习。

3)基于 *_加工.mcam 的直接观察与学习。

具体过程与前述介绍基本相同,这里不展开讲解。

2. 多曲面挖槽粗铣加工练习

这里以图 3-33 所示凸模型为例,基于"图 3-33 凸.mcam"进行编程加工练习,要求创建"多曲面挖槽粗切"加工策略的粗铣加工(操作 1),然后复制操作 1 为操作 2,将操作 2 修改为精铣平面加工。

练习 3-12:调用"图 3-33 凸.mcam",另存为"练习 3-12_加工",完成图 3-33 所示的粗切与铣平面加工。

练习步骤如下:

1)启动 Mastercam 2022,打开"图 3-33 凸.mcam",该文件已进入铣床模块,并创建了上表面留 3mm 加工余量的边界框毛坯。

2)单击"铣床→刀路→ 3D →粗切→多曲面挖槽"功能按钮 ,弹出"选择实体面、曲面或网格"操作提示,参照图 3-33 选择加工表面和切削范围,单击确定按钮,弹出"多

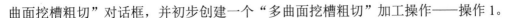

曲面挖槽粗切"对话框,并初步创建一个"多曲面挖槽粗切"加工操作——操作 1。

3)"多曲面挖槽粗切"对话框设置,如下所述:

a)"刀具参数"选项卡:从刀库中调用一把直径 25mm 的平底铣刀——SHOULDER Mill-25,这就是俗称的机夹式方肩立铣刀,设置参考点(0,0,160)。

b)"曲面参数"选项卡:加工面预留量:0.6mm,仅设置下刀位置:5.0mm(绝对坐标)。

c)"粗切参数"选线卡:Z 最大步进量:3.0mm,逆铣,勾选"由切削范围外下刀"。

d)"挖槽参数"选项卡:按图 3-34 所示设置。切削方式:双向,切削间距(直径%):50.0%,勾选"精修"选项,必要时可以设置精修的切削速度和主轴转速。

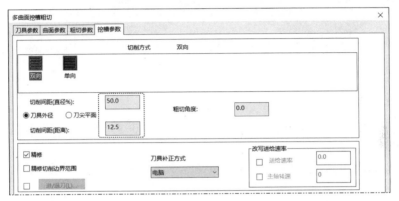

图 3-34　"多曲面挖槽粗切"对话框→"挖槽参数"选项卡

4)单击确定按钮,系统会自动进行刀路计算并显示刀路。必要时可单击"刀路"操作管理器上方的"重建全部已选择的操作"按钮 ▮▶ 等重新计算刀具轨迹。计算的刀路及其实体仿真参见图 3-33。

5)精铣平面加工——操作 2。复制上述的操作 1 为操作 2,单击操作 2 下的参数标签 ⚙ 参数,激活其"多曲面挖槽粗切"对话框,修改以下参数:

a)"曲面参数"选项卡:加工面预留量为 0.0。

b)"粗切参数"选线卡:顺铣,勾选"铣平面"复选框,激活"铣平面"按钮 铣平面(F)... ,加工参数使用默认值 0.0。

设置完成后,重复第 4 步,生成精铣平面刀路,并可进行实体仿真加工,参见图 3-33。

有兴趣的读者还可继续完成图 3-33 凹模型的编程加工练习,甚至可以将优化动态粗铣加工的模型(见图 3-16)进行"多曲面挖槽"粗铣练习。

3.2.7　投影粗铣加工与分析

"投影" 🔏 粗铣加工是指将已有的点、线、刀具路径(NCI)等投影到曲面上进行粗铣加工。图 3-35 所示为一个投影粗铣加工示例,它是将已有的一个 NCI 刀轨(2D 熔接刀轨)投影到图示加工曲面上的粗铣加工示例(加工余量 0.6mm),该模型投影粗铣前安排有铣削上平面加工,并留 0.3mm 的磨削余量。

说明:图中加工模型上的 L_1 和 L_2 曲线是上平面的边界曲线(基于"线框→曲线→单一边缘线或所有曲线边缘"提取),L_3 曲线是 L_2 曲线上移复制出的曲线,在其中心绘制了一个点 P,并由 L_3 和点 P 创建了一个螺旋切削方式的 2D 熔接刀具轨迹。然后,基于"投影"

粗切加工策略，将这个 2D 熔接刀轨投影到加工曲面上生成投影粗切加工刀轨。图中实体仿真时忽略了之前的铣平面操作。

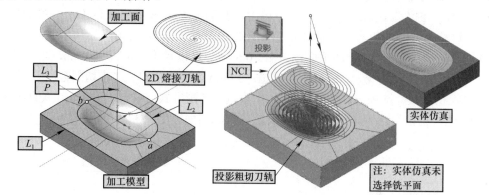

图 3-35 "投影"粗铣加工模型、刀具轨迹与实体仿真示例图解

1. 加工前准备

这里以图 3-35 所需的 STP 格式加工模型文件"图 3-35_ 模型 .stp"为例进行演示，前言二维码中有相应文件供学习参考。

首先，读入 STP 格式的模型，然后，按图 3-35 所示加工模型要求，建立工件坐标系，修改实体颜色，提取模型加工曲线 L_1 和 L_2 并修改颜色。

其次，进入铣床加工模块，创建加工毛坯，上表面留 1.5mm 加工余量。

然后，以曲线串连 L_3 和点 P 创建一个"2D 熔接"刀具路径，最大步进量取刀具直径的 40%（即 2.8mm）。注意该刀路的步进量直接影响后续投影粗切的加工效果。

2. 投影粗铣加工操作的创建与参数设置

以图 3-35 所示的投影粗铣加工为例，前言二维码中的文件"图 3-35_ 模型 .mcam"已完成平面铣（操作 1）和待投影的 2D 熔解刀轨（操作 2），练习时可直接调用该文件开始下面的工作。

（1）投影粗铣加工操作的创建　单击"铣床→刀路→ 3D →粗切→投影"功能按钮，弹出"选择工件形状"对话框，选择"凹"单选项，单击确定按钮，弹出"选择加工实体面、曲面或网格"操作提示，用鼠标依次拾取实体型面上的 6 个加工面，单击"结束选择"按钮，弹出"刀路曲面选择"对话框，可见加工面区域显示有 6 个已选择的曲面图素，是否选择干涉面对最后加工影响不大，可以不用选择，另外有一个"选择曲线"区域及一个"选择"按钮，用于曲线投影方式生成投影粗切刀路的操作，这里暂时不选。单击确定按钮，弹出"曲面粗切投影"对话框，默认进入"刀具参数"选项卡。

（2）投影粗铣加工参数设置　主要集中在"曲面粗切投影"对话框。该对话框还可单击已创建的"曲面粗切挖槽"操作下的"参数"标签参数激活并修改。

1）"刀具参数"选项卡：与前述 3D 挖槽粗切基本相同，此处从刀库中创建一把 D12R1 圆角立铣刀，参考点设置为（0，0，150），其余参数自定。

2）"曲面参数"选项卡：与前述粗切平行铣削基本相同，这里设置加工面预留量 0.6mm。可设置加工面之外的平面为干涉面，观察其与未设置干涉面是否存在差异，并思考原因。

3）"投影粗切参数"选项卡：该选项卡中的参数是投影粗铣加工自有的参数设置，如图 3-36 所示，系统提供了三种投影方式，"NCI"选项即刀具路径投影选项，选择前述创建的"2D熔接"刀具路径操作，系统会自动调用其刀具路径的NCI文件，并将其按要求投影到加工曲面上。其余参数设置按对话框标题要求进行即可。另外，还有"曲线"和"点"投影方式，可将曲线和点投影到曲面上创建加工路径。

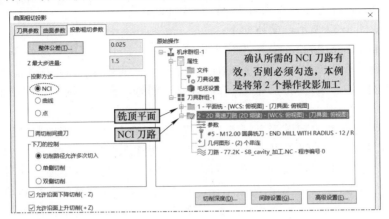

图3-36　"曲面粗切投影"对话框→"投影粗切参数"选项卡设置

3．生成刀具路径及路径模拟与实体仿真

"曲面粗切投影"对话框中参数设置完成后，生成刀轨，并进行实体仿真。若不满意，则重新激活该对话框并编辑参数，再次生成刀路并仿真，可反复进行，直至满意。生成的刀轨及加工仿真参见图3-35。

4．投影粗铣加工练习

（1）基本练习　前言二维码中给出了"练习3-13.stp"、"练习3-13.mcam"和"练习3-13_加工.mcam"，其中"练习3-13.mcam"已完成平面铣削和加工。读者可根据自己的兴趣确定是否从"练习3-13.stp"文件进入练习。这里拟从"练习3-13.mcam"开始。

练习3-13：已知"练习3-13.mcam"，要求按图3-35的形式创建一个投影粗铣加工编程。

练习步骤简述如下：

1）启动Mastercam 2022，读入"练习3-13.mcam"。

2）创建2D熔接刀路，作为投影操作。

a）首先，将曲线L_2向上移50mm复制出曲线L_3，然后，在L_3中心创建一个点P。

b）单击"铣床→刀路→2D→铣削→熔接"功能按钮▥，选择串连L_3图示a点对应点为起点，逆时针方向串连曲线和点P创建2D熔接刀路（见图3-35），熔接刀路参数：刀具任选，切削方式"螺旋"，补正方向"关"，最大步距为40%，选中"引导"单选项，间距4.8mm，即步进量为100%，壁边/底面预留量为0；共同参数中深度为0，不设参考点。创建的熔接刀路如图3-35所示。注意：本例的螺旋切削方式对L_3的串连起点选择要求不严，其他起点也可以。

3）创建投影粗铣加工操作。单击"铣床→刀路→3D→粗切→投影"功能按钮▥，选择上一步的"2D熔接刀路"创建投影粗铣加工，即"投影粗切参数"选项卡中必须选择第2步创建的2D熔接刀路的操作，参见图3-36，其余按上述要求设置即可。

4）生成刀路与实体仿真，如图3-35所示。符合要求后另存为"练习3-13_加工.mcam"，对照前言二维码中文件比较性研习。

（2）拓展练习　投影粗铣加工的关键是建立 NCI 刀路，下面以"练习 3-13_ 加工 .mcam"改变熔接刀路的形式尝试练习。

练习 3-14： 基于"练习 3-13_ 加工 .mcam"，改变 NCI 熔接刀路的形式创建一个新的投影粗铣加工方式，并另存为"练习 3-14_ 加工 .mcam"。

操作步骤如图 3-37 所示，简述如下：

1）启动 Mastercam 2022，读入"练习 3-13.mcam"，并另存为"练习 3-14.mcam"。

2）在"刀路"管理器中，关闭"3- 曲面粗切投影"（简称操作 3）刀路显示，开启"2-2D 高速刀路（2D 熔接）"（简称操作 2）刀路显示。另外，在"层别"管理器中开启 L_3 曲线的高亮显示。

3）单击操作 2 的"几何图形"标签 几何图形，弹出"串连管理"对话框，单击右键弹出快捷菜单，执行"全部重新串连"命令，弹出"串连选项"对话框，用"线框"模式"部分串连"方式，分别以 a 点为起点，b 点为终点选择左、右段部分串连，单击确定按钮，可看见选中的串连显示和列表框中的两个串连，单击确定按钮完成熔接刀路新串连的选择。

4）更新操作的刀路，可看到操作 2 的刀路与原来不同。再次单击操作 2 的"参数"标签 参数，激活"2D 高速刀路 - 熔接"对话框，修改切削参数：切削方式"双向"，选择"截断"单选项，再次更新刀路，可看见新的熔接刀路，隐藏曲线 L_3，则熔接刀路更为清晰。

5）再次开启操作 3 的刀路显示，更新操作 3 刀路，可看到新的投影刀路，进一步实体仿真，观察刀路仿真加工情况。

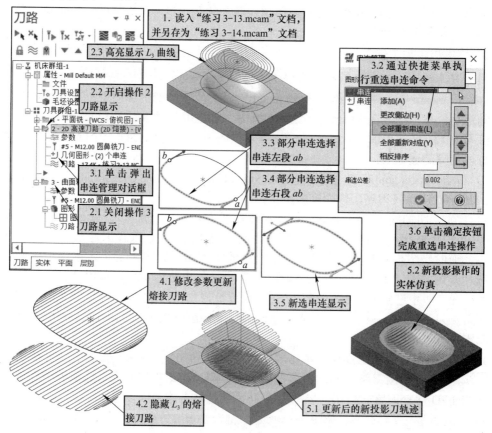

图 3-37　"练习 3-14"操作步骤图解

3.3　3D 铣削精加工及其应用分析

3.3.1　等高铣削精加工与分析

"等高" ▣铣削精加工又称等高外形精加工或等高轮廓精加工，简称等高精铣，是指刀具沿着加工模型等高分层铣削出外形（水平剖切轮廓），默认是自上而下等高分层铣削外形。对于陡峭表面的精铣，其加工精度尚可；而对于较为平坦的区域，由于等高精铣每一层的下切高度固定，其留下的余量较多，加工精度不高，限制了其精铣加工的应用。由于其刀轨属于精铣刀轨，即刀具轨迹是加工面外层表面近似等距的单层刀轨，刀轨较为简单，用于半精铣加工是不错的选择。图 3-38 所示为某等高铣削加工策略应用示例，其加工工艺为：插铣粗铣 D16 →等高半精铣 D16R2 → 2D 动态外形精铣 D16 →等距环绕精铣 BD16。

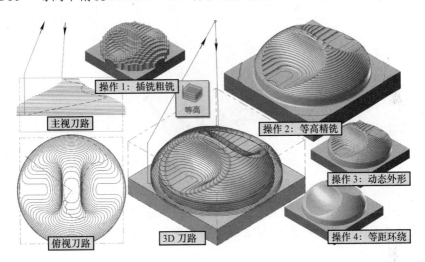

图 3-38　等高铣削加工策略应用示例

1. 加工编程前说明

图 3-38 所示的等高精铣加工示例中，操作 1 是插铣粗铣章节 3.2.3 中的练习 3-7（见图 3-15），由于其加工残料较多，且不均匀，因此安排一道半精加工——操作 2，采用 "等高" ▣精铣加工策略，刀具为 D16R2 圆角立铣刀，并留有后续的精加工余量；操作 3 采用 "动态外形" ▣加工策略精铣底面与圆柱侧立面，刀具为 D16 平底立铣刀；操作 4 为 "等距环绕" 精铣加工型面，刀具为 BD16 球头铣刀。这里仅讨论操作 2 的等高半精铣加工策略。

2. 等高铣削精加工操作的创建与参数设置

以图 3-38 示例中的等高精铣加工为例，创建方法为：单击 "铣床→刀路→ 3D →精切→等高" 功能按钮 ▣，弹出 "3D 高速曲面刀路 - 等高" 对话框，默认进入 "模型图形" 选项页面，对话框中各选项参数设置如下：

1）模型图形：主要设置加工表面和干涉表面，并设置加工预留量，与图 3-17 类似。这里选择的加工面与操作 1 的插铣加工面相同，如图 3-15 所示，未设置干涉面。加工面的预留量，壁边与底面均为 0.5mm。

2）刀路类型：一般按系统默认设置即可。3D 高速曲面精铣的 "刀路类型" 页面如

图 3-39 所示，默认有效的加工策略图标与进入的加工策略按钮有关，如本例单击"等高"功能按钮█进入，所以"等高"加工策略有效。在加工策略列表中有 11 种精铣刀路，可直接切换，同理，列表左上角的"精修"选项默认为选中状态，如选中"粗切"选项，可见下面加工策略列表框中只有两个刀路供选择，参见图 3-18。这说明 3D 高速曲面加工的刀路设置基本相同，可快速切换，利用这些特性，编程时可直接复制其中某一加工"操作"，快速实现加工编程，前面已多次用到这一方法。

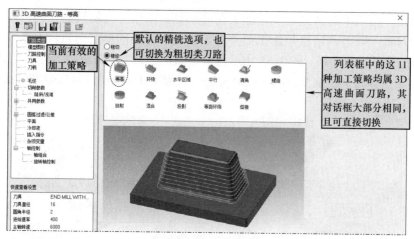

图 3-39 "3D 高速曲面刀路 - 等高"对话框→"刀路类型"选项页

3）刀路控制：与前述粗切刀路的设置页面基本相同，参见图 3-19，本例不设置边界串连，补正：外部，勾选补正距离下的"包括刀具半径"选项，其余为默认。

4）刀具：从刀库中调用一把 D16R2 圆角立式铣刀，其余参数自定。

5）毛坯：不激活。

6）切削参数：该选项是等高精铣加工设置的主要部分，如图 3-40 所示，封闭外形方向的"顺铣环切"在加工凹面和凸面时的走刀方向正好相反，"逆铣环切"亦然。切削排序默认的"最佳化"选项可控制刀具保留在某区域加工，直到该区域加工完成后再转到其他区域加工。下切区域的"下切"参数 1.6mm 相当于背吃刀量，这是基本参数，可勾选"添加切削"并设置适当参数在现有的切削深度中增加水平分层切削，兼顾陡立面与平坦面的加工，参见图 3-27。若勾选"临界深度"选项，可控制平坦区域的加工与处理。

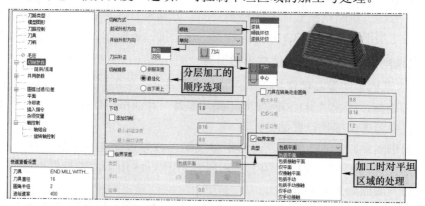

图 3-40 "3D 高速曲面刀路 - 等高"对话框→"切削参数"选项页

7）陡斜 / 浅滩：如图 3-41 所示。该选项可根据加工型面的特点和要求控制刀路，如用角度控制刀路仅加工陡峭面或浅滩面，用深度限制加工的区域，且最高 / 最低位置可以单击"检查深度"按钮先获取数值然后再调整，如图 3-41 中的最高位置按毛坯表面高度调整为1.0mm。在凸型面加工时，选择"仅接触区域"可控制不必要的空切。

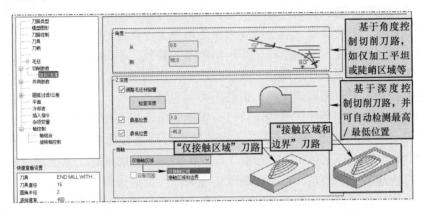

图 3-41　"3D 高速曲面刀路 - 等高"对话框→"陡斜 / 浅滩"选项页

8）共同参数：如图 3-42 所示。该共同参数主要用于切削刀路之间的过渡处理，包含的内容较多，读者应多加研习。

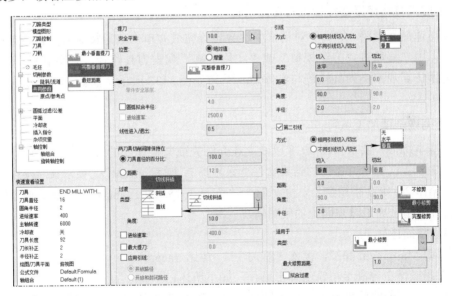

图 3-42　"3D 高速曲面刀路 - 等高"对话框→"共同参数"选项页

"提刀"选项用于控制下刀与提刀之间是否快速移动，提刀类型包括"完整垂直提刀"、"最小垂直提刀"和"最短距离"三种类型，其对应的"安全平面"高度参数是刀具横向快速移动不发生碰撞的高度。提刀和下刀与快速移动和进给加工之间可用圆弧过渡，圆弧与圆弧之间可增加适量直线，其参数设置包括"圆弧拟合半径"和"线性进入 / 退出"值。此项设置使得刀具运动简述为：快速移动→圆弧转折→直线→圆弧转折→进给切削……进给切削→圆弧转折→直线→圆弧转折→快速移动，其中过渡段"圆弧转折→直线→圆弧转折"

可独立设置进给速度。

"两刀具切削间隙保持在"选项用于控制两个切削刀轨之间的过渡是否提刀,当距离太短时就不提刀直接过渡。

"过渡"选项用于不同高度切削刀路之间的过渡方式,这段过渡刀路又称为引线,其刀路简述为:进给切削→圆弧转折→直线→圆弧转折→进给切削,引线类型有"切线斜插"、"斜插"和"直线"三种类型,这个过渡刀路还可独立设置进给速度等。最大提刀参数可设定一个数值,当引线高度大于该值时,即用简单退刀替代,不设置圆弧转折,这有助于提高加工效率。引线可应用于"开放路径"或"开放和封闭路径"。

引线切入与切出可以相同或不同,引线的类型包括"无"、"水平"、"垂直"三种,其参数包括距离、角度和半径。引线还可以设置第二组,类型和参数相同。

引线刀路还可适用于进给侧壁底面之间的转折刀路过渡修剪,包括"不修剪"、"最小修剪"和"完整修剪"三种。"不修剪"选项,刀路与轮廓平行,包括垂直→水平直接转折,这种刀路快速加工不稳定,可能出现过切现象;"完整修剪"选项刀路引用引线参数,出现了圆弧转折,使得高速切削更为平稳;"最小修剪"基于最小修剪距离参数值,当引线转折圆弧大于该值时,则不应用引线刀路。

9)原点/参考点:参考点的进入点与退出点设置与前述相同,一般均设置同一点,如本例均设置为(0,0,150)。

3. 生成刀具路径及路径模拟与实体仿真

"3D高速曲面刀路-等高"对话框中参数设置完成并单击确定按钮后,系统自动计算并生成刀轨,用户可通过"刀路模拟"或"实体仿真"观察刀具路径,直至满意。3D铣削一般采用实体仿真观察。刀具轨迹与实体仿真结果如图3-38所示,前言二维码中有相应文件供学习参考。

4. 等高铣削精加工练习

(1)基本练习 要求按图3-38以及上述介绍完成其操作2的等高铣削加工编程。

练习3-15:已知练习3-7的结果文件"练习3-7_加工.mcam",要求在"操作1:插铣"下增加"操作2:等高半精铣",并另存为"练习3-15_加工.mcam"。最后通过实体仿真观察等高铣削精铣加工时顶面上的残料情况。

练习步骤简述如下:

1)启动 Mastercam 2022,读入"练习3-7_加工.mcam"。

2)创建操作2等高半精铣的加工编程,如下所述:

a)首先,在刀路管理器中将插入图标▶移动至操作1的"1-曲面粗切钻削"后面。

b)单击"铣床→刀路→3D→精切→等高"功能按钮,开始等高半精铣加工编程操作2的"2-3D高速刀路(等高)"的创建。主要设置与参数为:加工面同插铣加工,参见图3-15,刀具为D16R2圆角铣刀;壁边/底面预留量0.5mm,切削参数"逆铣,下切:1.6mm,不勾选"添加切削",Z深度:最高/最低:1.0mm/-45.0mm,参考点:(0,0,150),其余参数参见上述介绍或自定。

3)刀具路径和实体仿真参见图3-38。练习完成后可调用前言二维码中文件"练习3-15_加工.mcam"进行比较性研习。

（2）拓展练习 以下给出一个五角星凸型几何模型，其加工工艺为：优化动态粗铣 D20 →等高铣削精铣 BD10 → 2D挖槽（平面加工）D12R1 →曲面清角精铣 BD3。前言二维码中给出了几何模型"练习 3-16.stp"、练习文件"练习 3-16.mcam"和结果文件"练习 3-16_加工.mcam"，练习文件"练习 3-16.mcam"已完成操作1的优化动态粗铣加工，试完成其操作2的等高精铣加工练习。

练习 3-16：已知某五角星凸型几何模型和已完成优化动态粗切加工的练习文件"练习 3-16.mcam"，试完成其操作2的等高精铣加工练习，并与前言二维码中的相应文件比较研习。练习步骤操作提示（见图3-43）：加工面为整个上表面，刀具为 BD10 球头铣刀，分层深度 1.0mm，不增加切削，其余自定。

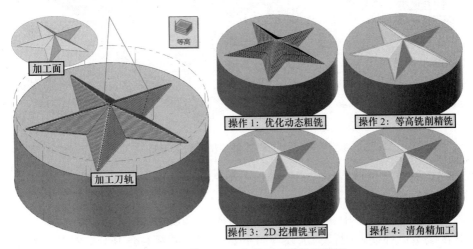

图3-43 "练习 3-16"练习步骤提示图解

提示

该模型型面没有明显的平坦表面，因此等高精铣的缺陷不显现，利用球头铣刀，仍然可以进行曲面精铣加工。

3.3.2 环绕铣削精加工与分析

"环绕"铣削精加工又称等距环绕精加工，简称环绕精铣，是在加工模型表面生成沿曲面环绕且水平面内等距的刀具轨迹加工。注意：环绕铣削精铣加工不能使用干涉面限制切削，故需选择切削范围边界串连控制刀具轨迹生成区域。图3-44所示为某环绕精铣加工示例，加工工艺为：区域粗切粗铣加工 D10R1 →环绕精铣型面 BD8。

1. 加工编程前说明

图3-44所示的环绕铣削精铣加工示例中，其操作1为区域粗切粗铣加工。这里以其操作2的环绕精铣加工为例进行讨论。

2. 环绕铣削精加工操作的创建与参数设置

以图3-44示例中的环绕铣削精铣加工为例，创建方法为：单击"铣床→刀路→ 3D →精切→环绕"功能按钮，弹出"3D 高速曲面刀路 - 环绕"对话框，对话框中各选项参数设置如下：

1）模型图形：主要设置加工表面和干涉表面，并设置加工预留量，与图3-17类似。这里选择的加工面为整个凹型面，如图3-44所示，未设置避让面（即干涉面）。加工面的预留量均为0.0。

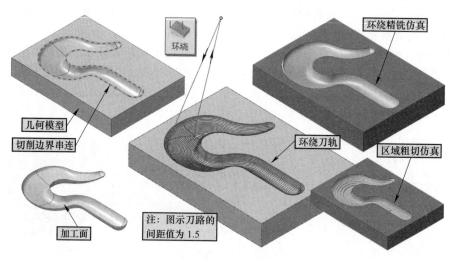

图3-44 "环绕"铣削精铣加工示例

2）刀路控制：实体模型环方式选择加工型面实体边缘线为切削范围边界串连。关闭补正，补正选择中心。

3）刀具：从刀库中调用一把BD8球头立式铣刀，其余参数自定。

4）切削参数：环绕铣削精加工设置的主要部分，如图3-45所示。该选项页中"由内而外环切"默认有效，关于"切削方式"下拉菜单里的各选项含义如下：

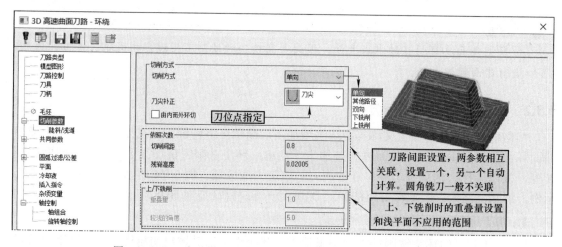

图3-45 "3D高速曲面刀路-环绕"对话框→"切削参数"选项页

单向：凹模型顺时针环绕走刀路径，逆铣；凸模型逆时针环绕走刀路径，顺铣。

其他路径：与单向正好相反。

双向：生成顺、逆时针交替的环绕走刀路径。

下铣削：在指定角度的平坦区域，执行方向向下的切入切削，即端面切削刃切入。

上铣削：在指定角度的平坦区域，执行方向向上的切入切削，即圆柱切削刃切入。

下 / 上铣削切削方式会激活下面的"重叠量"和"较浅的角度"文本框并可设置，一般采用其默认设置即可。

本示例设置为：单向，由内而外环切，切削间距为 0.8mm。

5）共同参数和原点 / 参考点：一般继承前面的粗加工设置，如本例参考点仍然为（0，0，160）。

其余参数自定。

3. 生成刀具路径及路径模拟与实体仿真

"3D 高速曲面刀路 - 环绕"对话框中参数设置完成并单击确定按钮后，系统自动计算并生成刀轨，用户可通过"刀路模拟"或"实体仿真"观察刀具路径，直至满意。3D 铣削一般采用实体仿真观察。刀具轨迹与实体仿真结果如图 3-44 所示。

4. 环绕铣削精加工练习

按图 3-44 示例要求，接着"练习 3-17.mcam"的区域铣削，练习环绕铣削精铣加工编程。前言二维码中给出了几何模型"练习 3-17.stp"、练习模型"练习 3-17.mcam"和结果模型"练习 3-17_ 加工 .mcam"供研习参考。

练习 3-17：调用"练习 3-17.mcam"，在其粗铣刀路（区域粗切操作）之后，创建环绕精铣加工操作，另存为"练习 3-17_ 加工 .mcam"，并与前言二维码中相应文件比较研习。

这里建议直接复制操作 1 为操作 2 快速建立环绕精铣加工操作。练习方法如下：

1）启动 Mastercam 2022，读入"练习 3-17.mcam"，在刀路操作管理器中可见到一个操作 1——3D 高速刀路（区域粗切）。

2）在刀路管理器中将插入图标 ▶ 移动至操作 1 下面，复制操作 1 为一个操作 2。

3）单击新复制的操作 2 中的"参数"图标 ≋ 参数，弹出"3D 高速曲面刀路 - 区域粗切"对话框，现将该对话框修改为"3D 高速曲面刀路 - 环绕"对话框，并进行相关设置。

a）刀路类型：选择"精修"单选项，并选择"环绕"加工策略。注意：此时对话框名称变更为"3D 高速曲面刀路 - 环绕"。

b）刀具：从刀库中调用一把 BD8 球头铣刀，其余参数自定。

c）切削参数：如图 3-45 所示，参数设置：单向，由内而外环切，切削间距为 0.8mm。

d）共同参数：安全平面：8.0mm，其余默认。

e）参考点：进入 / 退出点：（0，0，160）。

4）刀具路径和实体仿真参见图 3-44。练习完成后可调用前言二维码中文件"练习 3-17_ 加工 .mcam"进行比较性研习。注意：图 3-44 中的刀轨为观察清晰，将切削间距放大到 1.5mm，与切削间距 0.8mm 的刀轨会略有差异。

3.3.3　等距环绕精铣加工

"等距环绕" ▦ 铣削精加工较"环绕"精铣加工的切削参数选项的设置内容更多，更有利于高速铣削加工，图 3-46 所示为其精铣加工示例，它将图 3-44 的环绕精铣加工改为等距环绕精铣加工。总体来看，刀路相差不大，其差异表现在：首先其可以设置干涉面，其次，其刀路的转折可实现"平滑"处理。图中，放大图①为环绕刀轨，其转折处用稍长的直线过渡，刀路平稳性稍差；放大图②为等距环绕并经过平滑处理后的刀轨，可见其转折处过渡较为平顺（有较多的直线过渡），刀路平稳性好；放大图③为等距环绕未经过平滑处理的刀轨，转折处未有过渡段，刀路平稳性差，仅适用于传统加工等进给速度不高的场合。刀路转折处理，对高速切削尤为重要。总之，等距环绕更适合于现代高速切削加工的需要。

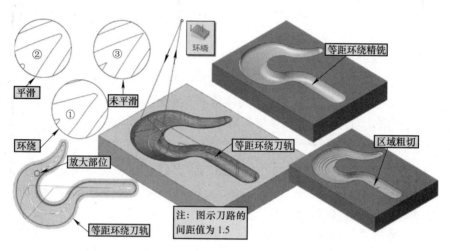

图 3-46 "等距环绕"铣削精铣加工示例

1. 加工编程前说明

图 3-46 所示的等距环绕铣削精铣加工示例，是将 3.3.2 节中环绕精铣加工示例（见图 3-44）的操作 2 修改为等距环绕精铣加工结果，因此其操作 1 仍然为区域粗切粗铣，但操作 2 为等距环绕精铣加工，加工效果基本相同。

2. 等距环绕铣削精加工操作的创建与参数设置

由于是将图 3-44 的示例修改获得，因此，编程过程如下：

1）启动 Mastercam 2022，开启图 3-44 的结果文件"图 3-44_ 加工 .mcam"。

2）单击操作 2 中的"参数"图标 ⇌ 参数，弹出"3D 高速曲面刀路 - 环绕"对话框并进行相关设置。

a）刀路类型：精修刀路列表中，选择"等距环绕"图标 ◈，切换至等距环绕加工策略。选中后可看到对话框名称更换为"3D 高速曲面刀路 - 等距环绕"。

b）切削参数：该选项是等距环绕铣削精加工设置的主要部分，如图 3-47 所示。对比图 3-45 所示的切削参数对话框，可见差异有以下几点：

① "切削样式"下拉列表中多了"顺时针环切"与"逆时针环切"两个选项，其顾名思义即可理解。

② "刀尖补正"区域多了"优化切削顺序"和"平滑"两个选项，前者多型腔加工时有意义，后者是否平滑处理参见图 3-46 中的放大图②和③。

③ "路径"区域下部多了一个"最大补正量"复选框，选中后可设置补正值，系统控制按偏置值生成部分刀路，参见图 3-48。

本示例设置参数如图 3-47 所示。

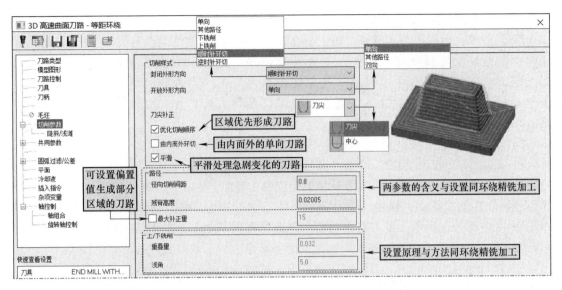

图 3-47 "3D 高速曲面刀路 - 环绕"对话框→"切削参数"选项页

其余参数与前述环绕示例相同。

3. 生成刀具路径及路径模拟与实体仿真

"3D 高速曲面刀路 - 等距环绕"对话框中参数设置完成并单击确定按钮后，系统自动计算并生成刀轨，用户可通过"刀路模拟"或"实体仿真"观察刀具路径，直至满意。3D 铣削一般采用实体仿真观察。刀具轨迹与实体仿真结果如图 3-45 所示。

4. 等距环绕铣削精加工练习

（1）基本练习 首先按图 3-47 示例要求，将练习 3-17 的结果文件"练习 3-17_ 加工 .mcam"的环绕精铣修改为等距环绕精铣加工，并另存为"练习 3-18_ 加工 .mcam"。前言二维码中给出了练习文件"练习 3-17_ 加工 .mcam"和结果文件"练习 3-18_ 加工 .mcam"供研习参考。

练习 3-18：调用"练习 3-17_ 加工 .mcam"，将其按上述介绍修改为等距环绕精铣加工，然后另存为"练习 3-18_ 加工 .mcam"，操作过程读者自行练习，这里不赘述。

完成后，再尝试通过练习理解"切削参数"中"最大补正量"的含义。勾选"切削参数"中的"最大补正量"复选框，并将其补正值设置为 15mm，确定并生成刀轨后可见其仅生成了部分的刀轨，如图 3-48 所示。

图 3-48 "切削参数"选项中补正量设置示例

（2）拓展练习 调用优化动态粗切加工的文件"练习 3-8_ 加工 .mcam"，接其后创建一个等距环绕精铣加工，并探讨相关参数的设置，优化加工刀路。

练习 3-19：调用"练习 3-8_ 加工 .mcam"并另存为"练习 3-19_ 加工 .mcam"，创建"等距环绕"精铣加工操作。主要参数设置：刀具：D16R2 圆角立铣刀，开放切削方向：单向，刀尖补正，勾选"优化切削顺序"、"由内而外环切"和"平滑"三个复选框，切削间距：1.2mm，陡斜 / 浅滩，角度：0.0°～90.0°，Z 深度：1.0～-50.0mm，参考点：（0，0，150）。

操作步骤如下：

1）启动 Mastercam 2022，读入"练习 3-8_ 加工 .mcam"。

2）在刀路管理器中将插入图标▶移动至操作 1 下面，单击"铣床→刀路→ 3D →精切→等距环绕"功能按钮，创建一个"等距环绕"加工操作。参数设置如上所示。加工刀路如图 3-49 中标号①所示。该刀路粗看整个型面都得到了加工，实体仿真效果较好，但顶平面铣削刀路的间距较小（1.2mm），如此间距势必造成加工效率低，刀具磨损较大。

3）针对标号①顶面加工刀轨较密的缺点，拟将该"等距环绕"精铣刀路做相关设置，不加工顶面，如图 3-49 中标号②的刀路，然后在后面再安排一个"多曲面挖槽"铣平面加工操作，如图 3-49 中标号③的刀路。

不加工顶面的设置方法有两种：一种方法是将"陡斜 / 浅滩"选项的角度修改为 0.1°～90.0°，即不加工水平面；另一种方法是将"陡斜 / 浅滩"选项的 Z 深度修改为 -0.1～-50.0mm，限制顶面加工（顶面 Z=0）。两种设置的刀路大致相同，均不加工顶面。

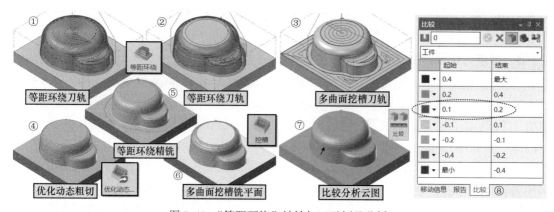

图 3-49 "等距环绕"精铣加工示例及分析

图 3-49 中的标号④～⑥分别对应加工工艺：优化动态粗切→等距环绕精铣→多曲面挖槽铣平面精铣加工仿真。

图 3-49 中标号⑦显示的是激活实体仿真后在其"Mastercam 模拟器"中的"验证→分析→比较"功能分析的结果——比较分析云图，其右侧的比较误差列表以颜色表示误差范围，分析结果显示大部分区域的加工误差在 -0.1～0.1mm 之间，仅有局部（图中箭头所指部分）加工误差在 -0.1～0.2mm 之间，因此该示例的加工方案是可行的。

3.3.4 混合铣削精加工与分析

前述的等高铣削精加工刀路，若在"深度分层切削"选项中不勾选"增加切削"选项，则刀轨是基于高度分层加工，对于浅滩曲面，刀轨的水平间距会变得较大。而环绕铣削精加工的刀轨是水平方向间距相等，碰到陡峭曲面，则分层深度会增加。"混合" 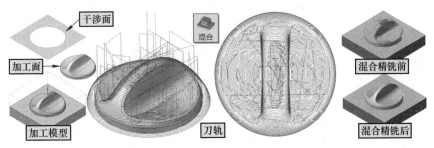铣削精加工则是这两种刀轨的组合，通过设置一个角度分界，陡峭区进行等高精铣，浅滩区进行环绕精铣，集两者的优势于一身，对于同时具有陡峭与浅滩的加工模型较为适宜，混合铣削精铣加工简称混合精铣。图 3-50 所示为一混合铣削精铣加工示例。该加工模型有明显的陡峭面和平坦面，从刀轨情况看，各加工面的刀具轨迹间距还是比较均匀的。

图 3-50　"混合"铣削精铣加工示例

1. 加工编程前说明

图 3-50 所示的加工示例，其加工工艺为：优化动态粗铣 D16R1 → 2D 挖槽铣平面 D16 →混合精铣轮廓面 BD10。图中的刀具轨迹为第 3 步的混合精铣加工刀具轨迹（包括等视图与俯视图），编程的加工模型、加工面和干涉面如图所示。

2. 混合铣削精加工操作的创建与参数设置

以图 3-50 示例中的混合精铣加工为例，前言二维码中给出了模型文件"图 3-50. stp"、已完成前期操作的练习文件"图 3-50.mcam"和结果文件"图 3-50_ 加工 .mcam"模型供学习。混合精铣加工操作的创建如下所述：

1）启动 Mastercam 2022，开启练习文件"图 3-50.mcam"。

2）在刀路管理器中将插入图标▶移动至操作 2 下面，单击"铣床→刀路→ 3D →精切→混合"功能按钮 ，创建一个"混合"加工操作。"3D 高速曲面刀路 - 混合"对话框参数设置如下：

a）刀路类型："混合"加工策略。

b）模型类型：选择图示加工表面和干涉面，加工面壁边与底面预留量均为 0.0，干涉面壁边与底面预留量均为 0.1mm.

c）刀具：从刀库中调用一把 BD10 球头铣刀。

d）切削参数：该选项是环绕铣削精加工设置的主要部分，如图 3-51 所示。其参数设置主要有"步进"区域的"Z 步进量"、"角度限制"和"3D 步进量"三项，各参数含义见图解。下面三个区域的设置可进一步优化刀路质量，且大部分选项设置时右上角图解会对应变化提示。"3D 路径"区域，勾选"保持 Z 路径"复选框，则陡峭区域按 Z 步进量值等高切削，而浅滩区则按下面对应的补正方式加工。勾选"平面检测"复选框，可控制平面区域的刀路，有三个选项，"包括平面"选项加工时包括平坦曲面，"忽略平面"选项则不加工平坦曲面，"仅平面"选项则只加工平面，并可单独设置平坦区域的步距。勾选"平滑"复选框，激活"角度"和"熔接距离"文本框，则可将尖角刀路平滑处理为平顺曲线，使得加工更平稳，特别是高速切削时尤为重要。"角度"值用于判断夹角，小于角度值的夹角即尖角；"熔接距离"用于判断两个尖角之间的距离，小于这个距离即按平顺曲线处理。

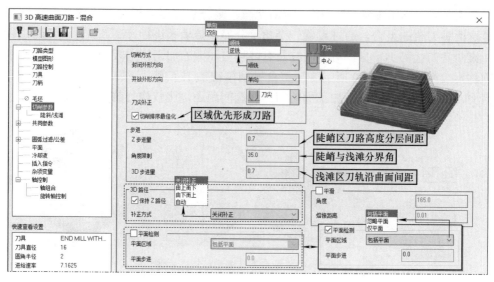

图 3-51 "混合"精铣对话框→"切削参数"选项页

e）陡斜 / 浅滩：采用自动检测的深度设定值。

f）"共同参数"和"原点 / 参考点"选项设置，一般继承前面的粗加工设置。

3. 生成刀具路径及路径模拟与实体仿真

"3D 高速曲面刀路 - 混合"对话框中参数设置完成并单击确定按钮后，系统自动计算并生成刀轨，用户可通过"刀路模拟"或"实体仿真"观察刀具路径，直至满意。3D 铣削一般采用实体仿真观察。刀具轨迹与实体仿真结果如图 3-50 所示。

4. 混合铣削精加工练习

（1）基本练习　按图 3-50 要求，完成其混合铣削精铣加工编程。该示例的加工工艺为：优化动态粗铣 D16R1 → 2D 挖槽（平面方式）精铣底面与圆柱面 D16 →混合精铣圆柱面以上的型面 BD10。前言二维码中给出了模型文件"练习 3-20.stp"、练习文件"练习 3-20.mcam"和结果文件"练习 3-20_ 加工 .mcam"，供研习参考，其中练习文件已完成第 2 步加工。

练习 3-20：读者可直接调用练习文件"练习 3-20.mcam"开始混合精铣型面加工，并另存为"练习 3-20_ 加工 .mcam"，参数设置如上所述，练习完成后可与前言二维码中结果文件比较研习（练习步骤略）。

（2）拓展练习　接着 3.2.5 节的练习 3-10，创建一个混合精铣加工操作，前言二维码中给出了练习文件"练习 3-10_ 加工 .mcam"和结果文件"练习 3-21_ 加工 .mcam"供练习时参考。注：前言二维码中的结果文件还有后续的底面与圆柱面精铣加工。

练习 3-21：已知已完成区域粗铣的文件"练习 3-10_ 加工 .mcam"，要求继续增加混合铣削精铣加工编程练习，另存为"练习 3-21_ 加工 .mcam"，并与前言二维码中相应文件比较学习。

练习步骤简述如下：

1）启动 Mastercam 2022，读入练习文件"练习 3-10_ 加工 .mcam"。

2）在刀路管理器中将插入图标 ▶ 移至操作 2 的残料区域粗铣之后，单击"铣床→刀路→ 3D →精切→混合"功能按钮，弹出"3D 高速曲面刀路 - 混合"对话框，开始混合铣削精铣加工编程练习，对话框设置如下：

a）模型图形：加工面与干涉面选择，参见图 3-52，加工面壁边与底面预留量均为 0.0，避让面壁边预留量 0.0，底面预留量 1.0mm。

b）刀具：从刀库中创建一把 BD12 球头铣刀。

c）切削参数：Z 步进量：1.2mm，角度限制：35°，3D 步进量：1.2mm，不勾选"保持 Z 路径"，但设置补正方式为"由上而下"，其余参数保持默认或自定。

d）陡斜 / 浅滩：单击"检查深度"按钮，修改最低位置为 -39.0mm。

e）共同参数：安全平面：6.0mm（绝对）。参考点与前面的操作保持一致。

3）刀具路径和实体仿真参见图 3-52。读者可与练习 3-15 的等高精铣刀具轨迹（见图 3-38）进行比较，领悟其刀路的差异及应用时的注意事项。注：图中的混合精铣实体仿真还进行了后续的底面与圆柱面的精铣加工。

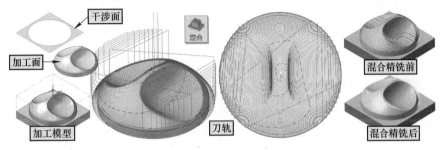

图 3-52　"练习 3-21"加工模型、刀轨与仿真

3.3.5　平行铣削精加工与分析

"平行"　铣削精加工（简称平行精铣）是在一系列间距相等的平行平面中生成一层逼近加工模型轮廓的切削刀轨的加工方法，这些平行平面垂直于 XY 平面且与 X 轴的夹角可设置。它与平行铣削粗加工的差异是深度方向（Z 向）不分层。图 3-53 所示为平行铣削精铣加工示例，其侧壁有 5° 的拔模斜度，顶面为 3D 曲面，其加工工艺为：外形粗铣 D16 → 平行粗铣 D10R2 → 等距环绕精铣 D12R1 → 平行精铣 BD10。工艺简析如下：操作 1 粗铣外形，壁边与底面预留量 0.0，锥度斜度 2°，目的是在保证操作 1 圆角铣刀可对侧壁下部进行铣削的同时向上又有一定的精加工余量；操作 2 平行粗铣主要是为了粗铣顶面；操作 3 等距环绕精铣主要是铣削侧壁 5° 的曲面；操作 4 平行精铣顶部曲面。本节仅讨论平行精铣加工操作。

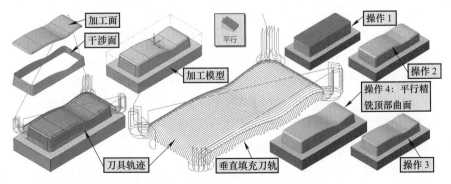

图 3-53　"平行"铣削精铣加工示例

1．加工编程前说明

图 3-53 中的加工模型，工件坐标系建立在模型边界框上表面几何中心，便于工件加工找正对刀，毛坯上表面再留 2mm 加工余量，该工件坐标系的建立方法是：首先基于"线框→形状→边界框" 功能建立边界框线，然后在上表面绘制一条辅助对角线，再基于"转换→位置→移动到原点" 功能捕捉对角线中点建立工件坐标系。前言二维码中给出了几何模型"图3-53.stp"、练习文件"图 3-53.mcam"和结果文件"图 3-53_加工 .mcam"，读者可从基础的几何模型入手全程练习，也可以直接从练习文件进入，直接开始平行精铣加工操作。

2．平行铣削精加工操作的创建与参数设置

以图 3-53 示例中的平行精铣加工为例，练习步骤简述如下：

1）启动 Mastercam 2022，读入练习文件"图 3-53.mcam"。

2）在刀路管理器中调整插入图标 ▶ 在操作 3 之后，单击"铣床→刀路→3D→精切→平行"功能按钮，弹出"3D 高速曲面刀路 - 平行"对话框，开始"平行"铣削精铣加工编程练习，对话框设置如下：

a）模型图形：按图 3-53 所示，选择加工面，壁边与底面预留量为 0.0；再选择避让面，设置壁边预留量为 0.0，底面预留量为 0.1mm。

b）刀具：从刀库中创建一把 BD10 球头铣刀。

c）切削参数：该选项是平行铣削精加工设置的主要部分，如图 3-54 所示。该选项卡中切削方式的 5 个选项与环绕精铣加工类似，勾选"垂直填充"复选框可产生附加的垂直填充刀轨。

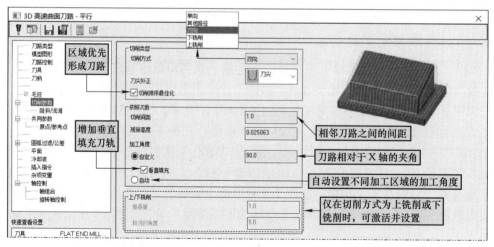

图 3-54 "3D 高速曲面刀路 - 平行"对话框→"切削参数"选项页

d）陡斜 / 浅滩：单击"检查深度"按钮，修改最低位置为 -39.0mm。

e）共同参数：安全平面：6.0mm（绝对），引线区域的方式为单选项"不同引线切入 /切出"，切入：水平，半径 5.0mm，切出：水平，半径 2.0mm，其余参数默认。

f）参考点：与前面的操作保持一致，设为（0，0，100）。

3．生成刀具路径及路径模拟与实体仿真

"3D 高速曲面刀路 - 平行"对话框中参数设置完成并单击确定按钮后，系统自动计算并生成刀轨，用户可通过"刀路模拟"或"实体仿真"观察刀具路径，直至满意。3D 铣削一般采用实体仿真观察。刀具轨迹与实体仿真结果如图 3-53 所示。

4．平行铣削精加工练习

按图 3-54 要求，参照上述介绍，完成其平行精铣加工练习。

练习 3-22：直接开启练习文件"练习 3-22.mcam"，另存为文件"练习 3-22_加工.mcam"，按上述要求完成平行精铣加工操作，并与前言二维码中的结果文件"练习 3-22_加工.mcam"比较研习（练习步骤略）。

3.3.6　水平区域铣削精加工与分析

"水平区域" 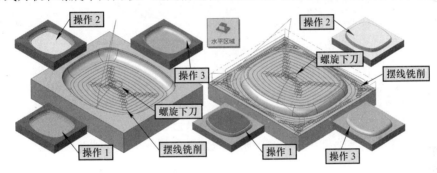 铣削精加工简称水平精铣，可在加工曲面中的每个水平平面区域创建加工刀轨进行切削加工。前述的挖槽铣削粗加工与多曲面挖槽粗加工策略中也有这种刀路，但观察这两个加工策略的参数设置对话框就可以发现，前述粗切加工策略是传统的对话框，而这里的水平区域精铣加工策略的对话框是新的高速切削加工对话框，其参数设置能更好地适应现代高速切削加工，如可设置摆线加工、螺旋 / 斜插下刀等。图 3-55 所示为图 3-3 所示模型挖槽粗铣加工后，增设水平区域精铣刀路加工平面的水平精铣加工示例，图示刀轨显示了摆线方式刀轨和螺旋下刀刀轨，这是前述粗切加工策略铣平面不能实现的高速切削刀轨。

图 3-55　"水平"铣削精加工示例

1．加工编程前说明

图 3-55 所示水平精铣加工示例的加工工艺分别为：

凹型：挖槽粗铣→水平区域精铣平面→环绕精铣曲面。

凸型：挖槽粗铣→水平区域精铣平面→熔接精铣曲面。

前言二维码中给出了练习文件和结果文件"图 3-55 凹 .mcam"和"图 3-55 凹_加工.mcam"以及"图 3-55 凸 .mcam"和"图 3-55 凸_加工 .mcam"供研习。

> **注意**
>
> 读到这里，细心的读者可能会发现，同一个加工模型，其加工工艺有多种，这是正常现象，同时也提示读者，要想学好数控加工编程，必须注重自身数控加工工艺、数控刀具、数控机床基本操作等知识的积淀。

2．水平铣削精加工操作的创建与参数设置

以图 3-55 示例中右侧凸模型的水平精铣加工为例进行介绍，前言二维码中有相应文件供学习参考。

1）启动 Mastercam 2022，开启练习文件"图 3-55 凸 .mcam"。

2）在刀路管理器中确认插入图标 ▶ 在操作 1 之后，单击"铣床→刀路→ 3D →精切→水平区域"功能按钮 🔧，弹出"3D 高速曲面刀路 - 水平区域"对话框，开始"水平区域"铣削精铣加工编程练习，对话框设置如下：

a）模型图形：加工面选择同前述挖槽加工，壁边与底面预留量：0.0，不选择避让面。

b）刀具：操作 1 挖槽的 D16 平底立铣刀。

c）切削参数：该选项是水平铣削精铣加工设置的主要部分，如图 3-56 所示，该对话框设置较为简单，此处不赘述。

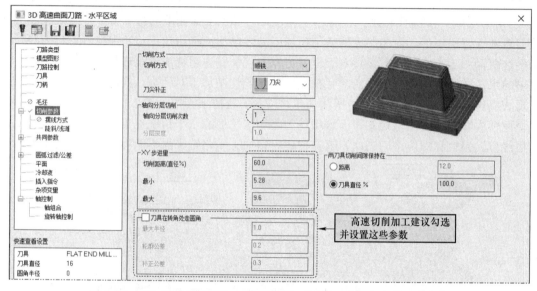

图 3-56 "3D 高速曲面刀路 - 水平区域"对话框→"切削参数"选项页

d）摆线方式：复杂形状、高速铣削加工模型的选项，水平精铣加工一般可以不设置。图 3-55 所示的刀路为摆线刀路，读者可设置无摆线的刀路观察比较。

e）进刀方式：包含"螺旋下刀"与"斜插下刀"两个选项，螺旋下刀更为平稳而常用，加工区域不够时可以考虑选择斜插下刀。

f）共同参数和参考点设置，这里不赘述，读者可自行设置。

3. 生成刀具路径及路径模拟与实体仿真

"3D 高速曲面刀路 - 水平区域"对话框中参数设置完成并单击确定按钮后，系统自动计算并生成刀轨，用户可通过"刀路模拟"或"实体仿真"观察刀具路径，直至满意。3D 铣削一般采用实体仿真观察。刀具轨迹与实体仿真结果如图 3-55 所示。

4. 平行铣削精加工练习

本例不单独安排练习，读者可自行参照上述介绍学习，并建议多与前述的粗铣加工策略中的铣平面刀路进行比较，找出其差异点。另外注意，结果文件中包括操作 3 的精铣加工。

3.3.7 放射铣削精加工与分析

"放射" 🔧 铣削精加工又称放射状精加工，简称放射精铣，是以指定点为中心沿加工曲面径向生成放射状刀轨的精加工。从刀轨俯视图可见，它可认为是水平面内的放射状刀轨投影到曲面后形成的刀轨，特别适合于圆形或近似圆形表面的加工。图 3-57 所示为放射铣削精加工示例。放射铣削的刀轨是以指定中心点径向直线发射的刀具轨迹，外部范围可以自然获得，另外因切削范围曲线、干涉面等限制，使其刀轨除了图示的圆形区域外，还可设置为环形、扇形或非圆形外形等。放射刀轨的不足之处是随着径向尺寸的增加，周向的轨迹间距会增加，因此径向尺寸差异较大时，考虑到最远点的要求，紧靠中心部位的周向间距太小。因此前述放射精铣适合于圆形表面的加工，而较大径向尺寸表面加工时，还可将加工面分为中间的圆形和若干环形等进行加工。关于应用技巧，这里不展开讨论。

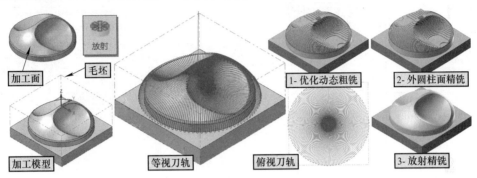

图 3-57　"放射"铣削精加工示例

1．加工编程前说明

图 3-57 所示的放射铣削精加工示例中，加工模型前面已经用到多次，现假设其加工工艺为：优化动态粗铣 D16 → 外形侧圆柱面精铣 D16 → 放射精铣曲面 BD12。因此，要进行放射铣削精加工练习，必须首先完成前面两步加工的准备，这里直接以第 3 步的放射铣削精加工为例进行介绍。前言二维码中给出了练习文件"图 3-57.mcam"和结果文件"图 3-57_加工 .mcam"供练习。

2．放射铣削精加工操作的创建与参数设置

以图 3-57 示例中的放射铣削精加工为例，前言二维码中有相应文件供学习参考，操作过程如下：

1）启动 Mastercam 2022，开启练习文件"图 3-57.mcam"。

2）在刀路管理器中确认插入图标 ▶ 在操作 2 之后，单击"铣床→刀路→ 3D →精切→放射"功能按钮 ⚙，弹出"3D 高速曲面刀路 - 放射"对话框，开始"放射"铣削精加工编程练习，对话框设置如下：

a）模型图形：参照图 3-57 提示选择实体模型相应的加工面，壁边与底面预留量：0.0，不选择避让面。

b）刀具：从刀库中创建一把 BD12 球头铣刀。

c）切削参数：放射铣削精加工设置的主要部分，如图 3-58 所示，切削方向：双向，间距：2.2mm（此时可见加工误差约 0.1mm），其余自定。

d）陡斜 / 浅滩：单击"检查深度"按钮，修改最高位置为 1.0mm，最低位置为 -40.0mm。

e）共同参数：安全平面：6.0mm（绝对），两刀具切削间隙保持在区域设置距离为4.0mm，过渡类型为"平滑"，其余参数为默认。

f）参考点：与前面的操作保持一致。

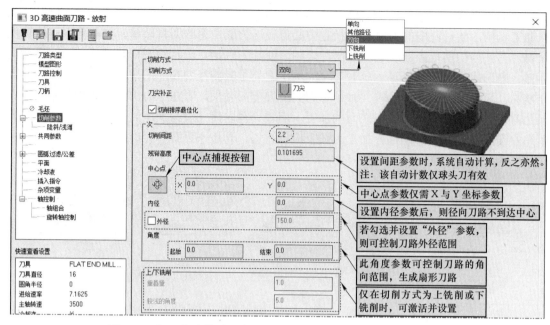

图 3-58 "3D 高速曲面刀路 - 放射"对话框→"切削参数"选项页

3．生成刀具路径及路径模拟与实体仿真

"3D 高速曲面刀路 - 放射"对话框中参数设置完成并单击确定按钮，系统自动计算并生成刀轨，用户可通过"刀路模拟"或"实体仿真"观察刀具路径，直至满意，3D 铣削一般采用实体仿真观察。刀具轨迹与实体仿真结果如图 3-57 所示。

4．放射铣削精加工练习

（1）基本练习 要求按图 3-57 示例，进行放射铣削精加工编程练习。

练习 3-23： 已知练习文件"练习 3-23.mcam"已完成前两步的优化动态粗铣和外形侧圆柱面精铣加工，要求按上述介绍完成放射铣削精加工练习，另存为"练习 3-23_ 加工 .mcam"，并与前言二维码中相应文件比较学习（练习步骤略）。

（2）拓展练习 以图 3-59 所示加工模型为例，加工工艺为：优化动态粗铣 D20 →外形铣削进行柱面 D20 →放射精铣上部曲面 D16R2。前言二维码中给出了模型文件"练习 3-24.stp"、练习文件"练习 3-24.mcam"和结果文件"练习 3-24_ 加工 .mcam"供研习参考。

练习 3-24： 图 3-59 所示加工示例，已知的练习文件"练习 3-24.mcam"已完成优化动态粗铣和椭圆柱面的精铣加工，要求创建放射精铣加工，另存为"练习 3-24_ 加工 .mcam"，并与前言二维码中相应文件比较研习。

练习要求简述如下：启动 Mastercam 2022，开启练习文件"练习 3-24.mcam"，创建放射铣削精加工，其"3D 高速曲面刀路 - 放射"对话框设置如下：

a）模型图形：参照图 3-59 所示选择实体模型相应的加工面，壁边与底面预留量：0.0，不选择避让面。

b）刀具：从刀库中创建一把 D12R2 圆角立铣刀。

c）切削参数：参照图 3-58 进行参数设置，切削方式：双向方向：双向，间距 3.0mm。其余参数自定，加工刀轨和实体仿真如图 3-59 所示。

结果分析：图示练习中未设置放射加工外径参数，未设置切削范围边界串连，但刀轨自动形成适合曲面的椭圆形状。在高度方向，由于椭圆侧壁较高，因此陡斜 / 浅滩选项页中也未设置 Z 深度。但要提醒的是，由刀轨俯视图可见，长轴方向刀轨的间距大于短轴方向的间距，因此，放射加工策略尽量不要用于长宽比较大的零件加工。

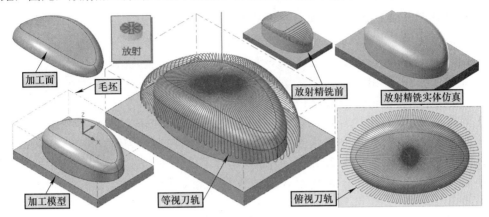

图 3-59　"练习 3-24"的刀轨与加工仿真示例

3.3.8　螺旋铣削精加工与分析

"螺旋" 铣削精加工简称螺旋精铣，是以指定的点为中心生成的螺旋线投影到加工曲面上生成的精加工刀轨。螺旋精铣可认为是等高精铣的孪生加工策略，等高精铣是沿 Z 方向等距分层生成 XY 平面的轮廓切削，而螺旋精铣是 XY 平面等距分层的轮廓切削，因此，其优缺点及其注意事项有一定对应，读者可细心体会。

图 3-60 给出了两个螺旋铣削精加工示例，其几何模型分别在前述图 3-15 和图 3-35 中出现过。

图 3-60 左图是将图 3-57 示例中的放射加工策略更改为螺旋加工策略的示例，刀轨俯视图显示刀路在 XY 平面是一条间距固定的螺旋线，这种刀路投影到 3D 模型加工面上时，陡斜面上的导轨间距会增加，如图中虚线圈出和箭头所指的部位，实体仿真及其误差比较云图也显示出这个问题，这一点在应用螺旋加工策略时要引起注意。

图 3-60 右图所示加工模型如图 3-35 所示，图中仅显示了其加工面及其刀轨，为限制刀轨范围，编程时设置了切削范围边界串连，同时设置了避让面（加工面之外的平面，图中未示出），由于该图较为平坦，实体加工仿真显示其加工效果较好。注意：由于该示例的加工模型表面为非圆形，因此出现了较多的提刀过渡，这是该螺旋加工策略的不足之处。

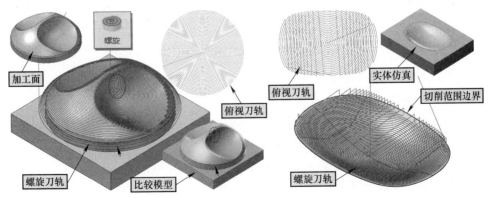

图 3-60　"螺旋"精铣加工示例

1. 加工编程前说明

这里以图 3-60 左图所示模型为例，直接调用图 3-57 示例文件，修改放射加工为螺旋加工完成。其加工工艺为：优化动态粗铣 D16 → 外形侧圆柱面精铣 D16 → 螺旋精铣曲面 BD12。

2. 螺旋铣削精加工操作的创建与参数设置

图 3-60 左图加工示例，前言二维码中有相应文件供学习参考。操作过程如下：

1）启动 Mastercam 2022，开启练习文件"图 3-57_ 加工 .mcam"。

2）单击操作 3——3D 高速刀路（放射）操作下的"参数"图标 ≋ 参数，弹出"3D 高速曲面刀路 - 放射"对话框，修改相关设置如下：

a）刀路类型：切换至"刀路类型"选项页，在单选项"精修"有效的情况下，选择"螺旋" 🔘 加工策略图标，可看到对话框名称切换至"3D 高速曲面刀路 - 螺旋"，同时，对话框左侧参数变更为螺旋加工对应的参数项目。

b）模型图形：参照图 3-60 提示选择实体模型相应的加工面，壁边与底面预留量：0.0，不选择避让面。

c）刀具：仍然采用放射加工的刀具——BD12 球头铣刀。

d）切削参数：螺旋铣削精加工设置的主要部分，如图 3-61 所示，该参数设置与放射较为接近，此处不赘述。

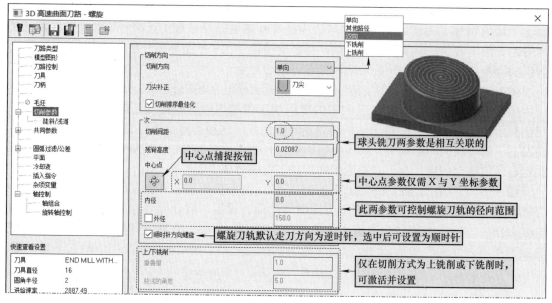

图 3-61 "3D 高速曲面刀路 - 螺旋"对话框→"切削参数"选项页

e）陡斜 / 浅滩、共同参数和参考点：一般采用前面操作的设置。

3. 生成刀具路径及路径模拟与实体仿真

"3D 高速曲面刀路 - 螺旋"对话框中参数设置完成并确定后，系统自动计算并生成刀轨，用户可通过"刀路模拟"或"实体仿真"观察刀具路径，直至满意，3D 铣削一般采用实体仿真观察。刀具轨迹与实体仿真结果如图 3-60 左图所示。

图 3-60 中的"比较模型"云图是在激活实体仿真后在其"Mastercam 模拟器"中的"验证→分析→比较" ▦ 功能分析的结果——比较分析云图。

4．螺旋铣削精加工练习

要求按图 3-60 左图图示要求，进行螺旋铣削精加工编程练习。

练习 3-25： 已知练习文件"图 3-57_ 加工 .mcam"要求按上述讨论将操作 3 的放射加工更改为螺旋操作，并另存为"图 3-60-1_ 加工 .mcam"，并与前言二维码中相应文件比较学习（练习步骤略）。

3.3.9　熔接铣削精加工与分析

"熔接" 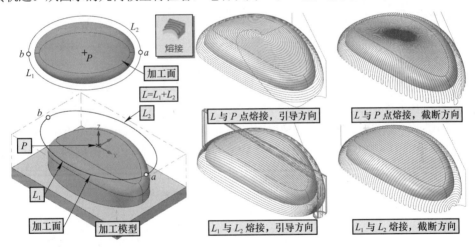 铣削精加工在两个串连曲线之间创建一个熔接刀具路径，并投影至指定的加工曲面生成 3D 熔接精加工刀轨。注意，两个熔接串连曲线可以是封闭嵌套或开放曲线，甚至其中的一个串连曲线可以是一个点。串连曲线可以在同一平面内，也可以在不同平面内。串连曲线的选择顺序、位置和方向直接控制刀具轨迹的开始与切削方向等。学习本节内容必须熟悉 2.3.4 节介绍的 2D 熔接铣削加工的知识。图 3-62 所示为熔接铣削精加工示例，创建熔接串连曲线有两组：一组是 L_1 和 L_2（图中左上角所示，加工面边缘线外偏置一个刀具半径）；另一组是 L 和 P 点，串连 L 包含 L_1 和 L_2，选取串连时，a 为起点，b 为终点，或 a 点为起点顺时针方向。形成的熔接刀轨有引导方向与截断方向，因此，图中列出了 4 种熔接铣削精铣加工刀具轨迹。从图示的几何模型特征看，笔者认为 L 和 P 点生成的加工轨迹效果更好。

图 3-62　"熔接"铣削精加工示例

1．加工前准备

加工模型参见图 3-62。加工工艺为：优化动态粗铣 D20 → 外形柱面精铣 D20 → 熔接曲面精铣 BD12。

2．熔接精铣加工操作的创建与参数设置

以图 3-62 所示的"L 与 P 点熔接，引导方向"形成熔接曲线的熔接精铣加工为例（左上方刀路），前言二维码中给出了几何模型"图 3-62.stp"、练习文件"图 3-62.mcam"和结果文件"图 3-62_ 加工 .mcam"供练习，练习步骤简述如下：

1）启动 Mastercam 2022，读入练习文件"图 3-62.mcam"。

2）在刀路管理器中确认插入图标▶在操作 2 之后，单击"铣床→刀路→ 3D →精切→熔接"功能按钮，弹出"3D 高速曲面刀路 - 熔接"对话框，开始"熔接"铣削精加工编程练习，对话框设置如下：

a）刀路类型：选择"精修"单选项及"熔接"加工策略。

b）模型图形：参照图 3-62 提示选择实体模型上的加工面，壁边与底面预留量：0.0，不选择避让面。

c）刀路控制：如图 3-63 所示，大部分设置前文已介绍，注意图中虚线框处"曲线"选项部分即熔接边界曲线选择部分，单击选择按钮，弹出"串连选择"对话框，曲线模式、串连方式选择曲线 L 和点 P。

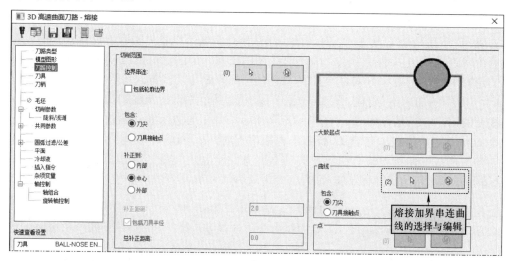

图 3-63 "3D 高速曲面刀路 - 熔接"对话框→"刀路控制"选项页

d）刀具：从刀库中调用一把 BD12 球头铣刀。

e）切削参数：如图 3-64 所示，切削方式：单向，步进量：2.0mm，熔接投影方式：截断、引导。对话框中 8 种切削方式与引导及截断两种投影方式可组合出较多的刀路方案，读者可多加研习。下部的"压平串连"主要用于加工精度的设置。

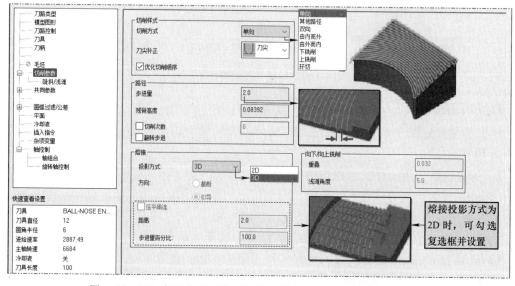

图 3-64 "3D 高速曲面刀路 - 熔接"对话框→"切削参数"选项页

f）陡斜 / 浅滩、共同参数和参考点：一般采用前述操作的设置。

3. 生成刀具路径及路径模拟与实体仿真

"3D 高速曲面刀路 - 熔接"对话框中参数设置完成后，生成刀轨，并进行实体仿真。若不满意，可重新激活该对话框并编辑参数，再次生成刀路并仿真，可反复进行，直至满意。加工轨迹如图 3-63 所示。

4. 熔接铣削精加工练习

（1）基本练习　要求按图 3-62 示例的要求，进行熔接精铣加工编程练习。

练习 3-26：已知练习文件"练习 3-26.mcam"，已完成优化动态粗铣和外形柱面精铣加工，现要求继续完成图 3-62 所示熔接精铣加工练习——"L 与 P 点熔接，引导方向"，另存为"练习 3-26_ 加工 .mcam"，并与前言二维码中相应文件比较学习（练习步骤略）。

（2）拓展练习　基于图 3-3 凸型加工模型，应用一把平底立铣刀完成其加工，前言二维码中给出了几何模型"练习 3-27.stp"、练习文件"练习 3-27.mcam"和结果文件"练习 3-27_ 加工 .mcam"，读者可从基础的几何模型入手全程练习，也可以从练习文件进入（已完成毛坯等设置）。

练习 3-27：已知加工模型"练习 3-27.mcam"，要求应用一把直径 25mm 的机夹式方肩立式铣刀完成该模型数控加工，加工工艺为：挖槽粗铣→挖槽精铣平面→熔接精铣曲面。图 3-65 给出了熔接精铣加工图解。

练习提示：

（1）操作 1：曲面挖槽粗切　加工余量：0.6mm，Z 最大步距：4.0mm，切削间距（直径 %）：50.0%，切削方式：平行环切，参考点：（0，0，160）。

（2）操作 2：挖槽粗切——铣平面　复制操作 1，切换至"粗切参数"选项卡，勾选"铣平面"复选框，加工余量：0.0，参考点同上。

（3）操作 3：熔接精铣曲面　参照图 3-62，选择加工面和熔接串连曲线，注意串连的起点与方向尽可能相同。加工余量：0.0，步进量：3.0mm，投影方式：2D，方向：截断，参考点同上。

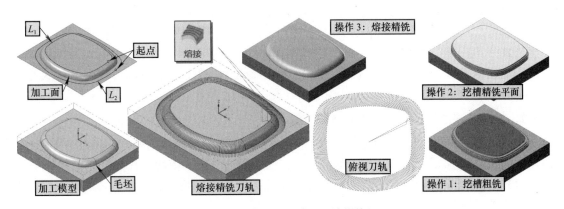

图 3-65　练习 3-27 加工示例图解

提示

图 3-65 示例中,仅用一把平底铣刀就完成了包括曲面精铣在内的全部加工。注意采用操作 3 所示刀具移动方向进行切削与球头铣刀切削异曲同工。

3.3.10 投影铣削精加工与分析

"投影" 铣削精加工与投影铣削粗加工的原理基本相同,只是这里投影出的是精铣刀轨,即只有一层沿曲面移动的刀轨。图 3-66 所示为前述投影粗铣示例(图 3-35)增加了两个投影精铣刀路的示例,其加工工艺为:平面铣 D50(留磨削余量 0.3mm)→ 2D 熔接刀路(投影用刀路,步进量 4.8mm,不加工)→ 投影粗铣 D12R1(操作 2 的 NCI 投影)→ 2D 熔接刀路(复制操作 2 获得,步进量 1.2mm)→ 投影精铣曲面 BD12(操作 4 的 NCI 投影)→ 投影精铣刻字(NHU 字母曲线的投影)。其中前三个操作是图 3-35 粗铣投影示例的刀路。此处增加了两个投影精铣加工练习:一个是将操作 2 的 2D 熔接刀路复制出一个操作 4,并将其切削间距修改为 1.2mm,用作操作 5 的投影精铣加工刀路 NCI,对中间的曲面进行精铣加工;另外一个是曲线投影精铣刻字练习,将字母 NHU 作为曲线,投影到操作 5 的精铣曲面表面上。这种曲线投影加工编程,在塑料模具的流道加工中应用效果较好。

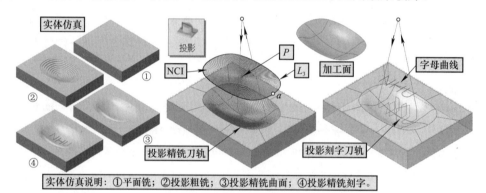

图 3-66 "投影"精铣加工示例

1. 加工前准备

直接调用 3.2.7 节的投影粗铣文件,将插入图标 ▶ 移动至最后(即操作 3 之后),然后复制操作 2,选中插图图标 ▶,单击右键粘贴,获得操作 4,单击其操作图标 ≋ 参数,弹出 "2D 高速刀路 - 熔接" 对话框,在 "切削参数" 选项页修改最大步进量为 1.2mm。另外,在适当深度适当位置创建适当大小的投影字母曲线 NHU,字体为单线字体样式 OLF SimpleSansCJK OC。

2. 投影精铣加工操作的创建与参数设置

(1)投影精铣曲面加工的创建 该操作是基于上述复制并修改的操作 4 的刀路文件 NCI 创建的投影精铣加工,即操作 5。单击 "铣床→刀路→ 3D →精切→投影" 功能按钮 🔲,弹出 "3D 高速曲面刀路 - 投影" 对话框,默认进入 "模型图形" 选项页面,对话框中各选项页参数设置如下:

1)模型图形:在实体模型上选择图 3-66 所示加工表面,并设置壁边与底面预留量为 0.0。

2）刀具：从刀库中调用一把 BD12 球头铣刀，切削参数等自定。

3）切削参数：如图 3-67 所示，该选项是投影铣削精加工设置的主要部分，投影方式选择了"NCI"单选项，则右上角可选择某一个加工操作，系统自动调用该操作的 NCI 文件。这里"轴向分层切削次数"取 1，即只生成一层投影精铣刀轨。

4）共同参数：安全平面：6.0mm，引线选项区，将引线切入 / 切出类型设置为：垂直，其余默认。

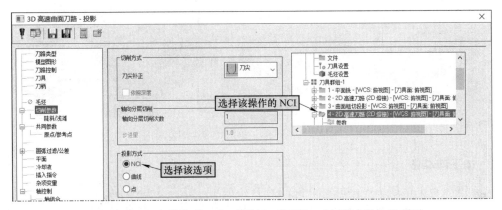

图 3-67　"3D 高速曲面刀路 - 投影"对话框→"切削参数"选项页

5）原点 / 参考点：一般继承前面的设置，即参考点为（0，0，150）。

设置完成后的刀具路径如图 3-66 所示的"投影精铣刀轨"所示。

（2）投影精铣刻字加工的创建　与投影精铣曲面基本相同，"3D 高速曲面刀路 - 投影"对话框设置简述如下：

1）模型图形：加工表面选择相同，但预留量设置不同，壁边预留量：0.0，底面预留量：-0.4mm（负值表示切入表面）。

2）刀路控制：设置画面略，在对话框右下角"曲线"选项区，单击选择按钮 ⌖，选择字母曲线（提示：可单独逐线选择，曲线较多时也可窗选）。

3）刀具：创建一把锥度铣刀，刀尖直径 1.0mm，角度 15°，总长 60mm，"角落"类型，圆鼻刀，半径 0.1mm，导杆直径 6mm，其余参数等自定。

4）切削参数：设置画面略，投影方式：曲线，轴向分层切削次数：1。

5）安全平面：6.0mm，引线选项区，将切入 / 切出类型设置为：垂直，半径：0.0。

参考点设置同上，设置完成后的刀路如图 3-66 所示的"投影刻字刀轨"所示。

3. 生成刀具路径及路径模拟与实体仿真

以上两投影精铣设置完成后，可进行刀具路径的"实体仿真"，直至满意，图 3-66 左侧显示了主要操作的实体仿真，供研习参考。

4. 投影铣削精加工练习

要求按图 3-66 示例的要求，进行投影精铣加工编程练习。

练习 3-28：已知练习文件"练习 3-13_加工 .mcam"，已完成平面铣和投影粗铣加工，现要求按图 3-66 示例及其上述的参数设置，完成曲面投影精铣加工和投影精铣刻字加工，并另存为"练习 3-28_加工 .mcam"，其练习结果可与前言二维码中相应文件比较学习（练习步骤略）。

3.3.11 流线铣削精加工与分析

"流线"铣削精加工指刀具沿着加工曲面的流线方向或截断方向移动的切削加工。图 3-68 所示为典型的流线精铣加工示例。从刀具使用情况看，截断切削用平底铣刀即可，但流线切削则建议用圆角铣刀或球头铣刀。从加工平稳性看流线切削显然要优于截断切削。

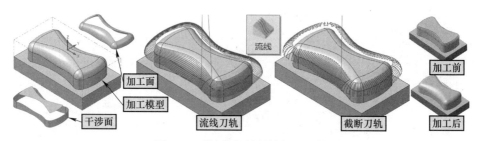

图 3-68 "流线"铣削精加工示例

1. 加工前准备

流线精铣属于精加工，因此，其前面还有粗加工，就图 3-68 的流线铣削精铣加工示例而言，其加工工艺为：曲面挖槽粗铣 D16 →挖槽铣平面 D16 →流线精铣圆角（截断 D16 或流线 D16R2）。其中实体模型与前两步加工可参阅 3.2.1 节的挖槽粗铣加工"练习 3-4_ 加工 .mcam"的内容。

2. 流线精铣加工操作的创建与参数设置

以图 3-68 所示的流线精铣加工为例，前言二维码中有相应文件供学习参考。

（1）流线铣削精加工操作的创建　单击"铣床→刀路→ 3D →精切→流线"功能按钮，弹出"选择加工曲面"操作提示，按图 3-69 提示的加工面选择实体上的加工表面，单击"结束选择"按钮，弹出"刀路曲面选择"对话框，参见图 3-69，可见加工面区域显示已选择 8 个加工面，接着单击干涉面区域的选择按钮，按图 3-68 提示的干涉面在实体上选择干涉表面。对话框下部还有一个"曲面流线"选项很重要，单击"流线参数"按钮，弹出流线设置图解（图 3-69 中图所示）和"曲面流线设置"对话框，各按钮的功能如图 3-69 所示。

提示

"曲面流线设置"对话框中的各按钮，可实际操作，并观察设置图解和后续生成的刀路，逐渐理解与应用。

（2）流线铣削精加工参数设置　主要集中在"曲面精修流线"对话框。

1）"刀具参数"选项卡，与挖槽粗铣相同，参见图 3-4。本示例流线切削选用 D16R2 圆角铣刀，截断切削选用 D16 平底铣刀。另外，参考点设置按钮在该对话框右下角。

2）"曲面参数"选项卡，与挖槽粗铣基本相同，参见图 3-5。本示例设置加工面毛坯预留量 0.0，干涉面预留量 0.1mm。

3）"曲面流线精修参数"选项卡，主要用于流线加工参数的设置，如图 3-70 所示。

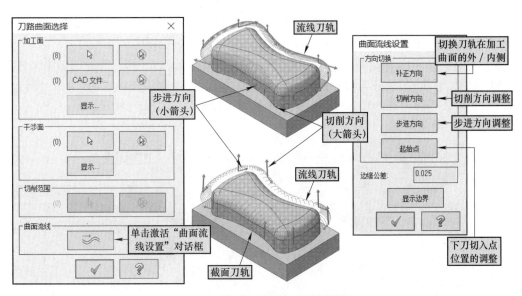

图 3-69　曲面与流选择与设置图解

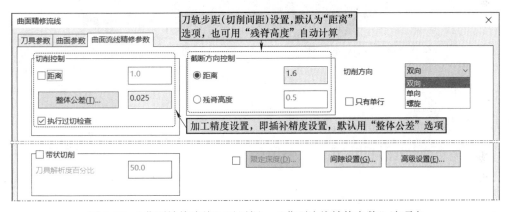

图 3-70　"曲面精修流线"对话框→"曲面流线精修参数"选项卡

3. 生成刀具路径及路径模拟与实体仿真

"曲面精修流线"对话框中参数设置完成后，生成刀轨，并进行实体仿真。若不满意，则重新激活该对话框并编辑参数，或单击该操作下的"图形"图标 图形，激活"刀路曲面选择"对话框，对切削流线进行设置，再次生成刀路并仿真，可反复进行，直至满意。图 3-68 所示为加工轨迹与实体仿真，供参考。

4. 流线铣削精加工练习

（1）基本练习　要求按图 3-68 图示的要求，进行流线精铣加工编程练习。

练习 3-29：已知练习文件"练习 3-4_加工 .mcam"，已完成挖槽粗铣和挖槽铣平面加工，要求按图 3-68 要求进行流线精修加工编程练习，另存为"练习 3-29_加工 .mcam"，并与前言二维码中相应文件比较学习，练习步骤略。前言二维码中分别给出了截面切削与流线切削两个结果文件供参考。

（2）拓展练习　以练习 3-9 所示的吊钩半模粗加工为基础，进行吊钩曲面的流线精铣加工练习，其加工工艺为：优化动态粗铣→2D 挖槽铣平面→曲面流线精铣 D20 →曲面流线精铣小端球头→曲面流线精铣大端球头。全程均使用 D20 平底铣刀。

练习 3-30：已知练习 3-9 的结果文件"练习 3-9_加工 .mcam"和本练习的结果文件"练习 3-30_加工 .mcam"，要求读者按本例结果文件和图 3-71 加工图解说明，自行模仿完成该练习，并体会该练习题为什么仅用一把平底立铣刀就能完成粗铣与精铣加工。

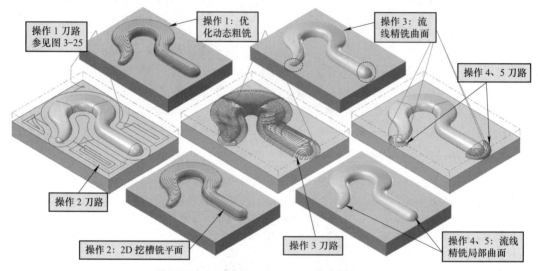

图 3-71 练习 3-30 加工操作图解

3.3.12 传统等高铣削精加工与分析

"传统等高"铣削精加工的"传统"两字是相对于 3.3.1 节中介绍的等高铣削精加工而言，若这里称为传统等高精铣，则前述的等高精铣可称为高速等高精铣，这一点在各自的参数设置对话框名称上可见一斑。下面以图 3-72 所示的几何模型为例，在背吃刀量（传统等高称"Z轴最大步进量"，高速等高称"下切"）相等的条件下比较两种等高加工的异同点。

1. 传统等高与高速等高加工策略的比较

传统等高加工工艺：曲面挖槽粗铣 D16 → 2D 外形精铣轮廓与底面 D16 →传统等高精铣曲面 D12R2（背吃刀量 0.6mm）→放射精铣曲面上部 D12R2。

高速等高加工工艺：曲面挖槽粗铣 D16 → 2D 外形精铣轮廓与底面 D16 →高速等高精铣曲面 D12R2（背吃刀量 0.6mm）。

以上两种工艺前面两步均相同，差异是传统等高后还需增加一道放射精铣上部曲面的加工，两工艺的加工图解如图 3-72 所示，加工模型显示工件坐标系设在工件上表面几何中心处，曲面 1 上部有一个平坦的球面，圆角过渡至侧面曲面，下端有一段 5mm 高的柱体。

图 3-73 所示为加工工艺各步骤刀具路径图解。操作 3 显示了两种等高路径方案：高速等高刀轨显示其上部的平坦曲面及过渡圆角的刀路均较好，实体仿真结果及仿真加工精度比较显示其误差基本在 0.1mm 以内；而传统等高刀路不能兼顾平坦表面的导轨，导致刀轨水平面内间距较大，实体仿真及其加工精度比较显示其加工后的顶面都有 0.4mm 以

上的余量，且顶面中心还有较大一块未铣削，因此只能再增加一道放射精铣加工完成上部曲面的精铣加工。

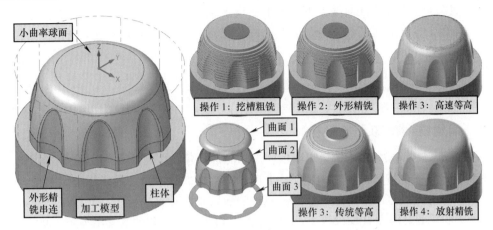

图 3-72　传统等高与高速等高精铣比较——加工模型与实体仿真

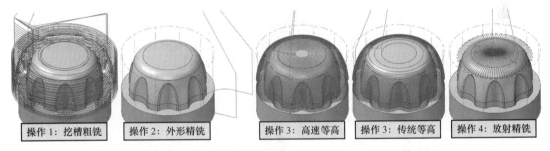

图 3-73　传统等高与高速等高精铣比较——加工刀轨

2. 传统等高与高速等高加工策略参数设置简述

传统等高精铣加工的设置不甚复杂，此处不再赘述。前言二维码中给出了两种工艺方案的结果文件"图 3-72_ 加工 _ 传统等高 .mcam"和"图 3-72_ 加工 _ 高速等高 .mcam"，读者可直接开启并研习，此处仅简述各步骤的参数设置。

（1）操作 1：曲面挖槽粗铣　加工表面：曲面 1+ 曲面 2+ 曲面 3，D12 平底铣刀，加工面毛坯预留量：0.6mm，铣削方向：逆铣，Z 最大步进量：2.0mm，切削方式：平行环切，切削间距（直径 %）：40%。

（2）操作 2：2D 外形精铣轮廓与底面　2D 外形铣削加工策略，选择底面与侧曲面的交线为串连，注意方向保证顺铣，刀具：D12 平底铣刀，壁边 / 底面预留量：0.0。

（3）操作 3：高速等高精铣曲面　等高加工策略，加工表面：曲面 1+ 曲面 2，刀具：圆角铣刀 D12R2，切削参数（设置画面参见图 3-40）：封闭切削方向为顺铣，开放外形方向为单向，下切为 0.6mm，勾选"添加切削"复选框，最小斜插深度为 0.001mm，最大剖切深度为 1.0mm，陡斜 / 浅滩页设置最高位置为 1.0mm，最低位置为 -28.0mm。

（4）操作 3：传统等高精铣曲面　传统等高加工策略，加工表面：曲面 1+ 曲面 2，干涉表面：曲面 3，刀具：圆角铣刀 D12R2，加工面毛坯预留量：0.0，干涉面毛坯预留量：2.0mm，Z 最大步进量：0.6mm，切削方向：顺铣，在"等高精修参数"选项卡中单击"切削深度"按钮，弹出"切削深度设置"对话框，设置"绝对坐标"，最高位置为 1.0mm，最大位置为 -28.0mm。

（5）操作 4：放射精铣曲面上部 放射精铣加工策略，加工表面：曲面 1，干涉表面：曲面 2 与曲面 1 相连的侧曲面部分，刀具：圆角铣刀 D12R2，切削间距：2.0mm，中心点：模型圆心，内径：0.0，外径：28.0mm。

关于传统等高精铣加工，这里不安排独立的练习，读者可直接开启前言二维码中图 3-72 对应的两个等高精铣文件，研习其刀路设置及其刀路的差异。

3.3.13 清角铣削精加工与分析

"清角" 铣削精加工又称交线清角加工，简称清角铣削，主要用于清除曲面夹角为锐角的相交线处的残余材料，其实质是在两曲面相交处增加了一个刀具半径的倒圆角。清角加工的刀具轨迹沿交线方向顺势精铣，刀具直径一般较小，且直径越小，交线越清晰。清角加工可单条刀轨精铣，但刀具直径较小，而残留余料较多时，就需要偏置出多条刀轨清角加工。需要提示的是，若两曲面交线处的几何模型已经有几何倒圆角特征，则剩余材料的加工属于残料铣削。清角球头铣刀的直径一般较小，但这里指的是切削刃部位，其夹持部分一般稍大，参见图 3-74 所示的刀具简图，因此编程时要注意夹持部分与加工面的干涉问题。前述"练习 3-16"所示的五角星模型的型面之间没有倒圆角的交线，其可用清角铣削出尽可能清晰的交线，由于刀具直径不可能为零，因此交线清角铣削后必然存在圆角过渡，如图 3-74 所示。

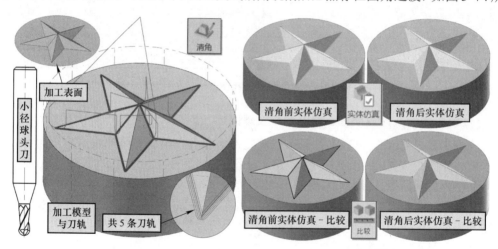

图 3-74 "清角"铣削加工模型、刀具轨迹与实体仿真示例

1. 加工编程前说明

这里以练习 3-16 所示五角星模型的加工为例，加工工艺参见图 3-43，此处仅讨论其操作 4：清角精加工。前言二维码中给出了练习文件"图 3-74_ 清角前 .mcam"和结果文件"图 3-74_ 清角后 .mcam"，供读者研习参考。

2. 清角铣削精加工操作的创建与参数设置

以图 3-74 示例中五角星加工模型的清角铣削精加工为例。

1）启动 Mastercam 2022，开启练习文件"图 3-74_ 清角前 .mcam"。

2）在刀路管理器中将插入图标 ▶ 移动至操作 3 下面，单击"铣床→刀路→ 3D →精切→清角"功能按钮 ，创建一个"清角"加工操作并弹出"3D 高速曲面刀路 - 清角"对话框，其参数设置如下：

a）模型图形：按图 3-74 提示在实体上选择相应加工面，壁边与底面预留量：0.0，不选择避让面。

b）刀具：从刀库中调用一把 BD3 球头铣刀。

c）切削参数：清角铣削精加工设置的主要部分，参见图 3-75 所示设置图解。

图 3-75 "3D 高速曲面刀路 - 清角"对话框→"切削参数"选项页

d）切削参数：安全平面：6.0mm，引线选项区，将引线切入 / 切出类型设置为：垂直，其余默认。

e）原点 / 参考点：一般继承前面的设置，即参考点为（0，0，150）。

3. 生成刀具路径及路径模拟与实体仿真

"3D 高速曲面刀路 - 清角"对话框中参数设置完成并确定后，系统自动计算并生成刀轨，用户可通过"刀路模拟"或"实体仿真"观察刀具路径，直至满意，3D 铣削一般采用实体仿真观察。刀具轨迹与实体仿真结果如图 3-74 所示。

最后，希望读者能按图 3-74 所示加工模型及其要求，参照上述介绍，调用练习文件"图 3-74_清角前 .mcam"进行加工练习，并与结果文件"图 3-74_清角后 .mcam"进行比较。

3.4　数控铣削编程毛坯和工具功能的应用

本节主要介绍"铣床→刀路"功能选项卡"毛坯"和"工具"选项区的部分功能，如图 3-76 所示。

图 3-76 "铣床→刀路→工具"功能选项区

3.4.1 毛坯功能

由图 3-76 可见"毛坯"选项区共有三个功能按钮。前两个按钮主要控制毛坯线框与着色模式的切换，在图 1-38 的"毛坯设置"选项卡中勾选"显示"复选框，有"线框"与"着色"两个单选项，控制着毛坯的显示模式，但通过该选项卡设置过于烦琐，"毛坯"选项区的前两个按钮可快速控制与切换。

中间的"显示 / 隐藏毛坯"按钮 用于控制毛坯的显示与隐藏，其作用相当于图 1-38 中是否勾选"显示"复选框。当该按钮控制毛坯为显示模式时，左边的"毛坯着色切换"按钮 有效，单击其可控制毛坯在"线框"与"着色"模式之间切换，其功能相当于与图 1-38 中"线框"与"着色"两个单选项的作用。

以上介绍的两个按钮功能较为简单，读者通过实际操作即可迅速理解，这里主要讨论第三个功能按钮。

"毛坯模型"功能按钮 及其下拉列表中的相关功能按钮可为加工中间过程的毛坯状态生成毛坯模型或导出为 STL 格式的三维模型。

（1）毛坯创建操作　此处以 3.2.3 节"练习 3-7"（图 3-15）的插铣加工工步为例，在当前文件中创建插铣后的三维模型，并将其导出为 STL 格式文件，操作步骤图解如图 3-77 所示。毛坯模型的"毛坯比较"选项及其应用读者可自行练习。创建的"毛坯模型"操作可像其他的操作一样控制是否显示以及重新编辑等，如生成的毛坯可单击"毛坯模型"操作下的"参数"标签 参数重新激活"毛坯模型"对话框进行编辑。

（2）毛坯导出为 STL 格式数模　创建毛坯后，单击"铣床→刀路→毛坯→毛坯模型→导出为 STL"功能按钮 导出为 STL，可将创建的毛坯导出为 STL 格式文件，操作步骤图解如图 3-78 所示。

（3）毛坯创建与导出练习

练习 3-31：参照图 3-77 和图 3-78 操作图解练习毛坯的创建与导出。已知练习文件"练习 3-31_ 插铣 .mcam"，试创建第一个插铣操作（曲面粗切钻削）的毛坯模型，并另存为"练习 3-31_ 插铣 _ 毛坯 .mcam"，然后，再将该毛坯模型导出为"插铣毛坯模型 .stl"文件，并用 Mastercam 打开观察。

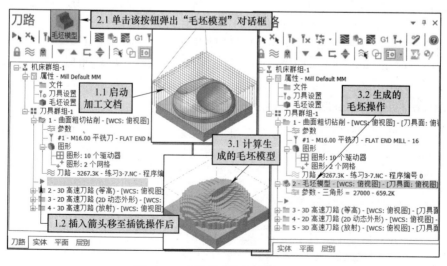

图 3-77　毛坯创建操作图解（一）

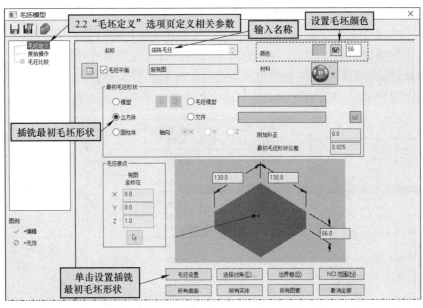

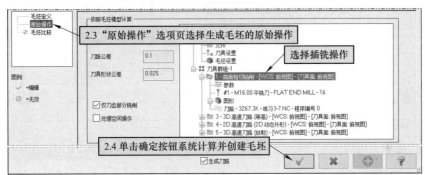

图 3-77　毛坯创建操作图解（一）（续）

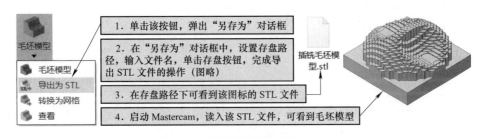

图 3-78　毛坯创建操作图解（二）

3.4.2　刀具管理

不同的加工模块（车削或铣削等），其应用的刀具不同，因此，刀具库及其刀具存在差异。此处假设进入的是铣削模块，进入车削模块的操作方法基本相同，只要具备车削加工刀具知识便可方便地进行相关设置，参考文献 [2] 较为详细地介绍了数控车削刀具知识，供参考。

单击"铣床→刀路→工具→刀具管理"功能按钮 ，弹出"刀具管理"对话框，如

图 3-79 所示。左上角显示当前刀具列表应用在"机床群组-1"，当前刀具列表中显示的是"机床群组-1"当前的刀具，下面的列表为当前刀具库"Mill_mm.tooldb"中经过刀具过滤后的部分刀具，右侧的按钮↑和↓可分别将刀具库与当前刀具列表中的刀具进行相互复制。单击右下方"刀具过滤"按钮刀具过滤(T)会弹出"刀具过滤列表设置"对话框，可在其中设置过滤条件，单击确定按钮✓，当前刀库的刀具列表会按过滤的条件显示刀具。

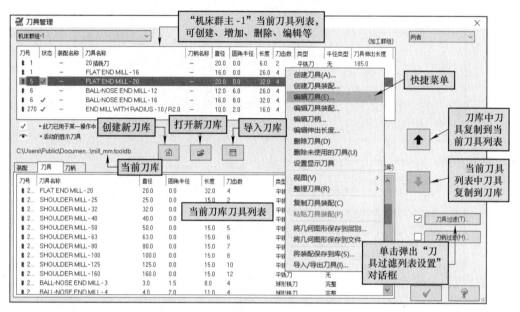

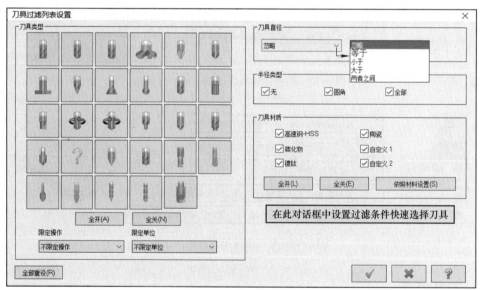

图 3-79 "刀具管理"对话框及其应用图解

在刀具列表中选择刀具应有一定的英语基础，因为刀具库中的刀具名称均是英文的，如：FLAT END MILL-16（D16 平底铣刀）、END MILL WITH RADIUS-16/R2.0（D16R2 圆角铣刀）、BALL-NOSE END-6（BD6 球头铣刀）、SHOULDER MILL-25（D25 机夹

方肩平底铣刀）、 FACE MILL-80/88（D80 面铣刀）、HSS/TIN DRILL（涂层高速钢麻花钻）、SOLID CARBIDE DRILL（整体硬质合金麻花钻）、CHAMFER MILL（倒角铣刀）、THREAD TAP（丝锥）、FORMING THREAD TAP（挤压丝锥）、THREAD MILL（螺纹铣刀）、NC SPOT DRILL（数控定心钻，又称点钻）、COUNTERSINE（锥面锪钻）等。

3.4.3　刀路转换功能

"刀路转换" ⊡ 功能包括：平移（类似于矩形阵列）、旋转（类似于环形阵列）和镜像。

1. 刀路的平移

刀路的"平移"功能可将所生成的刀路进行矩形阵列，实现大批量加工的重复。此处以胸牌校徽加工为例（图 3-80）展开讨论，这种产品的材料一般为 PVC、ABS 等材质的双色板，此处假设采用 1mm 厚度的双色板，加工工艺为数控雕铣，刀具为刀尖直径为 0.1～0.2mm 的单刃结构的锥度雕刻刀。以下按编程加工过程进行讨论，加工过程包括 3 个操作：操作 1 为木雕操作（文字单元雕铣，参见图 2-42）；操作 2 为外形铣削（小边框切割，关闭补偿）；操作 3 为转换/平移（文字刀路 + 小边框刀路平移，也可将操作 1 和操作 2 分别刀路平移）。为简化刀路，图中刀轨均未设置参考点。

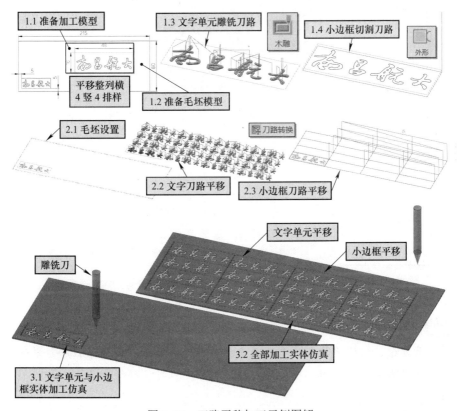

图 3-80　刀路平移加工示例图解

（1）加工前的准备　加工模型的准备参见图 2-42 及其相关内容；规划好预平移的数量等，此处为减小图面篇幅，假设横向复制 4 个，竖向复制 4 个，共 16 个，因此绘制一个 215mm×80mm 的毛坯边框；进入铣削模块（图中未示出），完成文字单元雕铣操作（参见

图 2-42）；基于外形铣削加工策略，完成文字外小边框切割加工，注意关闭半径补偿，切削深度 0.9mm。基于毛坯边界 215mm×80mm，厚度 1.0mm，在毛坯上表面创建毛坯。

说明：

1）校徽周边一般直接用雕铣刀切除，切除方法有两种可供选择：一种是控制雕刻深度略小于料厚的刀路切割；另一种是深度等于料厚的刀路切割，但增加"毛头"连接。切割完成后直接手工分离或用刀片切断即可。此处采用前一切割方式，切割深度设置为 0.9mm。

2）实际的双色板是很大的，因此刀路的复制数量一般大于示例的数量。

（2）平移操作等的创建与参数设置　图 3-80 的加工示例用到两个"平移"操作，此处同时选择两个操作平移操作练习。

单击"铣床→刀路→工具→刀路转换"功能按钮 ，弹出"转换操作参数"对话框，共有两个选项卡，其中第 2 个选项卡标签文字与第 1 个选项卡的转换"类型"单选项有关。

1）"刀路转换类型与方式"选项卡，如图 3-81 所示，按图设置参数，注意一定要选择待平移的操作，此处选择了两个操作。

图 3-81　"转换操作参数"对话框→"刀路转换类型与方式"选项卡

注意

图形不甚复杂、文字单元程序量不是太大时，建议勾选"使用子程序"复选框，直接将程序存储在机床上加工。但程序量太大时，可考虑机外"在线加工"，此时不能使用子程序功能。

2）"平移"选项卡，如图 3-82 所示，该选项卡的内容随图 3-81 中转换"类型"选择而变化，此处为"平移"选项卡，按图设置参数即可，注意平移的数量和坐标设置。

（3）生成刀具路径及路径模拟与实体仿真　"转换操作参数"对话框中参数设置完成并确定后，系统自动计算并生成平移刀轨，用户可通过"刀路模拟"或"实体仿真"观察刀具路径，直至满意，3D 铣削一般采用实体仿真观察。刀具轨迹与实体仿真结果如图 3-80 所示。

图 3-82　"转换操作参数"对话框→"平移"选项卡

（4）平移功能加工练习

练习 3-32：参照图 3-80 所示刀路平移加工示例练习刀路平移功能。已知练习文件"练习 3-32_ 加工 .mcam"和结果文件"练习 3-32_ 加工 _ 阵列 .mcam"，试创建图 3-80 所示的一个刀路平移操作，并另存为"练习 3-32_ 加工 _ 阵列 .mcam"，然后，与前言二维码中相应的结果文件比较研习（练习步骤略）。

2. 刀路的旋转

刀路的"旋转"功能可将所生成的刀路进行环形阵列，当勾选"使用子程序"选项后，可基于旋转指令 G68/G69 简化编程。图 3-83 所示为刀路旋转示例，材料厚度为 10mm，加工三个轮辐减轻孔，原始操作刀路为一个"外形铣削（斜插）"刀路，"电脑"补正。利用旋转功能旋转加工这个原始操作实现三个减轻孔加工。

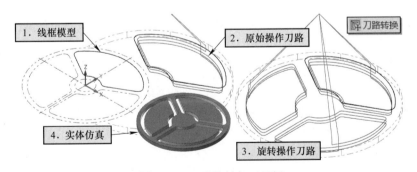

图 3-83　刀路旋转加工示例

（1）加工前的准备　首先，绘制型孔曲线的加工线框模型；其次，进入铣削加工模块，设置圆柱体毛坯，并完成一个型孔的原始操作加工刀路；然后，单击"铣床→刀路→工具→刀路转换"功能按钮，弹出"转换操作参数"对话框，在"刀路转换类型与方式"选项卡"类型"选项区选择"旋转"单选项，进入刀路变换的"旋转"方式，其第 2 个选项卡标签文字转化为"旋转"。

（2）旋转操作的创建与参数设置　其与上述的平移操作同属于"刀路转换"，加工操作的对话框基本相同，第 1 个选项卡"转换操作参数"对话框也基本相同，差异主要在第 2 个选项卡即"旋转"参数的设置。

1）"刀路转换类型与方式"选项卡，如图 3-81 所示。参数设置：类型：旋转；方式：坐标；来源：NCI；依照群组输出 NCI：操作类型；原始操作：外形铣削（斜插）；勾选"使用子程序"并选中"增量坐标"；加工坐标系编号：自动。

2）"旋转"选项卡，如图 3-84 所示，按图设置旋转参数即可。图中给出了两种设置方法，其结果是一致的。

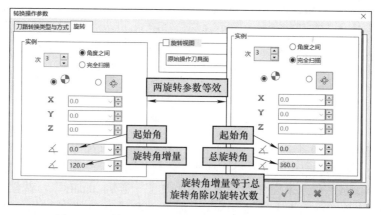

图 3-84　"转换操作参数"对话框→"旋转"选项卡

（3）生成刀具路径及路径模拟与实体仿真　与平移刀路操作类似，刀具轨迹与实体仿真结果如图 3-83 所示。

（4）旋转功能加工练习

练习 3-33： 参照图 3-83 所示刀路旋转加工示例练习刀路旋转功能。已知练习文件"练习 3-33.mcam"，试按图所示创建一个刀路旋转的加工操作，完成三个型孔的加工，并另存为"练习 3-33_加工.mcam"，然后，将其与前言二维码中相应文件比较学习（练习步骤略）。

拓展： 图 3-83 所示旋转刀路也可以用极坐标镜像两次获得，读者可参照下述内容进行练习。

3. 刀路的镜像

刀路的"镜像"功能可将所生成的刀路进行镜像变换，如图 3-85 所示，图中显示了 X、Y 轴刀路镜像和过原点 45°线的镜像刀路。图中示例的材料厚度为 10mm，加工四个轮辐减轻孔，原始操作刀路为一个"外形铣削（斜插）"刀路，"电脑"补正。利用三次镜像功能完成四个型孔加工。

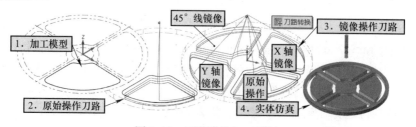

图 3-85　刀路镜像加工示例

（1）加工前的准备　首先，绘制型孔曲线的加工模型；其次，进入铣削加工模块，设置圆柱体毛坯，并完成一个型孔的加工刀路 [外形铣削（斜插）]；然后，单击"铣床→刀路→工具→刀路转换"功能按钮 ▦，弹出"转换操作参数"对话框，在"刀路转换类型与方式"选项卡"类型"选项区选中"镜像"单选项，进入刀路变换的"镜像"方式，其第 2 个选项卡标签文字转化为"镜像"。

（2）镜像操作的创建与参数设置　其与上述的平移操作同属于"刀路转换"，加工操作的对话框基本相同，差异主要在第 2 个选项卡及参数的设置。

1）"刀路转换类型与方式"选项卡，设置画面参见图 3-81。参数设置：类型：镜像；方式：坐标；来源：NCI；依照群组输出 NCI：操作类型；原始操作：外形铣削（斜插）；加工坐标系：自动。

2）"镜像"选项卡，如图 3-86 所示，按图设置镜像参数即可。

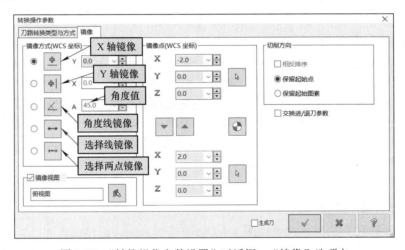

图 3-86　"转换操作参数设置"对话框→"镜像"选项卡

（3）生成刀具路径及路径模拟与实体仿真　与平移刀路操作类似，刀具轨迹与实体仿真结果如图 3-85 所示。

（4）镜像功能加工练习

练习 3-34：参照图 3-85 所示刀路镜像加工示例练习刀路镜像功能。已知练习文件"练习 3-34.mcam"，试按上述介绍创建 3 个刀路镜像的加工操作，完成 4 个型孔的加工，并另存为"练习 3-34_ 加工 .mcam"，然后，将其与前言二维码中相应文件比较学习（提示：3 个镜像分为 3 个操作，先进行一次镜像，然后复制这个镜像并修改对称轴即可）。

拓展：图 3-85 所示镜像刀路也可以用旋转功能实现，只是刀路略有不同，读者可自行尝试练习，分析其各自的特点。

3.4.4　刀路修剪功能

"刀路修剪" ▨ 功能可通过指定修剪边界曲线对已有的加工刀路按所需修剪边界进行修剪。这种功能对于需要局部加工或外形铣削径向分层加工刀路范围较大且空刀路较多的加工刀路进行修剪，可优化加工刀路。图 3-87 所示为刀路修剪示例。其修剪前的粗加工刀路如图 2-12 所示。

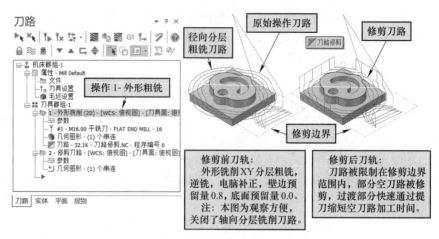

图 3-87　刀路修剪示例

1. 刀路修剪示例分析

图 2-12 所示的 2D 外形铣削粗加工，采用"外形"铣削加工策略，由于加工余量较大，粗铣时应用了 XY 水平分层加工 4 刀，同时，该图还有径向 + 轴向分层的加工刀路，其修剪设置与刀路基本相同。这里为简化图面，仅以无轴向分层的刀路为例进行刀路修剪讨论。

由于加工刀具为 ϕ16mm 平底铣刀，因此，图 3-87 中的修剪线为毛坯向外偏置 8mm，为保持进 / 退刀的完整性，该边的偏置距离加大到可包含进 / 退刀刀路的位置，如图 3-87 中的修剪边界所示。修剪时设置刀具在修剪边界位置提刀，则可缩短空刀刀路的走刀时间，提高切削效率。

2. 刀路修剪操作步骤

刀路修剪操作较为简单，这里以图 3-87 修剪示例为例，假设修剪前已存在图示的原始操作——径向分层粗铣加工，现要对其进行修剪，操作步骤如下：

1）基于"转换→补正→串连 / 单体补正"功能，构造出图示修剪边界。

2）将插入光标▶定位在待修剪的外形铣削加工操作之后。

3）单击"铣床→刀路→工具→刀路修剪"功能按钮，弹出操作提示"选择修剪边界"和"串连选项"对话框，用鼠标选取修剪边界，单击确定按钮，弹出操作提示"在要保留的路径一侧选择一点"，用鼠标在修剪边界内部单击任意一点，弹出"修剪刀路"对话框，如图 3-88 所示。

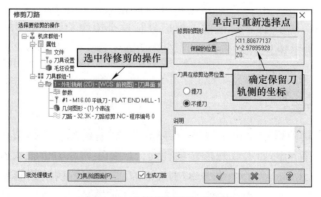

图 3-88　"修剪刀路"对话框

4）在"修剪刀路"对话框选择待修剪的加工操作，单击确定按钮，完成刀路修剪操作，参见图 3-87。

 提示

①修剪边界不要求与刀路同一 Z 轴高度；②选择保留点时最好在俯视图方向选取。

3. 刀路修剪加工练习

练习 3-35：参照图 3-87 所示刀路修剪示例练习刀路修剪操作。已知练习文件"练习 3-35.mcam"，试按图所示创建一个刀路修剪的加工操作，并另存为"练习 3-35_加工 .mcam"，然后，将其与前言二维码中相应文件比较学习（练习步骤略）。

3.5 3D 铣削加工综合举例

以下通过一个 3D 铣削加工示例，综合练习与验证自己对本章内容的掌握程度。

综合示例：如图 3-89 所示，已知加工模型"综合示例_模型 .stp"，要求参照图示步骤，完成其加工编程，并另存为"综合示例_加工 .mcam"，然后，将其与前言二维码中相应文件比较学习。注：前言二维码中给出了几何模型"综合示例_模型 .stp"、加工模型"综合示例_模型 .mcam"和结果模型"综合示例_加工 .mcam"，其中加工模型"综合示例_加工 .mcam"已完成工件坐标系与毛坯设置等基础工作。

操作步骤简述如下；

步骤 1：启动 Mastercam 2022，导入 STP 加工模型"综合示例_模型 .stp"。分析模型并建立工件坐标系，包括查询总体尺寸，旋转工件长度方向与 X 轴同向，工件坐标系设置在工件顶面左上角。具体参见图 3-9 及其说明。

步骤 2：进入铣床模块，边界框创建毛坯，上表面留 2mm 加工余量。前言二维码中的加工模型"综合示例_加工 .mcam"已做到这一步。

步骤 3：创建操作 1——平行粗铣加工。加工面：整个上部曲面，如图 3-89 所示，切削范围：模型底面实体边框（图中未示出，下同），刀具：D12R2 圆角铣刀，参考点：（0，0，100）加工余量 1.0mm，切削间距：6.0mm，切削方向：单向，加工角度：0.0，Z 轴最大步进量：4.0mm，下刀控制：双向切削，允许沿面下降 / 上升切削，实体仿真如图 3-89 所示。

步骤 4：创建操作 2——平行精铣。加工面：整个上部曲面，如图 3-89 所示，壁边与底面加工预留量 0.0，切削范围：模型底面实体边框，刀具：D8R2 圆角铣刀，切削间距：2.0mm，切削方向：双向，加工角度：90.0°，参考点同上。实体仿真如图 3-89 所示。

步骤 5：创建操作 3——斜面平行精铣。加工面：斜面曲面，干涉面：上部曲面的其他表面，如图 3-89 所示，壁边与底面加工余量 0.0，切削范围：模型底面实体边框，刀具：D8R2 圆角铣刀，切削间距：1.0mm，切削方向：双向，加工角度：0.0，参考点同上，实体仿真如图 3-89 所示。

步骤 6：创建操作 4——等距环绕精铣。加工面与干涉面如图 3-89 所示，加工面壁边与底面预留量：0.0，干涉面：壁边预留量 0.0，底面预留量 0.1mm，刀具：BD6 球头铣刀，封闭外形方向：单向，开放外形方向：单向，勾选"由内而外环切"复选框，径向切削间距：0.6mm，参考点同上，实体仿真如图 3-89 所示。

步骤 7：创建操作 5——清角加工。加工面：比操作 1 少一个小平面，如图 3-89 所示，壁边与底面加工预留量 0.0mm，切削范围：模型底面实体边框，刀具：锥度铣刀，锥度半角：10°，球头刀尖，直径 2.0mm，切削方式：单向，切削间距：0.6mm，最大补正量：2mm，参考点同上，实体仿真如图 3-89 所示。

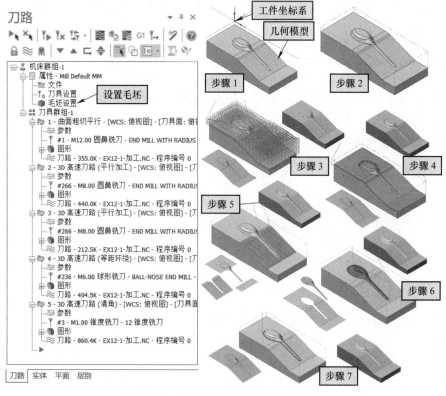

图 3-89 综合示例加工编程操作提示

以上各加工操作仅供参考，读者可自行确定参数，并将加工结果与前言二维码中的结果文件"综合示例_加工.mcam"进行比较。

本 章 小 结

本章主要介绍了 Mastercam 2022 软件 3D 粗铣与精加工编程及其应用，粗铣加工策略有 7 个，精加工策略有 13 个，每小节大部分配有练习。学习本章时，注意粗铣与精铣的区别：粗铣一般深度是分层加工的，而精铣多为沿曲面轮廓偏置的单层加工刀路。粗铣加工可激活毛坯选项，进行剩余材料设置，实现半精铣和残料精修加工。另外，本章还介绍了"毛坯"和"工具"选项区的部分实用功能，进一步拓展了加工编程能力。最后的综合练习供读者综合检验学习效果。

第❹章　数控车削加工自动编程 　　›››

数控车削加工是实际生产中应用广泛的加工方法之一，Mastercam 同样提供了大量的数控车削加工策略。本章按数控车削加工基本编程、拓展编程和循环编程三部分展开讨论。

4.1　数控车削加工编程基础

数控车削加工原理与数控铣削存在一定差异，因此在编程基础与共识部分有所不同。

4.1.1　车削加工模块的进入与坐标系设定

1. 车削模块的进入

如图 4-1 所示，单击"机床→机床类型→车床 ▼ →默认 (D)"命令，系统进入 Mastercam 2022 的默认车床加工模块，这个默认模块输出的是基于 FANUC 数控车削系统的加工代码。当然，若单击"车床"功能按钮下拉菜单中的"管理列表"命令，会弹出"自定义机床菜单管理"对话框，可设置其他数控车削系统加工环境的入口。由于操作与 1.4.2 节中的介绍基本相同，因此，本书均假设进入默认的 FANUC 数控车削系统的加工环境。

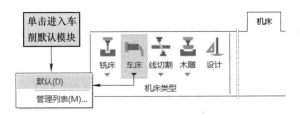

图 4-1　车削模块的进入

进入车削模块后，系统会自动在窗口上部功能区加载"车削"功能选项卡，默认包含标准、C 轴、零件处理、毛坯和工具五个功能选项区。"标准"功能选项区提供了数控车削加工编的各种加工策略（即加工刀路），是最基础的加工编程功能。"标准"功能区包括 12 个标准刀路、4 个固定循环刀路和 2 种手动操作；"C 轴"功能区主要用于车削加工中心的编程；"零件处理"功能区可用于装夹功能件的加工编程，主要用于校核加工时是否出现碰撞干涉现象，增加功能仿真的效果，若实际加工操作时能够很好地把握是否干涉，这部分内容可以不用学习。本书介绍了其部分功能，如毛坯翻转，并简介了卡爪和尾座等功能。

2. 数控车削加工编程工件坐标系的设定

数控车削加工工件坐标系一般建立在工件端面几何中心处，Mastercam 2022 建立工件坐标系的方法有两种：一种是基于"转换→位置→移动到原点"功能按钮 ⤢，快速地将工件上指定点连同工件移动至世界坐标系原点；另一种方法是工件固定不动，在工件上指定点创建一个新的工件坐标系，并将其指定为工件坐标系。第二种方法建立工件坐标系时，空间概念的转换过于复杂，使用者不多。这里以第一种移动工件至世界坐标系原点的方法为例进行讨论。

移动到原点操作在"转换→位置→…"功能区，具体操作较简单，按提示操作即可完成。进入车削模块时，系统会在"平面"操作管理器中自动创建两个坐标系"+D+Z"和"车床Z= 世界 Z"，默认激活的是"+D+Z"坐标系，这两个坐标系具体选择哪一个，其与编程模型创建时的轴线是 X 轴还是 Z 轴有关。具体讨论如下：

（1）编程模型的轴线为 X 轴　即编程模型的轴线与 X 轴平行。图 4-2 所示为创建工件坐标系图解，图中第 4 步可隐藏实体模型，仅留下线框模型进行后续编程。

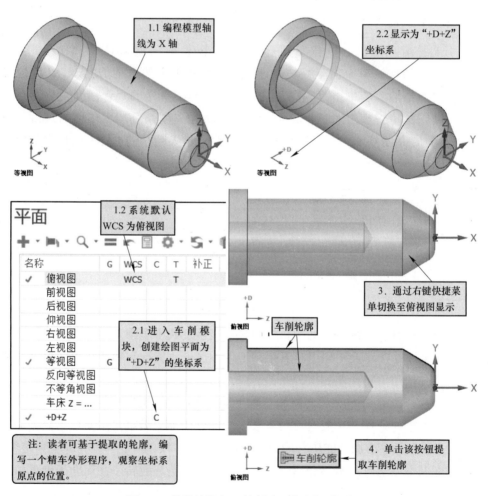

图 4-2　模型轴线为 X 轴创建工件坐标系图解

（2）编程模型的轴线为 Z 轴　即编程模型的轴线与 Z 轴平行。图 4-3 所示为创建工件坐标系图解，图中第 5 步可隐藏实体模型，仅留下线框模型进行后续编程。

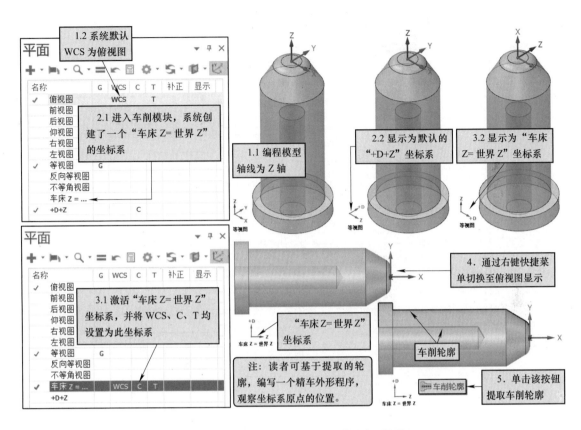

图 4-3   模型轴线为 Z 轴创建工件坐标系图解

注意

建立坐标系后，必须进入"刀路"管理器，单击"毛坯设置"图标，进入"机床群组属性→毛坯设置"选项卡（见图 4-4），确认毛坯平面为所设置的"车床 Z= 世界 Z"平面，否则手工设置。

4.1.2　车削加工的毛坯设置

Mastercam 进入车削模块时，系统会在刀路管理器中加载一个加工群组（机床群组-1），其"属性"选项组下有一个"毛坯设置"选项标签 毛坯设置，单击其会弹出"机床群组属性"对话框，默认为"毛坯设置"选项卡，如图 4-4 所示。图中的毛坯、卡爪、尾座（即尾顶尖）和中心架四个区域可分别设置或删除，其中，毛坯每次编程几乎必须进行设置，而卡爪、尾座和中心架则根据需要进行设置，主要用于刀路编辑过程中验证碰撞干涉，每个设置区域均有"参数"和"删除"两个按钮，分别用于设置和清空参数，如图中"毛坯"设置区右侧所示。

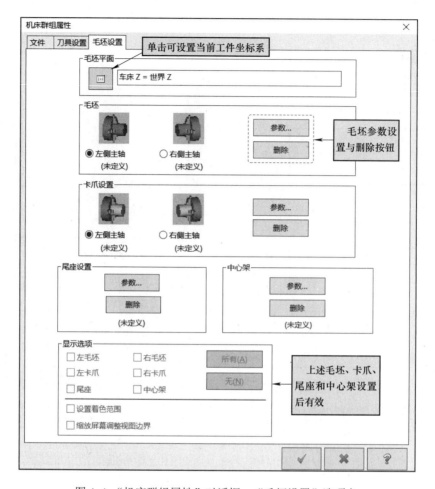

图 4-4 "机床群组属性"对话框→"毛坯设置"选项卡

1. 毛坯设置

单击"机床群组属性"对话框"毛坯设置"选项卡"毛坯"设置区域右侧的"参数"按钮 参数... ，弹出"机床组件管理 - 毛坯"对话框，默认为"图形"选项卡，如图 4-5 所示。单击"图形"下拉列表，可选择设置毛坯的方法，常用的毛坯设置方法为"圆柱体"、"实体图形"和"旋转"三种，默认为"圆柱体"。单击"由两点产生"按钮，用鼠标拾取工件上两对角点，这种方法可先大致确定毛坯参数，然后再圆整和修改下面的参数对毛坯进行设置。"外径"和"长度"文本框可直接输入参数，勾选并激活"内径"复选框，可设置圆管毛坯。"轴向位置"区域用于设置毛坯的轴向位置。单击几个"选择"按钮可用鼠标拾取设置相应参数。

（1）"圆柱体"参数设置毛坯 默认的圆柱体毛坯设置方法是最常见的毛坯设置方法，其设置参数包括：外径、内径、长度和轴向位置，勾选"内径"复选框可设置圆管毛坯。对于已知工件尺寸的情况，直接在文本框中输入参数是最快捷、最准确的设置方法。图 4-6 所示为圆柱（管）体毛坯设置示例。

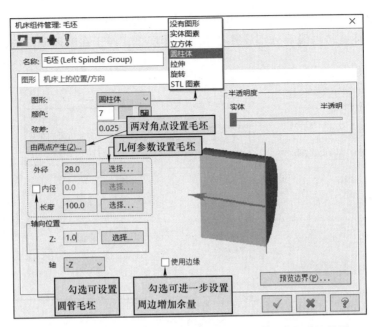

图 4-5 "机床组件管理：毛坯"对话框→"圆柱体"毛坯设置

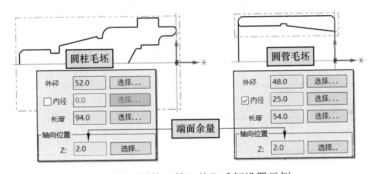

图 4-6 "圆柱（管）体"毛坯设置示例

（2）"实体图素"设置毛坯 通过选择实体模型设置毛坯，主要用于加工半成品的非圆柱体毛坯设置。接着图 4-6 左图的圆柱体毛坯进行设置，假设其完成了右端外轮廓以及内孔加工，外轮廓加工完最大直径并适当延伸一段距离，下一步则是调头车削左端外轮廓形状。显然这种情况是无法用圆柱体参数来设置的，但可构造出一个已加工完右侧的半成品模型作为实体图形，并指定为毛坯，则系统将其外轮廓作为毛坯进行加工。图 4-7 所示为"实体图素"生成毛坯操作图解。该方法毛坯模型的"实体图素"可从外部导入（使用文件菜单中的"合并"功能），也可以在当前文件中直接建模，建模方法不限，但若用旋转的方法构建毛坯图形，则不如通过下面介绍的"旋转"方法构建毛坯更为方便。使用时注意，编程轮廓线、毛坯图形模型等分别放置在不同的图层上，便于在毛坯创建与编程时控制其是否同时显示。

（3）"旋转"图形设置毛坯 旋转图形实际上可理解为能够通过"实体"建模功能中的"旋转"功能创建实体毛坯模型的旋转框线，该方法是通过选择旋转框线由系统创建毛坯，如图 4-8 所示。与旋转后获得实体然后用实体模型设置毛坯相比，该方法仅是少了旋转生成实体的步骤，因此，欲在当前编程文件中直接生成半成品毛坯，建议用这种方法。使用时注意，编程轮廓线、毛坯旋转框线等分别放置在不同的图层上，便于在毛坯创建与编程时控制其是否同时显示。

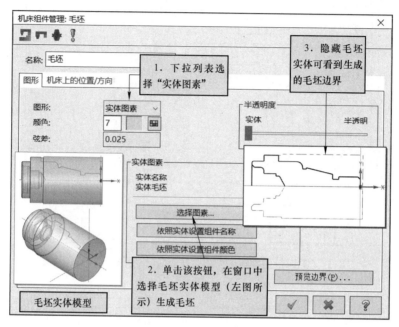

图 4-7 "实体图素"设置毛坯示例

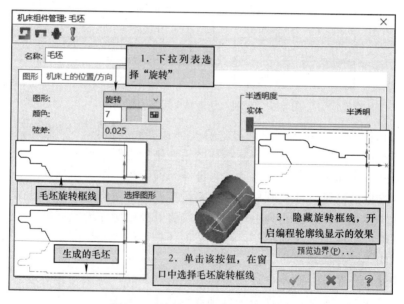

图 4-8 "旋转"边界设置毛坯示例

2. 卡爪设置

"卡爪"即车床上的卡盘。数控编程过程中设置卡爪主要是为了验证碰撞与干涉现象，因此，不设置卡爪并不影响程序的生成。单击"机床群组属性"对话框"毛坯设置"选项卡

"卡爪设置"选项区域右侧的"参数"按钮 参数... （见图4-4），弹出"机床组件管理：卡盘"对话框，如图4-9与图4-10所示。

（1）"图形"选项卡（见图4-9） 卡爪图形的设置方法有"参数式"、"实体图素"和"串连"，默认为"参数式"设置方法。"形状"选项区主要设置卡爪的形状，通用卡盘多为默认的"矩形"。"台阶"选项区下有六个按钮。第一个按钮 用于定义卡爪的参数，无特殊要求可不选，而采用其当前默认的预设值；第四个按钮 为正、反装切换按钮，默认为正装，工件直径较大时可考虑反装卡爪。

（2）"参数"选项卡（见图4-10） "夹紧方式"有"外径"和"内径"两种，分别装夹棒料的外圆柱面和管件的内圆柱面。激活"参照点"按钮 可在窗口拾取毛坯上的点确定参照点。"位置"选项区用于定位卡爪在毛坯上的位置，有两种方法：默认是不勾选"依照毛坯"复选框，这时可通过直径和Z坐标两参数定位卡爪；若勾选"依照毛坯"复选框，则仅需设置夹持长度即可。图中右上角分别给出了在初始圆柱毛坯和半成品工件轮廓毛坯上装夹卡爪的设置示例，读者可尝试进行类似的练习。示例1可用"依照毛坯"+"Z"坐标设置，而示例2的夹紧点坐标清晰，因此用"直径"+"Z"坐标的方法可快速精确地确定卡爪的位置。

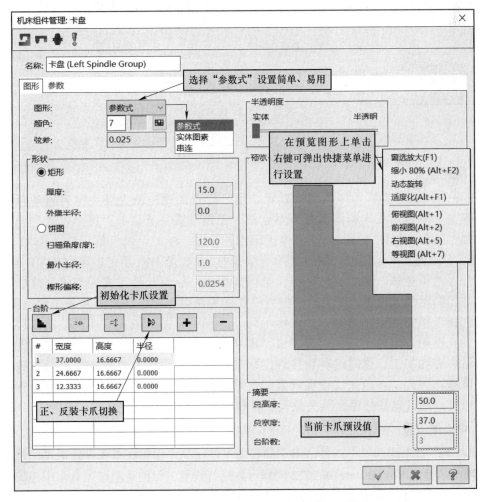

图 4-9 "机床组件管理：卡盘"对话框"图形"选项卡及设置图解

211

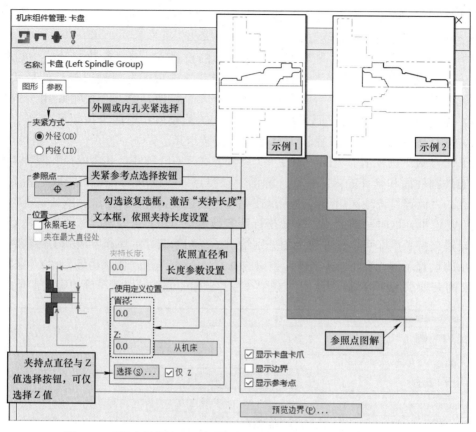

图 4-10 "机床组件管理：卡盘"对话框"参数"选项卡及设置图解

3. 尾座设置

"尾座"设置的实质是尾顶尖的设置，用于检查需要尾顶尖装夹时刀路是否出现碰撞干涉现象。单击"机床群组属性"对话框"毛坯设置"选项卡"尾座设置"设置区域的"参数"按钮（见图 4-4），弹出"机床组件管理：中心"对话框，如图 4-11 所示。从"图形"下拉列表可见尾顶尖的设置除了默认的"参数式"外，还可以用"STL 图素"、"实体图素"、"圆柱体"和"旋转"等模型创建顶尖，后面几种方式适合于创建参数式标准顶尖之外的尾顶尖设置。顶尖轴向位置设置的方法可以是：直接输入 Z 坐标位置参数、单击"选择"按钮用鼠标拾取或"依照毛坯"。其中单击"依照毛坯"按钮，顶尖会自动与顶尖孔接触，类似于顶尖装夹完成。图示应用示例中的尾顶尖装夹，要求先进行车端面和钻中心孔加工，这时这种直接确定顶尖位置的方法在生成刀轨时会报警提示刀具与顶尖碰撞，因此，必须先将顶尖设置得足够远，然后应用"车削→零件处理→尾座"功能按钮 ，通过编程移动至装夹位置，具体参见 4.1.5 节的介绍。

4. 中心架设置

"中心架"是车床的一个附件，用于细长轴工件加工，安装在车床导轨适当位置并顶住工件，减小工件变形。Mastercam 2022 同样可以进行设置，目的是验证刀具与中心架碰撞。由于实际生产中用到中心架的机会不多，本书不展开讲解。

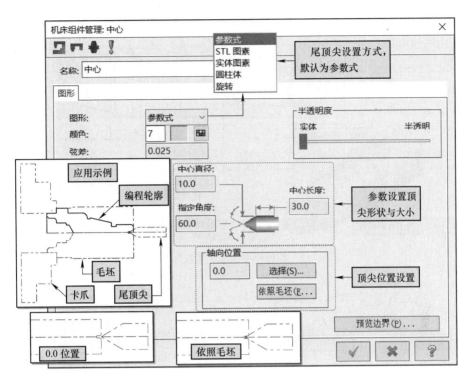

图 4-11 "尾顶尖"设置对话框及设置示例

4.1.3 车削轮廓线的提取操作

Mastercam 数控车削编程模型一般仅需半边的轮廓线即可，而且仅需二维线框图线，而在现代 CAD 技术普及的今天，三维模型已得到广泛应用，且数控编程的已知条件除了传统的二维投影工程图外，客户往往还有可能提供三维的数字模型，以下主要就以 Mastercam 数控车削编程所需的二维线框模型的创建为目标，讨论如何从工程图或三维的数字模型到加工编程模型的工作过程。

图 4-12 所示为某数控车削加工工程图与模型，其加工材料为 45 钢，毛坯尺寸为 $\phi 40\text{mm} \times 110\text{mm}$，加工工艺为先车削左端，然后调头车削右端。其加工编程模型如图 4-13 所示，主要的内容就是零件轮廓线。这个零件轮廓线必须确定工件坐标系的位置，如图中将工件坐标系移动至世界坐标系的位置上，同时要考虑毛坯的形状与位置，如图 4-13a 为圆柱毛坯，而图 4-13b 的毛坯左端已加工完成。另外，图 4-13a 的加工部位为内孔及外轮廓加工至 a 点略多一点，图 4-14b 则调头装夹加工外轮廓至 a 点即可。

图 4-13 所示的编程模型中轮廓线的获取是关键，其有以下几种方式：

1）根据图 4-12 所示的工程图，直接在 Mastercam 2022 中绘制二维线框图，这种方式的操作要求具备 Mastercam 的设计模块操控功能，具体可参见参考文献 [1][5]。

2）基于工程图的 AutoCAD 文件导入（参见 1.2.2 节的介绍）并编辑，这种方式适用于编程者更熟悉 AutoCAD 软件的操作，或客户直接提供了合格的 AutoCAD 文件的情况。若自己绘制时要注意，在 AutoCAD 软件中绘制时的尺寸参数必须准确，最好设置为保留小数点后 3 位，且所有尺寸以中值尺寸绘制，便于精确控制加工精度。

3）基于待加工零件的三维模型（如 STP 格式文件）获得，这是本节主要讨论的内容。

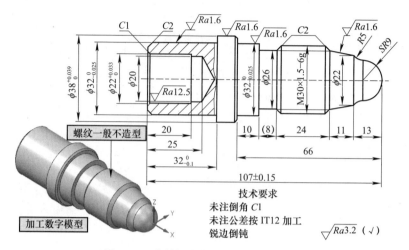

图 4-12 某数控车削加工工程图与模型

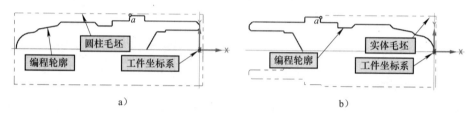

图 4-13 数控车削加工编程模型

a) 加工左端编程轮廓　b) 加工右端编程轮廓

　　假设已知图 4-12 所示零件的三维模型（见图 4-12 左下角），Mastercam 编程时螺纹部分只需圆柱体即可，不必造型出螺纹几何特征。

　　在 Mastercam 2022 中，"线框→形状→车削轮廓"功能 车削轮廓 专门用于车削加工三维旋转体模型的边界轮廓提取，可快速获取二维车削轮廓模型。

　　读入车削加工实体模型，激活"实体"图层之外的"轮廓"图层，并设置为当前层。操作步骤如下，操作图解如图 4-14 所示。

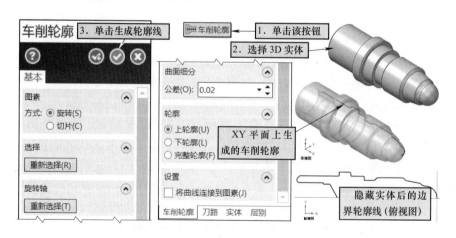

图 4-14 提取三维模型车削轮廓线的操作图解

1）单击"线框→形状→车削轮廓"功能按钮 ，弹出操作提示"选择实体主体、曲面或网格"和"车削轮廓"操作管理器。

2）用鼠标拾取实体模型，按回车键或单击"结束选择"按钮 （ ✅结束选择 ），激活"车削轮廓"操作管理器。

3）按图所示设置，单击确认按钮 ⊘，在 XY 平面生成车削轮廓线，单击右键，在弹出的快捷菜单中选择俯视图视角，隐藏实体模型，可清晰地看到提取的车削轮廓线。

> **注意**
> 3D 实体模型的轴线必须通过 XY 平面。

4.1.4　车削加工的调头装夹操作

车削加工中常常用到调头装夹，如加工图 4-12 所示零件时，首先加工左端，然后调头装夹，车削加工右端。Mastercam 2022 软件的"车削→零件处理→毛坯翻转"功能按钮 便能实现车削加工中的调头装夹动作。

下面以图 4-12 所示工件为例，按图 4-13 加工方案加工。首先，加工左端（见图 4-13a）卡爪装夹位置为 Z= –40mm 处，加工完成左端的外圆和内孔等；然后，调头以阶梯外圆和端面定位装夹，加工右端外表面轮廓等。

毛坯翻转（即调头装夹）操作如下。为突出毛坯翻转内容，左端加工先不考虑内孔加工，右端仅做到翻转后的外轮廓粗、精车加工为止，操作图解如图 4-15 所示。

1）圆柱毛坯装夹，加工左段，装夹点 a 的坐标为（D40，Z-55）。

2）单击"车削→零件处理→毛坯翻转"功能按钮 ，弹出"毛坯翻转"对话框"车削毛坯翻转"选项卡。

3）"车削毛坯翻转"选项卡（见图 4-15）的设置如下：

① 翻转图形选择。在"图形"区域勾选"调动图形"和"消隐原始图形"复选框，单击"选择"按钮，选择待翻转的图素（包括实体模型与车削轮廓线）。说明：下面的"消隐原始图形"复选框可控制翻转操作后原始图形是否消隐，消隐后的图形可以用"主页→显示→恢复消隐 / 消隐"功能按钮恢复显示。若不勾选"消隐原始图形"，则翻转后原始图形仍然保留，但可后续隐藏、消隐或关闭图层等。

② 翻转前、后毛坯原点坐标的指定。"毛坯位置"区域的"起始位置"指的是翻转前图形上翻转后拟作为原点的位置，如指定 O 点，翻转后成为工件坐标系原点 O_w。若已知数值可直接输入，否则，单击下面的"选择"按钮后用鼠标拾取。由于翻转后的位置一般为世界坐标系的原点，因此，一般可以采用默认的数值 0.0。

③ 翻转前、后卡爪位置的指定。"起始位置"指的是翻转前卡爪参照点的位置，如图中的 a 点，一般为上一次的最后位置，即等于翻转前的"最后位置"。翻转后的卡爪位置即"最后位置"，如图中的 b 点坐标。单击"最后位置"下的"选择"按钮会临时显示出翻转后的编程框图，因此可以用鼠标捕捉 b 点坐标。单击确定按钮后，系统会更新装夹，如右上方图例所示。

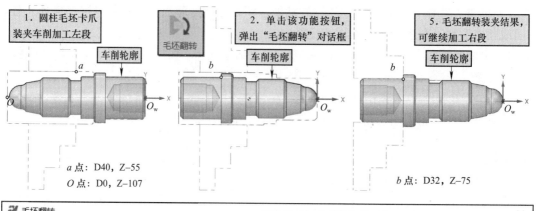

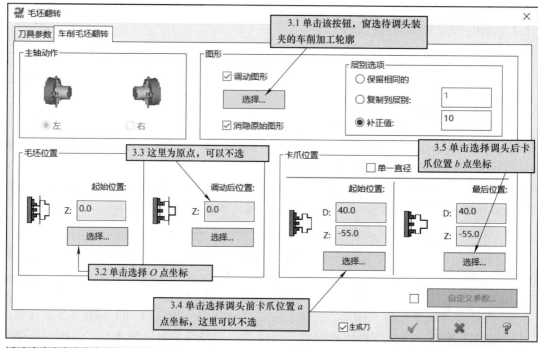

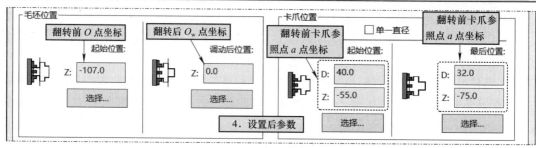

图 4-15　毛坯翻转操作图解

　　4）参数设置完成后，单击确定按钮，完成毛坯翻转。注意：图中第 3.5 步选择时，有一个中间过程，即选择 b 点。

　　"毛坯翻转"操作完成后，则可继续后续的编程操作，例如继续编程完成轮廓的粗车与精车加工。

1）Mastercam 2022 数控车削编程时，可以不提取实体模型的车削轮廓，系统会临时显示轮廓曲线，供车削编程使用。但在图示的毛坯翻转过程中用到了"选择"按钮，在窗口中选择特定点的功能，这时捕捉车削轮廓线上的特定点就显得很方便，如上述操作中球头顶点在实体模型上是选择不到的，而有了车削轮廓线，则可以直接捕捉该点。

2）以上是基于选择点功能操作，实际该例的翻转位置参数可通过图 4-13 零件图上的相关尺寸计算获得，因此，直接按结果参数输入，也可以获得翻转结果。

练习 4-1：前言二维码中给出了翻转前加工完左侧的练习文件"练习 4-1_ 左端 .mcam"，要求按上述介绍完成翻转毛坯操作练习，前言二维码中还给出了毛坯翻转文件"练习 4-1_ 翻转 .mcam"和继续粗、精加工右侧外轮廓的文件"练习 4-1_ 右端 .mcam"，供读者研习参考。后两个文件可直接开启，并实体仿真观察整个加工过程。

4.1.5　车削加工卡爪和尾座动作操作

在 4.1.2 节介绍过卡爪和尾座，特别是尾座设置，若存在端面加工，几乎不可能直接设置尾座，尾座的设置实质是顶尖设置与加工干涉验证。本节讨论端面加工完成后如何自动加装尾顶尖，同时进一步讨论卡爪动作的动态操作设置。这两个功能均在"车削"功能选项卡"零件处理"选项区的列表中。

以下通过图 4-16 加工示例讨论这两个功能，图中毛坯尺寸为 $\phi52\text{mm}\times94\text{mm}$，第①步：夹住 a 点，车端面与外圆；第②步：毛坯翻转操作，定位 b 点，车端面打中心孔；第③步：卡爪重新定位 c 点，并自动加装尾顶尖；第④步：粗、精车外圆轮廓，检验加工时刀具是否与顶尖干涉。

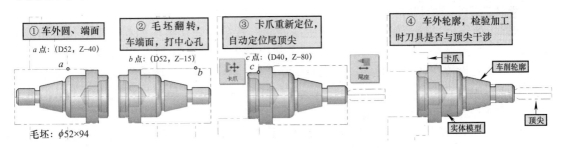

图 4-16　卡爪与尾座加工操作应用示例

图 4-16 中，第①步的卡爪操作通过单击刀路管理器的毛坯设置标签 🔲 毛坯设置进行设置，参见图 4-9、图 4-10。第②步的卡爪操作通过毛坯翻转功能进行，参见图 4-15。第③步的操作包括卡爪重新定位和尾顶尖（即尾座）的自动加载，以下讨论这两个问题。

1. 卡爪功能及卡爪重新定位

"卡爪" ⊞ 功能在"车削→零件处理→…"功能选项区列表中，单击"卡爪"功能按钮 ⊞，弹出卡爪"对话框，并在操作管理器中插入图标 ▶ 处创建一个"车削卡爪"操作。以图 4-16 示例为例，假设零件加工至第②步。

图 4-17 所示为卡爪重新定位操作过程图解，操作步骤如下：

1）单击"车削→零件处理→卡爪"功能按钮，弹出"车削卡爪"对话框，选择"重新定位"单选项。

2）在"卡爪位置"选项区的"最后位置"文本框中输入重新定位点 c 的坐标（D40，Z–80）（直径编程，D40=X40）。

3）单击确定按钮，完成卡爪重新定位，定位到 c 点位置，参见图 4-16。

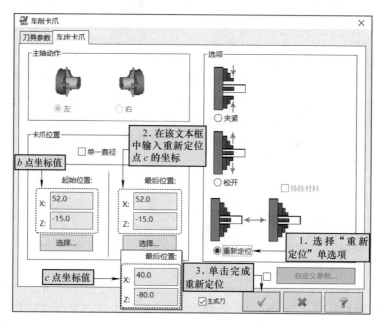

图 4-17　卡爪重新定位操作过程图解

2. 尾顶尖自动定位

设置尾顶尖的目的是检验是否出现干涉问题。若零件存在车端面和打中心孔的加工操作，尾顶尖设置则必须在端面加工之后。实际中是先在图 4-10 所示对话框"参数"选项卡中将尾顶尖设置在较远的位置，如 Z160 位置处，然后利用"尾座"功能，将远处的尾顶尖自动加装到中心孔处。以图 4-16 示例为例，假设零件加工操作完成了卡爪的重新定位，尾顶尖自动定位操作图解如图 4-18 所示，操作步骤如下：

1）单击"机床群组属性"对话框"毛坯设置"选项卡"尾座设置"设置区域的"参数"按钮（见图 4-4），弹出"机床组件管理：中心"对话框，如图 4-11 所示，预设置尾顶尖参数：中心直径为 10.0mm，中心长度为 30.0mm，指定角度为 60.0°，轴向位置为 160mm。

2）单击"车削→零件处理→尾座"功能按钮，弹出"车削尾座"对话框，按图 4-18 所示选择"前移"，且调整后的位置勾选"自动"复选框。单击确定按钮，系统自动将顶尖加载至与已知中心孔配合的位置。

练习 4-2：卡爪重新定位与尾顶尖自动加载定位练习。前言二维码中给出了图 4-16 第②步的练习文件"图 4-16_加工 1.mcam"，要求按上述介绍完成卡爪重新定位与尾顶尖自动加载定位练习。前言二维码中还给出了后续第③步的卡爪重新定位及自动定位尾顶尖操作并完成了第④步粗、精车外轮廓的加工干涉检验步骤的结果文件"图 4-16_加工 2.mcam"，供读者研习参考。后一个文件可直接开启，并实体仿真观察整个加工过程。

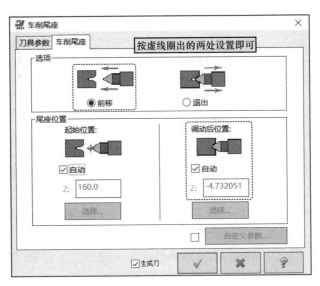

图 4-18　"车削尾座"对话框及其设置

4.2　数控车削加工基本编程

本节基本编程的内容包括常见的车端面、粗车、精车、车沟槽、车螺纹和切断等加工方法。

4.2.1　车端面加工

"车端面"　是车削加工常见的加工工步，根据余量的多少，可一刀或多刀完成。车端面多用于粗加工前毛坯的端面处理，如图 4-19 所示，也可用于加工外圆后车端面。下面以图 4-12 工件的左端面加工为例进行介绍。Mastercam 车端面加工不需要选择加工串连曲线，只需在对话框中进行相关设置即可，如图 4-20 所示。

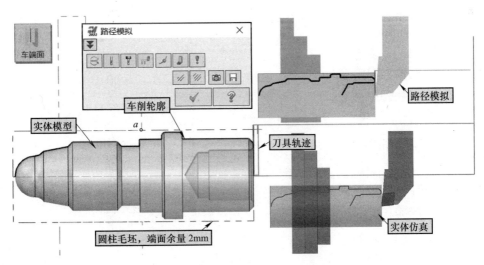

图 4-19　"车端面"加工示例

1. 加工前准备

加工模型，这里以图 4-12 所示的工程图为例。

首先，在 Mastercam 环境中绘制零件加工 3D 模型，并提取车削轮廓，注意工件坐标系原点与世界坐标系重合。

然后，进入车削加工模块，定义圆柱毛坯、卡爪等。毛坯材料为 ϕ40mm×110mm 的 45 钢，端面加工余量 2mm，分粗、精车两刀加工，自定心卡盘装夹，卡爪夹持点 a 的坐标为（D40，Z–50）。

2. 车端面加工操作的创建与参数设置

以图 4-20 所示的车端面加工为例，前言二维码中有相应文件供学习参考。

（1）车端面加工操作的创建　单击"车削→标准→车端面"功能按钮 ，弹出"车端面"对话框，默认为"刀具参数"选项卡，同时，在刀路管理器中创建一个车端面加工操作。注意：车端面不需选择加工串连曲线，不像其他加工创建时会弹出选择加工串连的操作提示。

（2）车端面加工参数设置　主要集中在"车端面"对话框中，该对话框还可单击已创建的"车端面"操作下的"参数"标签 参数 激活并修改。下面未谈及的参数，读者可自行理解，通过设置并观察刀轨的变化逐步理解学习。

1）"刀具参数"选项卡及参数设置如图 4-20 所示，刀具的创建原理与数控铣削加工基本相同。对于车削加工，单件小批量加工时可以直接选用外圆粗车车刀，并与外圆粗车加工共用一把刀具。批量加工时可选用专用的端面车刀。其余参数按图解说明设定，参考点设置为 D120.0、Z100.0。

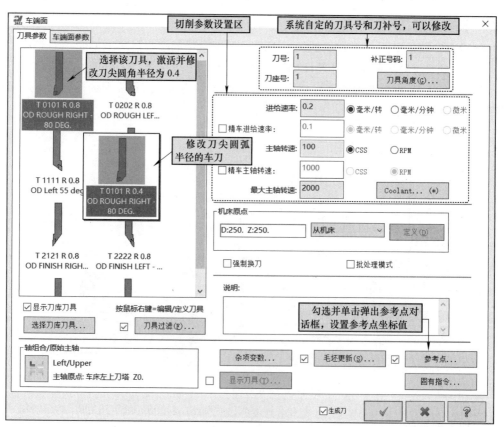

图 4-20　"车端面"对话框→"刀具参数"选项卡

说明：图示外圆车刀是主偏角为 95°、副偏角为 5°的通用性较好的外圆车刀，如 PCLNR □□□□型外圆车刀，适合外圆与端面车削加工。由于零件不大，故将刀尖圆角半径修改为 0.4mm，相当于选用了刀尖圆角 0.4mm 的刀片。

2）"车端面参数"选项卡如图 4-21 所示，默认不勾选"粗车步进量"，一刀完成端面加工。若勾选且设置粗车步进量，可实现多刀车端面，如图中粗车步进量设置为默认的 2mm，精车步进量为 0.35mm，因为毛坯余量为 2mm，可知共车削两刀，第 1 刀 1.65mm，第 2 刀 0.35mm。另外，默认不勾选"圆角"选项，若勾选并设置后可在车端面的同时倒圆或倒角，因此它适合于已加工外圆后的车端面加工，激活"圆角"按钮后，需按要求设置"切入/切出"参数，车端面加工一般不需设置"切入/切出"参数。

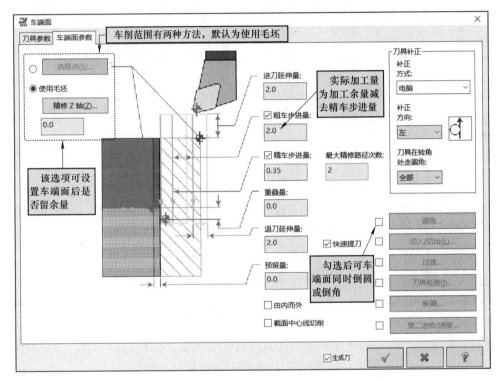

图 4-21　"车端面"对话框→"车端面参数"选项卡

3．生成刀具路径及其路径模拟与实体仿真

第 1 次设置完成"曲面粗切挖槽"对话框中的参数并单击确定按钮，系统会自动进行刀路计算并显示刀路。若后续激活"车端面"对话框并修改参数，则需单击"刀路"操作管理器上方的"重建全部已选择的操作"按钮等重新计算刀具轨迹。

"刀路"操作管理器和"机床"功能选项卡"模拟"选项区均含有"路径模拟"按钮和"实体仿真"按钮，可对已选择并生成刀路的操作进行路径模拟与实体仿真，模拟与仿真结果如图 4-19 所示。

4.2.2　粗车加工

"粗车"　加工主要用于快速去除材料，为精加工留下较为均匀的加工余量，其应用广泛。切削用量的选择原则是低转速、大切深、大走刀，与精车相比一般转速较低，切削深度和进给量较大，以恒转速切削为主。图 4-22 所示为粗车加工示例，其零件图参见图 4-12，假设零件已完成左端外圆与端面加工，自定心卡盘装夹，装夹点 b 的坐标为（D32，Z-75）。

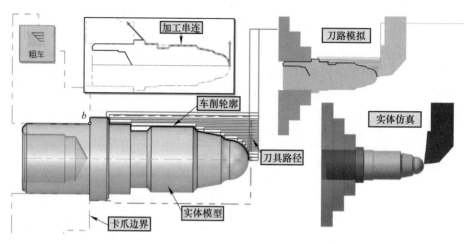

图 4-22 "粗车"加工示例

1．加工前准备

以图 4-19 所示的端面加工为基础，进一步完成车外圆与车端面加工，并完成翻转操作，作为图 4-22 外轮廓粗车加工的原始模型。

2．粗车加工操作的创建与参数设置

以图 4-22 所示的粗车加工为例，前言二维码中有相应文件供学习参考。

（1）粗车加工操作的创建　单击"车削→标准→粗车"功能按钮 ⬛，弹出"串连选项"对话框（默认"部分串连"按钮 ✎ 有效）和选择部分串连操作提示，用鼠标拾取加工轮廓起始段和结束段，必须确保串连加工起点及方向与预走刀路径方向一致，参见图 4-22，单击确定按钮，弹出"粗车"对话框，默认为"刀具参数"选项卡。

📞 提示

与铣削加工相同，Mastercam 2022 也具有实体模型车削轮廓选择功能，且操作提示语略有差异。

（2）粗车加工参数设置　主要集中在"粗车"对话框中，该对话框同样可通过单击相应的"参数"标签 ⇌ 参数激活并修改。

1）"刀具参数"选项卡及参数设置：粗车与端面车削共用一把刀具，切削用量可以不同，另外，参考点参数设置相同，设置画面参考图 4-20。

2）"粗车参数"选项卡如图 4-23 所示，是粗车加工参数设置的主要区域。各文本框参数按名称要求填写即可，"补正方式"选项与铣削原理基本相同，默认为"电脑"，有精度加工要求时建议选用"控制器"补正。"补正方向"的规律是车外圆为"右"补偿，车内孔为"左"补偿，刀具设定后，系统会自动设定。切削方式、粗车方向/角度等看图即可理解。单击"切入/切出"按钮弹出的对话框如图 4-24 所示。单击"切入参数"按钮弹出的对话框见图 4-25 左图。勾选并单击"断屑"按钮弹出的对话框见图 4-25 右图。

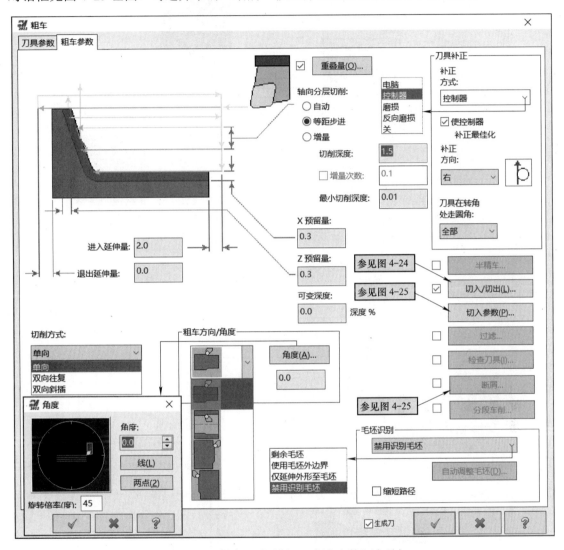

图 4-23　"粗车"对话框→"粗车参数"选项卡

　　图 4-24 所示为单击"粗车"对话框"刀具参数"选项卡中的"切入/切出"按钮弹出的对话框。这两个对话框的设置参数基本相同，仅仅是控制的线段不同，分别对应"切入"和"切出"线段。学习时可按图设置，然后观察刀轨变化，联系实际生产加以理解。

　　图 4-25 所示分别为单击"粗车"对话框"刀具参数"选项卡中的"切入参数"按钮和勾选并单击"断屑"按钮弹出的对话框。"车削切入参数"对话框主要用于外圆或端面有凹陷轮廓车削加工时的设置，这时要有合适的刀具相适应。"断屑"对话框主要用于控制切屑，对于塑性和韧性大的金属材料以及小切深、高速度、以带状切屑为主的加工可考虑这些参数的设置。

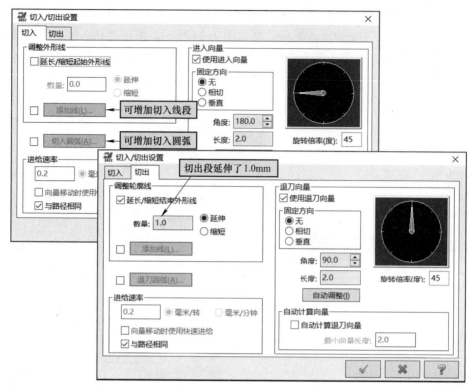

图 4-24 "切入/切出设置"对话框

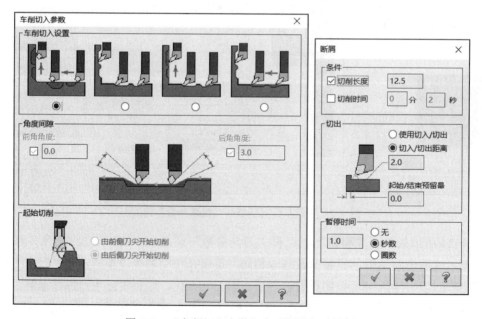

图 4-25 "车削切入参数"和"断屑"对话框

3. 生成刀具路径及其路径模拟与实体仿真

第 1 次设置完成"曲面粗切挖槽"对话框中的参数并单击确定按钮，系统会自动进行刀路计算并显示刀路。若后续对参数进行修改，则需单击"刀路"操作管理器上方的"重建全部已选择的操作"按钮 等重新计算刀具轨迹。

"刀路"操作管理器和"机床"功能选项卡"模拟"选项区均含有"路径模拟"按钮 和"实体仿真"按钮 ，可对已选择并生成刀路的操作进行路径模拟与实体仿真，模拟与仿真结果如图 4-22 所示。

4. 粗车加工拓展

（1）内孔粗车加工示例　粗车刀路同样适用于内孔等粗加工，如图 4-26 所示，右上角的工程图供参考。该零件加工工艺为：车外圆（留磨削余量）→车右端面→车内孔→调头、车端面和倒角→车螺纹。图 4-26 示例中，假设已知该零件的实体模型，导入模型后，提取车削轮廓线，设置圆管毛坯，设置卡爪装夹。

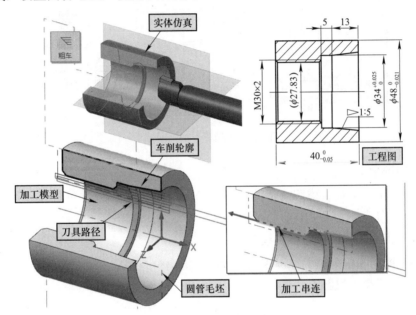

图 4-26　内孔加工示例

（2）非单调变化外轮廓车削　粗车加工"车削切入设置"默认选项（见图 4-25）不允许切入凹陷轮廓，对于非单调变化的外轮廓车削，必须将其设置为允许凹陷切入（"车削切入设置"第二个选项），当然，这种选项应注意刀具的副偏角必须足够大，切入轨迹必须适当。图 4-27 所示的外廓车削便是这种加工的应用示例。

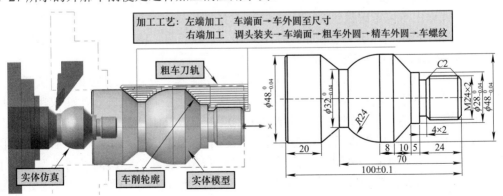

图 4-27　非单调轮廓加工示例

4.2.3　精车加工

"精车"加工是粗车之后的进一步加工，用于获得所需加工精度和表面粗糙度等的加工。精车加工一般仅车削一刀。切削用量选择一般是高转速、小切深、慢进给，必要时选用恒线速度切削。图 4-28 所示为精车加工示例，是图 4-22 粗车加工的继续。

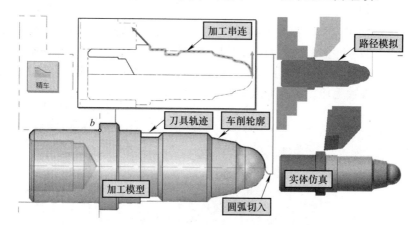

图 4-28　"精车"加工示例

1. 加工前准备

由于这个精车加工是前述图 4-22 所示粗车加工的继续，因此，可直接打开前述的粗车加工文件，另存为当前文件即可。

2. 精车加工操作的创建与参数设置

以图 4-28 所示的精车加工示例为例，前言二维码中有相应文件供学习参考。

（1）精车加工操作的创建　单击"车削→标准→精车"功能按钮![icon]，弹出操作提示"选择点或串连外形"和"串连选项"对话框，默认"部分串连"按钮![icon]有效，由于精车加工串连与粗车相同，因此选择方法也相同。另外，若是紧接着粗车编程，则可直接单击"选择上次"按钮![icon]快速选择。选择结束后单击确定按钮，弹出"精车"对话框，默认为"刀具参数"选项卡。

（2）精车加工参数设置　主要集中在"精车"对话框中。

1）"刀具参数"选项卡：对于单件小批量生产，为减少刀具数量，一般与粗车使用同一把刀具，批量生产可考虑换一把刀具并修改刀具号和补正号等。此处仍然采用前述车端面和粗车外圆的车刀，其刀具选择如图 4-20 所示。一般而言，精车的切削用量与粗车不同，要重新设置，另外，注意参考点设置与前面统一。

2）"精车参数"选项卡：如图 4-29 所示，"控制器"补正可避免锥面与圆弧面的欠切问题，同时可通过刀具补偿控制加工精度，若这里取"控制器"补正，建议粗车也取控制器补正。若后续不加工，则预留量设置为 0，精车一般取 1 次，这时"精车步进量"设置无意义。"切入/切出"设置方法与粗车加工基本相同，这里为了提高球面顶部的圆顺过渡，单击"切入/切出"按钮，在弹出的"切入/切出设置"对话框"切入"选项卡中勾选并单击"切入圆弧"按钮，通过弹出的"切入/切出圆弧"对话框（见图 4-29）设置切入圆弧，设置的切入圆弧在图 4-28 中可见。

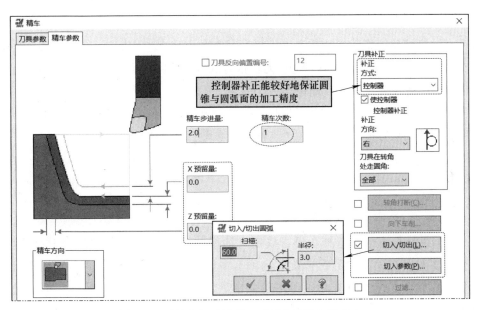

图 4-29 "精车"对话框→"精车参数"选项卡

3. 生成刀具路径及其路径模拟与实体仿真

与粗车加工基本相同，首次设置确定系统会自动计算刀路，后续修改必须重新计算刀路。刀具路径模拟及仿真操作与粗车加工相同，路径模拟与实体仿真结果如图 4-28 所示。

4.2.4 沟槽车加工

此节的"沟槽"▦指径向车削为主的沟槽（Groove）加工，其沟槽的宽度不大，对于较宽的沟槽建议选用后续介绍的切入车削（Plunge Turn）加工等策略。Mastercam 的沟槽加工策略是将粗、精加工放在一个对话框中设置完成。

1. 沟槽的加工方法

单击"车削→标准→沟槽"功能按钮▦，首先弹出的是"沟槽选项"对话框，提供了五种定义沟槽的方式，如图 4-30 所示，默认是应用较多的"串连"选项。

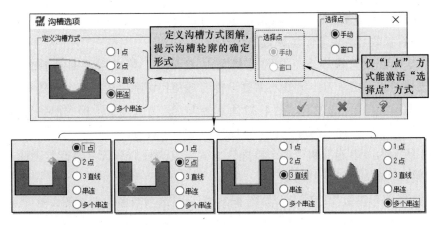

图 4-30 "沟槽选项"对话框

（1）"1 点"方式　选择一个点定义沟槽的位置（外圆为右上角），沟槽宽度、深度、侧壁斜度、过渡圆角等形状参数均在"沟槽形状参数"选项卡中设定。仅"1 点"方式会激活右侧的"选择点"选项，"手动"选项为默认方式，可用鼠标拾取单个点定义槽位置；"窗口"选项可窗选多个点定义多个槽位置。

（2）"2 点"方式　选择沟槽的右上角和左下角两个点定义沟槽的位置、宽度和深度，侧壁斜度、过渡圆角等形状参数则在"沟槽形状参数"选项卡中设定。

提示

以上的"点"必须是"线框→绘点→…"功能绘制出的点图素。

（3）"3 直线"方式　选择 3 根直线定义沟槽的位置、宽度和深度，侧壁斜度、过渡圆角等形状参数则在"沟槽形状参数"选项卡中设定。3 根直线中第 1 与第 3 根直线必须平行且等长。直线的选择方式必须使用部分串连 、窗口 或多边形 方式选择 3 根串连曲线。

"部分串连"方式分别在第 1 根线靠近起点处和第 3 根线靠近终点处获得；

"窗选"方式先用鼠标框选 3 根线，然后按提示选择第 1 根线的起点获得；

"多边形"方式先用鼠标单击多点构造出包含 3 根线的多边形（双击结束多边形选择），然后选取第 1 根线的起点获得。

（4）"串连"方式　串连 方式选择一个串连曲线构造沟槽，此方式沟槽的位置与形状参数均由串连曲线定义，"沟槽形状参数"选项卡中设定的参数不多。该方式定义的沟槽可比"3 直线"方式更复杂。

（5）"多个串连"方式　用串连 方式连续选择多个串连曲线构造多个沟槽一次性加工。其余与"串连"方式相同。"多个串连"适合于形状相同或相似、切槽参数相同的多个串连沟槽的加工。

2. 沟槽加工主要参数设置

沟槽加工的主要参数集中在"沟槽粗车"对话框的四个选项卡中，沟槽参数设置项目较多，但一般看参数名称就可知道参数的含义。

（1）"刀具参数"选项卡　与前述操作基本相同，差异主要是选择的刀具不同，图 4-31 中选择的是切槽车刀，另外还需要设置刀具及其切削用量的相关参数和参考点等。

（2）"沟槽形状参数"选项卡　图 4-32 所示为"1 点"方式定义沟槽的形状参数设置画面，"2 点"与"3 直线"方式"高度"和"宽度"参数不可设置。

图 4-33 所示为"串连"和"多个串连"方式定义沟槽的形状参数设置画面，其仅可激活并设置调整外形起始 / 终止线参数等。

（3）"沟槽粗车参数"选项卡　如图 4-34 所示，选项较多，但看图设置即可。

（4）"沟槽精车参数"选项卡　如图 4-35 所示，选项较多，但看图设置即可。

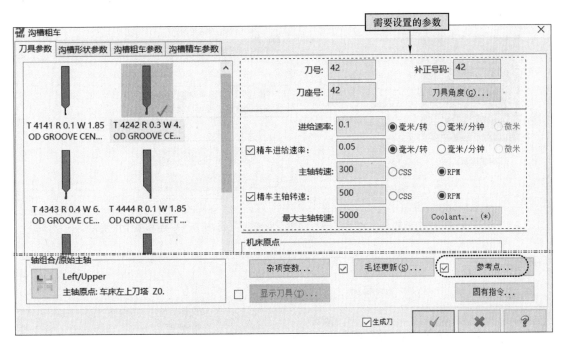

图 4-31 　"沟槽粗车"对话框→"刀具参数"选项卡

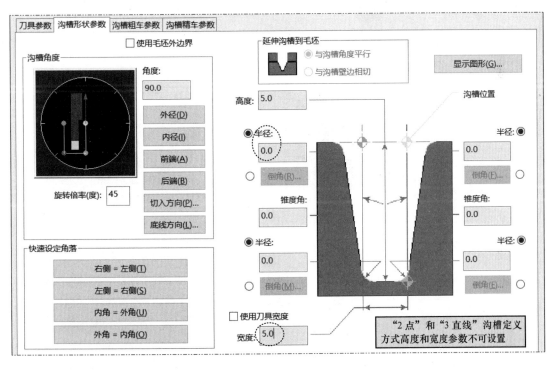

图 4-32 　"沟槽粗车"对话框→"沟槽形状参数"选项卡（1 点、2 点与 3 直线）

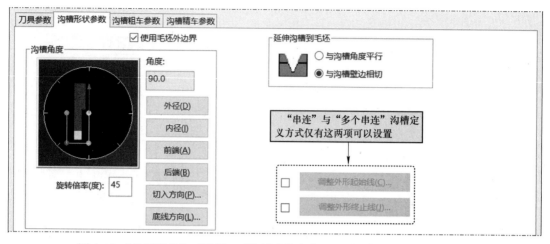

图 4-33 "沟槽粗车"对话框→"沟槽形状参数"选项卡（串连和多个串连）

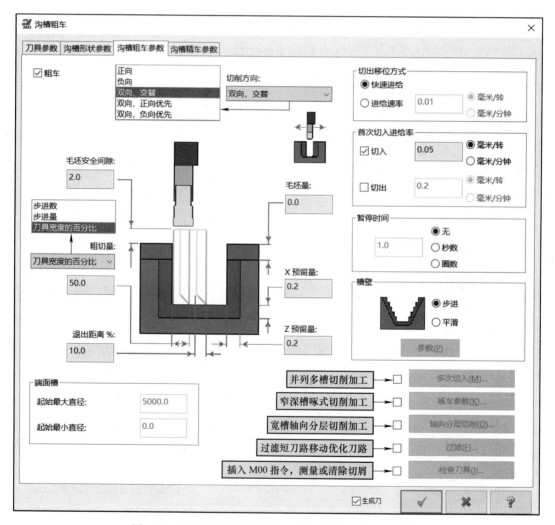

图 4-34 "沟槽粗车"对话框→"沟槽粗车参数"选项卡

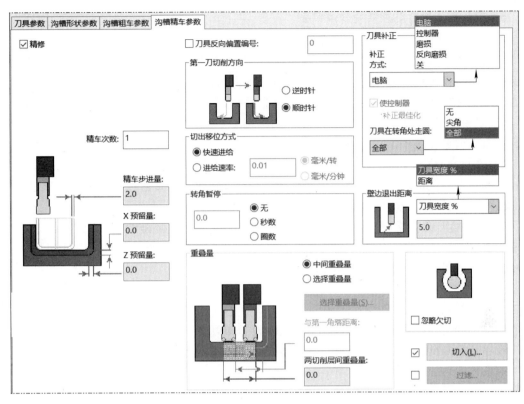

图 4-35 "沟槽粗车"对话框→"沟槽精车参数"选项卡

3. 沟槽加工设置示例

图 4-36 所示为沟槽加工示例，该示例沟槽几何参数参见图 4-12，其前道工序为图 4-28 所示的精车加工。

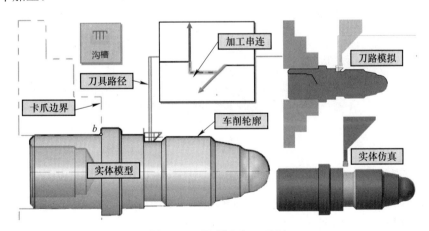

图 4-36 "沟槽"加工示例

4. 加工前准备

由于这个沟槽加工是前述图 4-28 所示精车加工的继续，因此，可直接打开前述的精车加工文件，另存为当前文件即可。

5. 精车加工操作的创建与参数设置

以图 4-36 所示的沟槽车加工示例为例，前言二维码中有相应文件供学习参考。

（1）沟槽加工操作的创建 单击"车削→标准→沟槽"功能按钮▥，弹出"沟槽选项"对话框，选择"串连"单选项，单击确定按钮，弹出操作提示与"串连选择"对话框，按图 4-36 所示选择沟槽加工串连曲线，单击确定按钮，弹出"沟槽粗车（串连）"对话框。

（2）沟槽加工参数设置 主要集中在"沟槽粗车（串连）"对话框中，主要参数简述如下，设置画面分别参照图 4-31 ～图 4-35。

1）"刀具参数"选项卡，参见图 4-31，选择一把刀片宽度为 4.0mm、刀尖圆角半径为 0.3mm 的右手型外圆切槽车刀，刀库信息为：刀号 T4848，刀具名称 OD GROOVE RIGHT-MEDIUM，刀片信息 R0.3 W4.。

2）"沟槽形状参数"选项卡，参见图 4-33，勾选"使用毛坯外边界"复选框，选中"与沟槽壁边相切"单选项，勾选"调整外形起始线"和"调整外形终止线"复选框，并单击相应按钮，设置起始线与终止线分别延长 1.0mm。

3）"沟槽粗车参数"选项卡，参见图 4-34，切削方向：双向交替，粗切量：刀具宽度的 70.0%，选中槽壁"平滑"单选项。

4）"沟槽精车参数"选项卡，按图 4-35 设置即可。

设置后的刀具轨迹、刀路模拟、实体仿真等如图 4-36 所示。

4.2.5 车螺纹加工

"车螺纹"▥加工是数控车削中常见的加工方法之一，可加工外螺纹、内螺纹或端面螺纹槽等。图 4-37 所示为图 4-12 零件中 M30 螺纹加工示例，假设该零件已完成粗车、精车以及切槽加工，现继续进行螺纹加工。

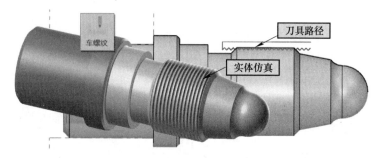

图 4-37 "车螺纹"加工示例

1. 加工前准备

直接调用图 4-36 所示零件已完成粗车、精车以及切槽加工文件，并另存为当前文件即可。

2. 车螺纹加工操作的创建与参数设置

以图 4-37 所示的车螺纹加工示例为例，前言二维码中有相应文件供学习参考。

（1）车螺纹加工操作的创建 单击"车削→标准→车螺纹"功能按钮▥，弹出"车螺纹"对话框，默认为"刀具参数"选项卡。注意：车螺纹加工与车端面加工类似，不需要选择加工串连等曲线，而是在对话框中通过参数设定完成。

（2）车螺纹加工参数设置　主要集中在"车螺纹"对话框中。

1）"刀具参数"选项卡：如图 4-38 所示，与前述基本相同，主要是选择的刀具不同，另外需要设置切削参数和参考点等。

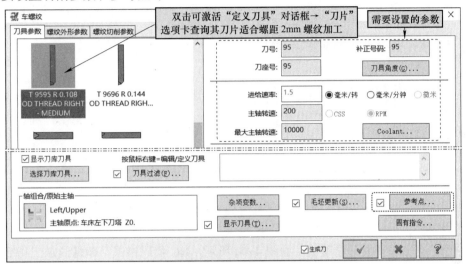

图 4-38　"车螺纹"对话框→"刀具参数"选项卡

2）"螺纹外形参数"选项卡：螺纹外形参数导程、牙型角、大径、小径等一般由表单或公式计算设置，不需单独填写，具体为单击"由表单计算"按钮（见图 4-39a），弹出"螺纹表单"对话框选取确定，如图 4-39b 左图所示。或单击"运用公式计算"按钮，弹出"运用公式计算螺纹"对话框计算确定，如图 4-39b 右图所示。"螺纹外形参数"选项卡中，操作者只需设定螺纹的起始与结束位置参数等即可。

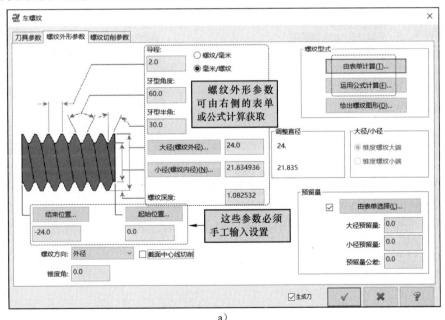

a）

图 4-39　"车螺纹"对话框→"螺纹外形参数"选项卡

a）"螺纹外形参数"选项卡

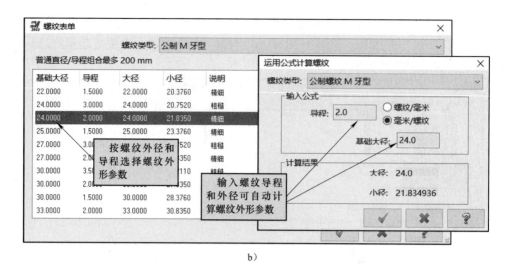

b)

图 4-39 "车螺纹"对话框→"螺纹外形参数"选项卡（续）

b）"螺纹表单"和"运用公式计算螺纹"对话框

3）"螺纹切削参数"选项卡：如图 4-40 所示，NC 代码格式（即螺纹加工指令）根据需要选用，其余按图示设置即可。注意：固定循环指令 G76 后处理生成的指令格式与实际使用的机床格式可能存在差异，因此，要对输出程序对比研究，为后续使用输出程序的快速修改提供基础。

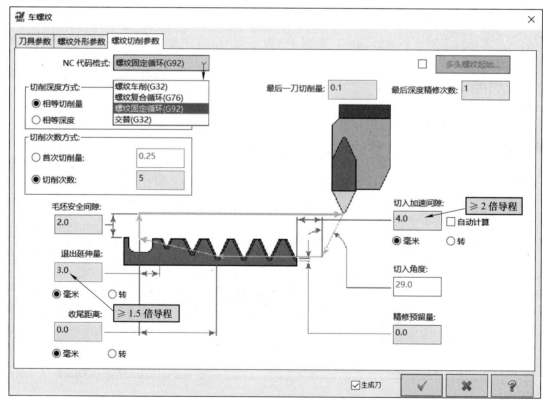

图 4-40 "车螺纹"对话框→"螺纹切削参数"选项卡

3．生成刀具路径及其路径模拟与实体仿真

首次设置并确定后系统会自动计算刀路，后续修改必须重新计算刀路。刀具路径模拟与仿真操作与粗车加工相同，实体仿真结果如图 4-37 所示。

4.2.6 切断加工

"切断" 又称截断，是直径不大的零件数控车削的最后一道工步，通过指定加工模型上的指定点，径向进给切断零件。图 4-41 所示为切断加工示例。

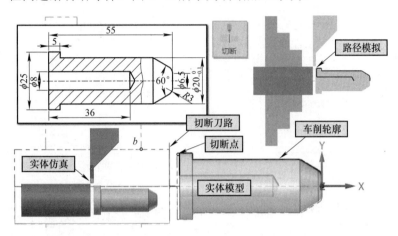

图 4-41 "切断" 加工示例

切断加工时只需指定切断点即可，其切削深度可以自动或手动指定，因此其不仅可以切断，而且可以加工切削宽度等于刀具宽度的窄槽。

1．加工前准备

前言二维码中给出了该零件的 STP 格式文件，直接调用 STP 文件可提取车削轮廓曲线。

2．切断加工操作的创建与参数设置

以图 4-41 所示的切断加工示例为例，前言二维码中有相应文件供学习参考。

（1）切断加工操作的创建 单击"车削→标准→切断"功能按钮，弹出操作提示"选择切断边界点"，用鼠标拾取切断点，弹出"车削截断"对话框，默认为"刀具参数"选项卡。

（2）切断加工参数设置 主要集中在"车削截断"对话框中。

1）"刀具参数"选项卡：如图 4-42 所示，主要是刀具的选择不同，其余设置同前所述，此处激活了 W=4 的切断刀，修改为 W=3 的切断刀。

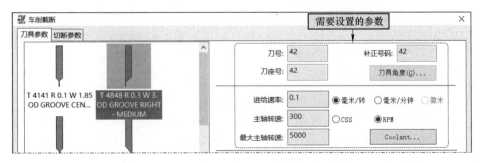

图 4-42 "截断"对话框→"刀具参数"选项卡

2）"切断参数"选项卡：如图 4-43 所示，该选项卡是切断加工参数设置的主要区域，主要设置选项参见图中说明。

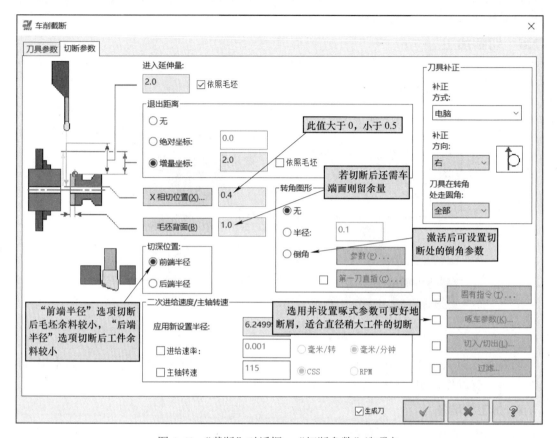

图 4-43 "截断"对话框→"切断参数"选项卡

注意

① 切断加工的"X 相切位置"参数设置一般不需切至 0，实际中一般切至直径 1～2mm，工件会在重力和离心力等作用下断开。绝对不要切过轴线刀尖圆角半径值。② 通过控制切入深度可实现槽宽等于刀片宽度槽的加工。

3. 生成刀具路径及其路径模拟与实体仿真

首次设置并确定后系统会自动计算刀路，后续修改必须重新计算刀路。刀具路径模拟与实体仿真操作同前所述，路径模拟与实体仿真结果如图 4-41 所示。

4.2.7 车床钻孔加工

车床"钻孔"加工是在车床上进行轴向孔加工的一种加工策略，可进行钻孔、钻中心孔、点钻孔窝、攻螺纹、铰孔、镗孔等加工。图 4-44 所示为钻孔加工示例，下面通过该示例介绍车床钻孔加工编程，毛坯模型为图 4-41 所示切断后的状态，先调头装夹加工，然后车端面、点钻孔窝和钻孔加工。

1．加工前准备

加工模型工程图参见图 4-41，图 4-44 所示为已完成右端及切断加工，切断面留加工余量 1.0mm，因此本例加工工艺为：车端面→钻孔窝→钻孔。加工前要做的工作如下：

首先，调用图 4-41 加工文件，另存为本例的加工文件，同时将原加工模型进行左右镜像，并移动图形使图 4-44 中端面中心的钻孔位置与世界坐标系原点重合。

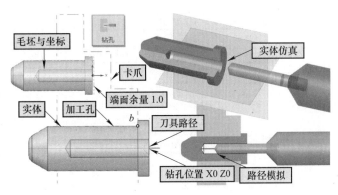

图 4-44　"钻孔"加工示例（两图取一）

其次，要在某单独图层上绘制一个旋转图形用于定义毛坯。

然后，进入车削模块，展开"机床组件"下的"属性"选项，单击"毛坯设置"标签，在弹出的"机床组件属性"对话框"毛坯设置"选项卡中，基于该旋转图形创建毛坯，并创建图 4-44 所示的卡爪装夹。

最后，就本例而言，先按前述介绍，完成端面车削加工，这里不赘述。本例拟进行点钻孔窝和钻孔两个步骤。

2．钻孔加工操作的创建与参数设置

以图 4-44 所示的钻孔加工示例为例。

（1）钻孔加工操作的创建　单击"车削→标准→钻孔"功能按钮■，弹出"车削钻孔"对话框，默认为"刀具参数"选项卡。

（2）钻孔加工参数设置　主要集中在"车削钻孔"对话框中。

1）"刀具参数"选项卡：如图 4-45 所示，刀具列表中默认可见到四种钻孔刀具：点钻刀具（STOP TOOL）（又称定心钻）、钻头（DRILL）、中心钻（CENTER DRILL）和平底铣刀（END MILL）（相当于平底铣刀）。由于刀具库中没有 ϕ8mm 的钻头，可双击激活（或右键弹出快捷菜单，单击"编辑刀具"命令）ϕ9mm 的钻头编辑获得。另外，钻孔窝一般采用专用的定心钻，如图中所示的 ϕ6mm 点钻。

2）"深孔钻 - 无啄孔"选项卡：其实质是钻孔参数选项卡，是钻孔加工主要的参数设置区域。选项卡的名称与循环下拉列表的循环选择对应，默认的"深孔钻 - 无啄孔"选项卡名称对应"钻头 / 沉头钻"循环选项（钻头 / 沉头钻 =Drill/Counterbore），如图 4-46 上图点钻的循环选项，下图的"断屑式 - 增量回缩"选项卡名称对应的是"Chip break(G74)"循环。深度设置可先输入孔深，然后单击深度计算按钮■计算深度增加量，对于图 4-44 所示编程模型中准确绘制了孔底的加工模型，可单击"深度"按钮，用鼠标捕捉加工模型上的孔底位置（注意钻头的刀位点是钻头顶点）。钻孔位置默认为 X0 Z0，不用再选择。"循环"下拉列表对数控程序及钻孔的指令有较大的影响。"钻头 / 沉头钻"选项是普通孔加工方式，"Chip break(G74)"选项可生成 FANUC 系统的 G74 指令循环格式，有较好的断屑效果；"深孔啄钻(G83)"不仅有较好的断屑效果，而且还有较好的排屑效果。两者均适用于深孔加工。每种循环用到的参数不一样，建议读者选择某种循环，通过设置参数，并后处理生成加工代码，研究这些参数应该如何设置。按图中所示的选择生成的孔加工循环指令对应的 G74 指令程序段如图 4-46 所示，首次啄钻 8.0mm 对应指令中的"Q8."，安全余隙 1.0mm 对应指令中的"R1."。

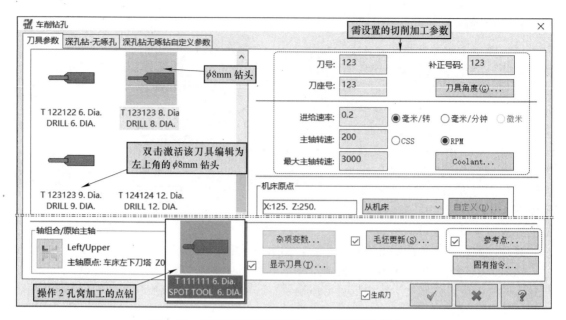

图 4-45 "车削钻孔"对话框→"刀具参数"选项卡

图 4-46 中，点钻孔窝选用的循环是"钻头 / 沉头钻"选项，深度为 –3.0mm。钻孔选用的循环是"Chip break（G74）"选项，深度为 –38.4mm。

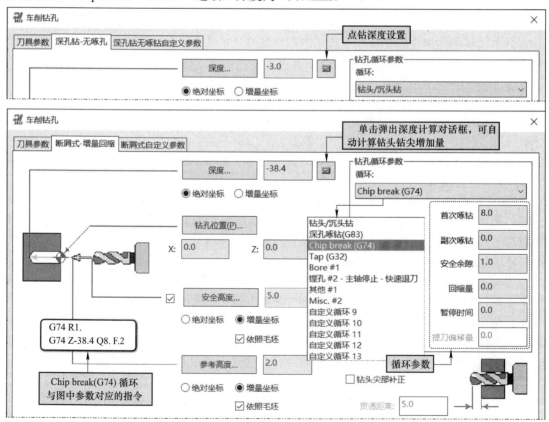

图 4-46 "车削钻孔"对话框→"断屑式 - 增量回缩"选项卡

3)"深孔钻无啄钻自定义参数"选项卡:其选项卡的名称也是与"循环"下拉列表的循环选项有关,用户可自定义断屑式循环加工,实际中用得不多。

3. 生成刀具路径及其路径模拟与实体仿真

首次设置并确定后系统会自动计算刀路,后续修改必须重新计算刀路。刀具路径模拟与仿真操作同粗车加工,图 4-44 中的路径模拟与实体仿真为钻孔的结果。

4.2.8 数控车削加工基本编程指令练习

以下给出的练习,供读者在学完本节知识后对理解与掌握的情况进行检验。

练习 4-3: 已知工程图如图 4-12 所示(前言二维码中给出了练习文件"练习 4-3.stp"和结果文件"练习 4-3_加工.mcam"供练习)。材料为 45 钢,毛坯尺寸为 $\phi40mm×110mm$,加工工艺:先加工左端,然后调头加工右端。加工编程练习步骤见表 4-1。

表 4-1　练习 4-3 加工编程练习步骤

	工序 1:左端车加工	
步骤	图　例	说　明
1	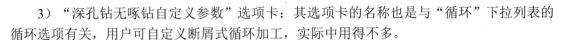	加工环境的创建: 1)启动 Mastercam 2022,导入文件"练习 4-3.stp",镜像实体模型,移动模型建立工件坐标系 2)提取车削轮廓放在图层 2
2		进入车削编程模块,进行毛坯设置: 1)定义毛坯尺寸为 $\phi40mm×110mm$,端面余量为 2mm。 2)定义卡爪,定位点 a 坐标为(D40,Z−50)
3		车端面: 1)80°刀尖角右手粗车刀,刀具名称 T0101,进给速度为 0.2mm/r,主轴转速为 500r/min 2)精车 1 刀,精车步进量为 0.35mm 3)参考点为(D120,Z100)(下同)
4		粗车外圆: 1)刀具同车端面车刀,进给速度为 0.2mm/r,主轴转速为 800r/min 2)背吃刀量为 1.5mm,X 和 Z 预留量为 0.3mm,控制器补正,切出延长 3mm
5		精车外圆: 1)刀具同车端面车刀,进给速度为 0.1mm/r,主轴转速为 900r/min 2)精车一刀至尺寸,控制器补正,切出延长 3mm

（续）

	工序 1：左端车加工	
步 骤	图 例	说 明
6	点钻孔窝	点钻定位孔窝： 1）ϕ6mm 点钻（SPOT TOOL），进给速度为 0.1mm/r，主轴转速为 200r/min 2）点钻深度为 −3mm
7	钻孔	钻孔： 1）ϕ20mm 钻头（DRILL），进给速度为 0.05mm/r，主轴转速为 200r/min 2）钻孔深度至孔底
8	镗孔	粗、精车内孔： 1）调用刀库中的内孔车刀 T7171，激活并修改刀杆参数 C=9，进给速度为 0.1mm/r，主轴转速为 800r/min，控制器补正，切削深度为 1.0mm，X 和 Z 预留量为 0.3mm 2）勾选并激活"粗车参数"选项卡中的半精车对话框，设置预留量为 0，主轴转速为 1000 r/min
9	卡爪 坐标系 b	毛坯翻转： 半成品调头，以加工后的左端外圆与端面点位，定位点 b 坐标为（D32，Z−75）
10	刀轨 粗车外轮廓	粗车外圆： 1）刀具同左端面，进给速度为 0.2mm/r，主轴转速为 800r/min 2）背吃刀量为 1.5mm，X 和 Z 预留量为 0.3mm，控制器补正，切出延长 1mm
11	精车外轮廓 刀轨 切入圆弧	精车外圆： 1）刀具同车端面车刀，进给速度为 0.1mm/r，主轴转速为 1000r/min 2）精车一刀至尺寸，控制器补正。切出延长 1mm，圆弧切入，圆弧半径为 R3mm，扫描角度为 60°
12	刀路 切槽	车沟槽（未提到的参数自定）： 1）选中宽度为 4.0mm 的右手切断刀，激活刀具编辑对话框，修改刀具宽度为 3.0mm，进给速度为 0.1mm/r，主轴转速为 600r/min 2）串连车定义沟槽，粗、精车参数自定
13	螺纹车刀 车螺纹	车螺纹（未提到的参数自定）： 1）刀具设置，米制 60° 螺纹刀片右手螺纹车刀，主轴转速为 200 r/min 2）表单计算选择 M30×1.5 螺纹外形参数，起始位置为 −24mm，结束位置为 −48.0mm 3）输出 NC 代码格式 G92

4.3　数控车削加工拓展编程

以下介绍的四个加工策略是上述基本加工策略的拓展，其刀路较有特色。

4.3.1　仿形粗车加工

"仿形粗车" ![icon] 加工策略是针对铸造、模锻成形类毛坯而设置的加工策略，其刀路的特点是一系列以加工模型轮廓线向外按指定距离偏置的刀具轨迹，如图 4-47 所示。这种加工策略同样适用于圆柱体毛坯的加工。仿形粗车刀轨类似于复合固定循环指令 G73 的刀轨，但又优于 G73，其基于基本编程指令的加工程序通用性好，同时比 G73 指令的空刀路少得多。注意：仿形粗车仅是粗加工，精加工仍可用 4.2.3 节介绍的精车加工策略。

图 4-47 示例的工程图参见图 4-51，这里假设其为模锻成形，加工余量约 3.0mm，其加工工艺是左、右端的粗车均采用仿形粗车加工策略，注意其刀具轨迹与粗车加工的差异性。

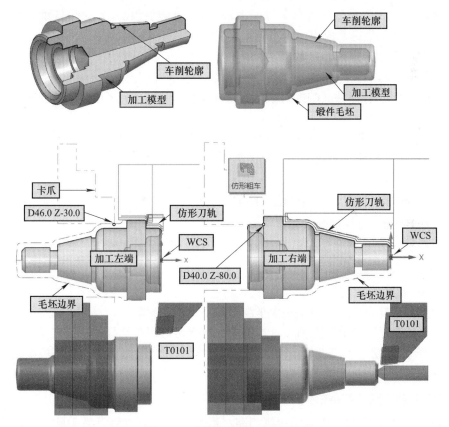

图 4-47　"仿形粗车"加工示例

1. 加工前准备

加工模型如图 4-47 所示，前言二维码中给出了零件实体模型"图 4-47_工件 .stp"、毛坯实体模型"图 4-47_毛坯 .stp"和加工结果模型"图 4-47_仿形粗车 .mcam"，为简化练习，前言二维码中给出的加工结果有所简化，具体加工流程为：左端：车端面→仿形粗车外轮廓→精车外轮廓，调头；右端：车端面→打中心孔→加装尾顶尖→仿形粗车外轮廓→

精车外轮廓。加工前准备如下：

（1）导入加工模型　启动 Mastercam，导入 3D 工件模型"图 4-47_ 工件 .stp"和 3D 毛坯模型"图 4-47_ 毛坯 .stp"，镜像零件和毛坯，以零件左端面中心为原点移动工件至世界坐标系建立加工坐标系，如图 4-47 所示。

（2）进入车削模块　首先，基于实体模型创建毛坯，以图示参考点创建自定心卡盘，创建尾座备用，顶尖中心直径修改为 10.0mm，轴向位置为 160.0mm。然后，依次创建相关加工。

（3）左端加工（未提到的参数自定）

1）车端面。端面粗车刀（ROUGH FACE RIGHT-80 DEG.），刀具编号 T0202。

2）仿形粗车外轮廓。粗车刀（OD ROUGH RIGHT-80 DEG.），刀具编号 T0101，X 预留量为 0.4mm，Z 预留量为 0.3mm。

3）精车外轮廓。刀具选用同仿形粗车 T0101。

（4）调头　基于"车削→零件处理→毛坯翻转" 功能创建一个毛坯翻转操作，以零件右端面中心为加工坐标系原点，卡爪装夹参考点如图 4-47 所示。

（5）右端加工（未提到的参数自定）

1）车端面。设置与左端面加工相同。

2）打中心孔。中心钻（CENTER DRILL-6 DIA.），钻孔深度为 –5.5mm，刀具编号 T0303。

3）加装尾顶尖：基于"车削→零件处理→尾座" 功能创建一个尾顶尖自动加装操作。

4）仿形粗车外轮廓。设置与左端仿形粗车加工相同，X 预留量为 0.4mm，Z 预留量为 0.3mm。

5）精车外轮廓。设置与左端外轮廓精车加工相同。

2．仿形粗车加工操作的参数设置

仿形粗车加工的参数设置主要集中在"仿形粗车"对话框中，其包含"刀具参数"与"仿形粗车参数"两个选项卡，"刀具参数"选项卡与前述介绍基本相同，"仿形粗车参数"选项卡如图 4-48 所示。

图中，"固定补正"选项用于端面车削面积不大的轮廓加工；反之，则选择"XZ 补正"选项，并将"Z 补正"值设置得稍小。本例中，左端仿形粗车选择了"固定补正"，而右端仿形粗车选择了"XZ 补正"选项，如图所示。"进刀量 / 退刀量"参数可控制切入与切出刀路的延伸。其余参数见图 4-48。

3．生成刀具路径及其路径模拟与实体仿真

首次设置并确定后系统会自动计算刀路，后续修改必须重新计算刀路。刀具路径模拟与仿真操作与粗车加工相同，实体仿真结果如图 4-47 所示。

4．圆柱体毛坯仿形粗车加工示例与分析

"仿形粗车" 加工策略同样可用于圆柱毛坯粗车加工，并且通过"切入参数"设置，可用于非单调变化的轮廓粗车加工。

图 4-49 所示为单调变化轮廓的粗车加工，注意其刀轨与手工编程的固定循环指令 G71 和 G73 均不对等，其刀路更为简洁。

图 4-50 所示为非单调变化轮廓的粗车加工，但其与手工编程的固定循环指令 G73 不同，明显更为简洁。

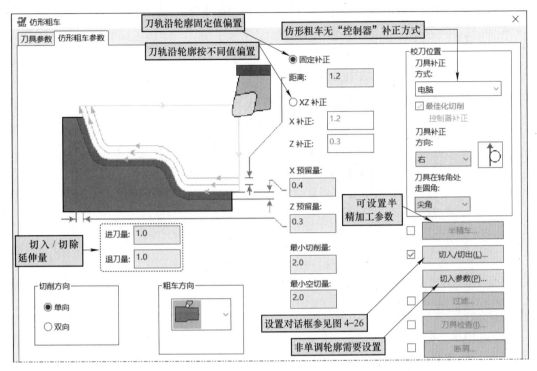

图 4-48　"仿形粗车"对话框→"仿形粗车参数"选项卡

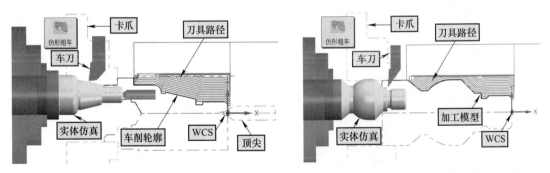

图 4-49　圆柱体毛坯仿形粗车加工示例 1　　　图 4-50　圆柱体毛坯仿形粗车加工示例 2

熟悉手工编程的读者可将尝试用 G71 和 G73 编写加工程序，并比较刀路的差异。

📞 提示

仿形粗车加工策略生成的刀轨虽然简洁，但 NC 代码并不简明，因为它是基于基本编程指令 G00、G01、G02 和 G03 生成的。

练习 4-4：已知工程图如图 4-51 所示，材料为 45 钢，锻件毛坯，采用自定心卡盘装夹，先加工左端，然后调头装夹车右端，加工工艺为：车左端面→钻孔窝→钻 $\phi16mm$ 孔→仿形粗车内孔→精车内孔→仿形粗车外轮廓→精车外轮廓→调头装夹（毛坯翻转）；右端加工：

车端面→钻中心孔→装夹顶尖→仿形粗车外轮廓→精车外轮廓→切 3mm 槽→车 5mm 槽→车螺纹。零件三维图、毛坯图、装夹方案以及左、右端仿形车削如图 4-49 所示。前言二维码中给出了练习文件"练习 _4-4.stp"、毛坯文件"练习 4-4_ 毛坯 .stp"以及结果文件"练习 4-4_ 仿形 .mcam"供研习参考。

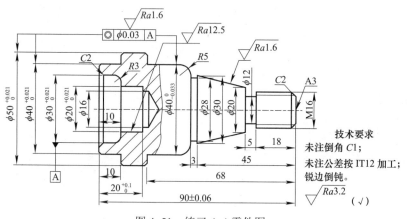

图 4-51　练习 4-4 零件图

4.3.2　动态粗车加工

"动态粗车" 加工策略是一种专为高速切削加工而设计的刀路，其切削面积均匀，材料切入、切出以切线为主，刀具轨迹圆滑流畅，几乎没有折线刀路，加工过程中较少应用 G00 过渡，因此加工过程中切削力变化较小，适合高速车削加工。图 4-52 所示为某滚轴型面动态粗车加工刀轨示例，假设工件已加工完成型面之外的其他加工，此处仅动态加工型面，采用圆刀片仿形车刀。限于高速加工对机床的要求以及人们对高速切削机理的认识，目前动态粗车刀路应用还不广泛，但仔细研究这种加工策略，对理解高速切削加工是有帮助的。

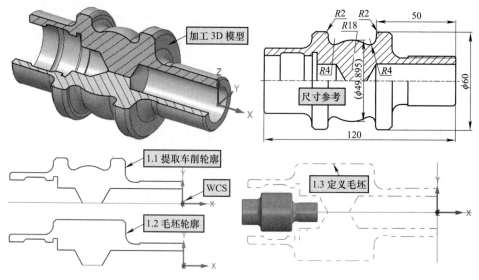

图 4-52　"动态粗车"加工示例

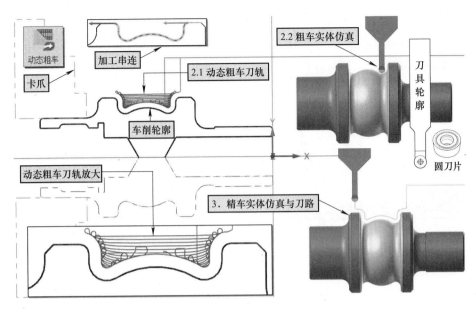

图 4-52　"动态粗车"加工示例（续）

1. 加工前准备

以图 4-52 所示动态粗车为例。假设已知动态粗车前的半成品 3D 数字模型（图 4-52_滚轴 .stp），并提供了与加工相关的型面尺寸。

1）启动 Mastercam 2022，读入"图 4-52_滚轴 .stp"，并放置在图层 1 中。然后，利用"线框→形状→车削轮廓"　功能，提取车削轮廓，并放置在图层 2 中。

2）基于车削轮廓创建毛坯轮廓。

3）进入车削加工模块，基于"旋转"图形定义加工毛坯。另外，按图示位置定义卡爪装夹。

2. 动态粗车加工操作的创建与参数设置

以图 4-52 所示的动态粗车加工示例为例，前言二维码中有相应文件供学习参考。

（1）动态粗车加工操作的创建　单击"车削→标准→动态粗车"功能按钮　，弹出操作提示"选择切入点或串连外形"和"线框串连"对话框，默认"部分串连"按钮　有效的情况下，按图示要求选择串连，单击确定按钮，弹出"动态粗车"对话框，默认为"刀具参数"选项卡。

（2）动态粗车加工参数设置　主要集中在"动态粗车"对话框中，该对话框同样还可单击已创建的"动态粗车"操作下的"参数"标签　参数激活并修改。

1）"刀具参数"选项卡。首先创建一把图 4-52 所示的仿形车刀，刀片半径为 2.5mm，切削参数自定，设置参考点为（X50，Z100）。

> **提示**
>
> 该仿形车刀可以通过右键快捷菜单创建新刀具命令逐步创建，也可以选择一把宽度 W5 左右的切槽刀，通过编辑参数获得。

2）"动态粗车参数"选项卡。如图 4-53 所示，其中的参数对动态刀具轨迹的形态有较大的影响，可通过修改参数观察刀轨，最终确定。

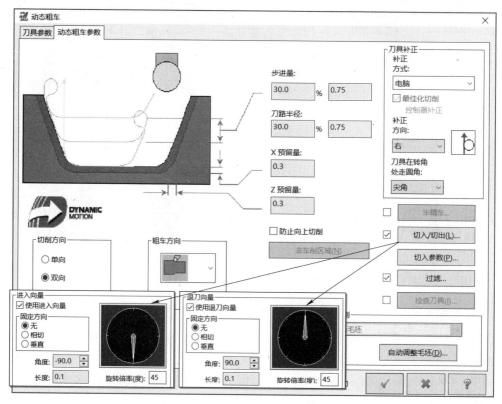

图 4-53 "动态粗车"对话框→"动态粗车参数"选项卡

3．生成刀具路径及其路径模拟与实体仿真

首次设置并确定后系统会自动计算刀路，后续修改必须重新计算刀路。刀具路径模拟与仿真操作与粗车加工相同，实体仿真结果如图 4-52 所示。

4.3.3 切入车削加工

"切入车削" ▤ 加工策略是基于现代机夹可转位不重磨切槽车刀具有良好轴向切削功能而开发出的基于切槽刀横向切削为主的加工刀路，与"沟槽"车削相同，"切入车削"策略也是将粗、精车加工参数设置集成在同一个对话框中。

1．切入车削加工原理与刀路分析

（1）切入车削加工原理　图 4-54 所示为切槽刀具车削原理。首先，径向车削至 a_p 深度，然后转为轴向车削。由于切削阻力 F_z 的作用，刀头产生一定的弯曲变形，形成一个小的副偏角，修光已加工表面。同时刀具略微增长 $\Delta d/2$，进行轴向车削。刀具伸长量 $\Delta d/2$ 是一个经验数据，受切削深度 a_p、进给量 f、切削速度 v_c、刀尖圆角半径 r_ε、材料性能、切槽深度以及刀头悬伸部分刚度等因素影响，一般在 0.1mm 左右。

（2）切入车削刀路分析　切入车削适合于宽度较大的槽加工，可实现轴向车削槽的粗、精加工编程。图 4-55 所示为带底角倒圆的宽槽切入粗车刀具轨迹，由于轴向车削的刀头伸长，因此径向切入转轴向切削前刀具应退回 $0.1 \sim 0.15\text{mm}$，参见图中Ⅰ放大部分。考虑到切削过程中尽量避免两个方向受力，故轴向车削转径向切入时，采用 $45°$ 斜向退刀方式，参见图中Ⅱ放大部分。

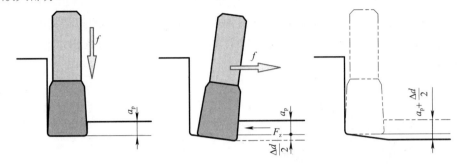

图 4-54　切槽刀具车削原理

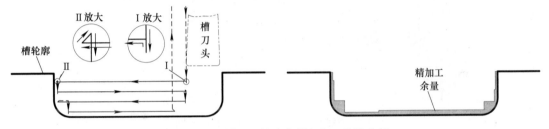

图 4-55　切槽刀具轴向车槽粗加工轨迹分析

图 4-56 所示为轴向粗车配套的精车加工步骤，其第②步轴向车削前仍然要回退刀具伸长量 $\Delta d/2$。

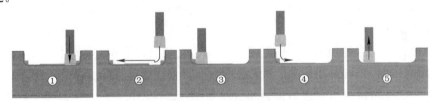

图 4-56　切槽刀具轴向车槽精加工步骤

（3）切入车削典型加工示例　图 4-57 所示为切入车削粗、精车削实体仿真示例，图中精车加工圆柱部分似乎有所凸出，实际上是软件仿真时未考虑刀具伸长变形所致，若刀具伸长量 $\Delta d/2$ 选取合适，实际加工件看不到这个现象。

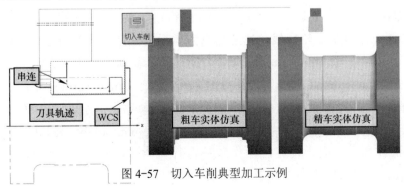

图 4-57　切入车削典型加工示例

2．切入车削加工应用

切入车削功能不仅可切削底角倒圆角的宽槽，同样也可加工无圆倒角的矩形槽及其他任意形状的凹槽，甚至可进行复杂外轮廓形状外圆的粗加工。图 4-58 所示为切入车削粗、精加工应用示例。这里，考虑退刀槽底宽度仅为 4.0mm，与切入车削的刀具宽度相同，因此，通过增加辅助线的方式，重新选择串连，避开了退刀槽加工，后续再单独安排一道沟槽刀路车削退刀槽。

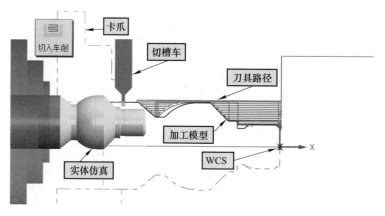

图 4-58　切入车削粗、精车外轮廓示例

4.3.4　Prime Turning 全向车削

Prime Turning 是山特维克可乐满（Sandvik Coromant）公司 2017 年推出的一种新的车削方法，其加工原理是让刀具在靠近零件夹持卡盘处切入，然后再向远离卡盘方向进给切削加工。该公司在推出这种加工方法的同时，推出了配套的刀具和编程软件，Mastercam 软件于 2018 版配合推出了 Prime Turning 车削编程方法。

Prime Turning 可以仅用一把刀具完成纵向车削（前进和后退）、车端面（向内和向外）和仿形车削操作，大幅减少刀具数量和走刀次数，节约刀位，提高加工效率。较小的主偏角形成的切屑更薄，可采用更高的切削参数。与常规车刀相比，在提高 50% 切削效率的同时还能提高 50% 的刀具寿命。主要切削方向背离台阶方向，消除了因挤屑给刀片或零件带来的损害。

单击"车削→标准→ Prime Turning"功能按钮，弹出"线框串连"对话框，用"部分串连"方式选择加工轮廓线，注意起点为靠近卡盘处，终点为远离卡盘处。单击确定按钮，弹出"车床 Prime Turning(TM)"对话框，默认为"刀具参数"选项卡，刀具列表中默认是"Lathe_mm.tooldb"刀具库的刀具，由于 Prime Turning 车削方法需要专用的刀具，因此，单击列表下的"选择刀库刀具"按钮 选择刀库刀具... ，弹出"选择刀具"对话框，单击列表上部的打开按钮，选择"Coro Turn Prime _mm.tooldb"刀具库。

以上为操作要点，限于篇幅，操作过程自行研习。前言二维码中给出了图 4-59 和图 4-60 所示加工示例的结果文件供读者练习。

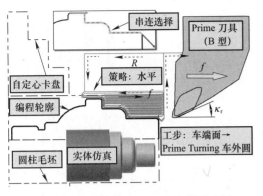

图 4-59　Prime Turning 车外圆示例

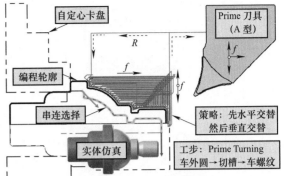

图 4-60　Prime Turning 车外圆端面示例

提示

由于刀具与刀路的特殊性，实际中这种加工方法的应用实例很少见。

4.4　数控车削循环指令加工编程

车削循环加工策略是以输出固定循环加工指令为目标的一种加工策略。不同的数控系统，其车削循环指令是有差异的，以 FANUC 0i 车削系统为例，其复合固定循环指令主要包括：G71 与 G72（对应粗车循环🔲），G73（对应仿形循环🔲）及其配套的 G70（精车循环🔲）；G75 与 G74（对应沟槽循环🔲）；G76 是螺纹车削复合固定循环指令，在图 4-42 的"车螺纹"对话框"螺纹切削参数"选项卡中可设置并输出。

学习循环车削指令应该注意以下几点：

1）数控系统的循环指令本身是为手工编程设计的，其针对性较强，因此，Mastercam 自动编程输出的程序可能与自己使用的数控系统有一定差异，往往必须手工修改。

2）在循环车削编程的对话框中，均有一个复选框，勾选后可将其转化为基本编程指令输出的 NC 加工程序，这样做的好处是程序的通用性更好，但程序变得较长，不适合手工输入。

3）若不熟悉循环车削指令，或没有合适的能够生成所需系统循环指令的后处理程序，建议不学这一章节。

4）Mastercam 2022 默认进入的车削编程模块是针对 FANUC 车削系统而言的。

4.4.1　粗、精车循环加工

"粗车"🔲循环加工策略对应输出的是 G71 和 G72 指令，其配套的加工策略是"精车"🔲循环（对应 G70）。

1. 对应 G71+G70 的粗、精车循环加工编程

图 4-61 所示为对应 G71+G70 的粗、精车循环加工编程的应用示例，"粗车"🔲循环指令的加工毛坯为圆柱体。前言二维码中有相应文件供学习参考。

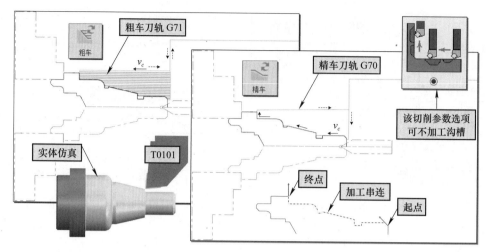

图 4-61　对应 G71+G70 的粗、精车循环加工编程的应用示例

单击"车削→循环→粗车"功能按钮，在"部分串连"方式下选择如图 4-61 所示的串连曲线后，会弹出"固有粗车车削循环"对话框，默认的"刀具参数"选项卡与前述的"粗车"对话框相同，这里仅讨论其"固有循环粗车参数"选项卡，如图 4-62 所示。画面中，循环指令预览区域的参数会随着相关参数的设置而变化，粗车方向默认为外圆的 G71 指令选项，X 和 Z 安全高度必须大于 0 且不宜太大。其余参数与前述基本相同。

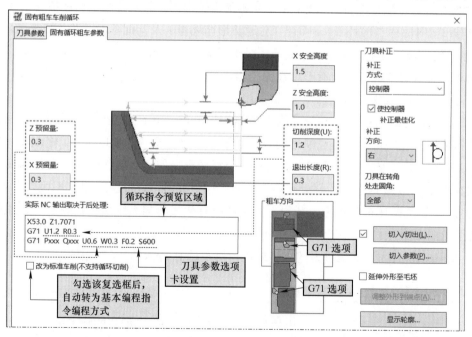

图 4-62　"固有粗车车削循环"对话框→"固有循环粗车参数"选项卡 G71 设置

在创建了"粗车"循环操作后，单击"车削→循环→精车"功能按钮，系统直接弹出"循环精车"对话框，默认为配合已创建的"粗车"循环操作配套的 G70，其设置较为简单，这里不展开介绍。

2．对应 G72+G70 的粗、精车循环加工编程

图 4-63 所示为对应 G72+G70 的粗、精车循环加工编程的应用示例。图中给出了加工件尺寸参考，假设毛坯为圆柱体，对应 G72+G70 的粗、精车循环加工刀轨，以及加工串连曲线。注意串连曲线的起点、切削走向和终点与图 4-61 不同。前言二维码中有相应文件供学习参考。

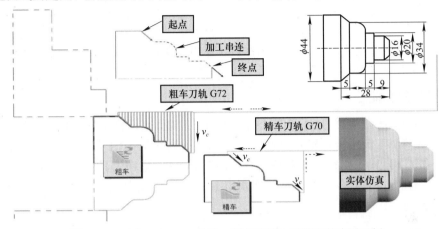

图 4-63　对应 G72+G70 的粗、精车循环加工编程的应用示例

与 G71 的粗车循环加工操作的创建方法类似，单击"车削→循环→粗车"功能按钮，在"部分串连"方式下选择如图 4-63 所示的串连曲线后（注意串连曲线的起点、终点与切削走向不同），会弹出"固有粗车车削循环"对话框，默认的"刀具参数"选项卡与前述的"粗车"循环对话框相同，但"固有循环粗车参数"选项卡略有差异，如图 4-64 所示。其余与前述 G71 指令粗车的设置差异主要在于"粗车方向"的选择，选择后循环指令预览区可见到 G72 指令的格式及其对应参数。与 G72 配套的 G71 指令对应的"精车"循环加工操作的创建过程此处省略。

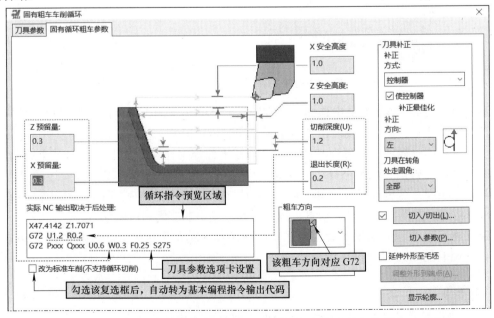

图 4-64　"固有粗车车削循环"对话框→"固有循环粗车参数"选项卡 G72 设置

总结：G71 与 G72 指令对应的功能按钮是相同的，通过选择不同的加工串连起点、切削走向和终点，以及设置不同的"粗车方向"选项，实现了所需加工循环指令程序的输出。创建了 G71 与 G72 指令对应"粗车"循环操作后，创建 G70 指令的操作不需选择加工串连，系统会自动指定为其精加工循环指令操作。

 提示

G71 与 G72 指令对应的"粗车"循环加工适用于圆柱体毛坯加工。

4.4.2 仿形循环加工

"仿形" 循环加工指令是对应 G73 指令的加工策略，其同样可配套 G70 实现精车加工。该"仿形"循环加工策略是对应 G73 指令开发的，虽然其与 4.3.1 节所述的仿形粗车加工在毛坯几何特征上相似，都是针对铸锻件的类零件形毛坯的，但在刀具轨迹上还是存在差异的。图 4-65 所示为对应 G73+G70 的粗、精车循环加工编程的应用示例，前言二维码中有相应文件供研习参考。

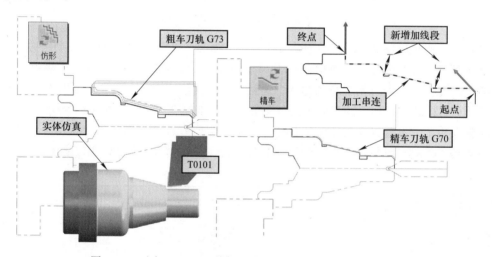

图 4-65　对应 G73+G70 的粗、精车循环加工编程的应用示例

注意到"仿形" 循环的串连曲线允许凹陷轮廓的车削加工，为此，在原轮廓线的基础上，在退刀槽处增加了两处线段，使得选择串连时可以避开沟槽，如图 4-65 的串连所示。

单击"车削→循环→仿形"功能按钮 ，在"部分串连"方式下选择如图 4-65 所示的串连曲线后，会弹出"仿形循环"对话框，默认的"刀具参数"选项卡与前述的"粗车"循环对话框相同，这里也仅讨论其"仿形参数"选项卡，如图 4-66 所示。图中提供了标准 G73 指令格式，并指出对应参数设置，读者可通过输出 NC 代码对比学习。

与前述 G71 类似，如果接着创建"车削→循环→精车" 循环功能，则会生成与已存在的 G73 配套的 G70 精车循环指令。

 提示

G73 指令对应的"粗车"循环加工适用于模锻件类毛坯加工。

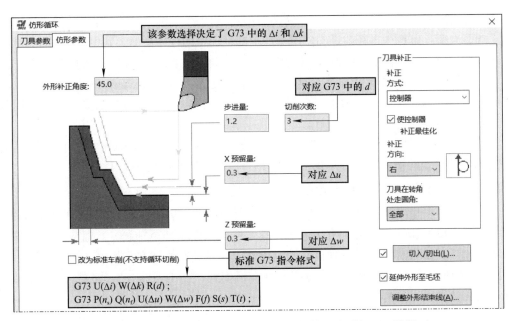

图 4-66　"仿形循环"对话框→"仿形参数"选项卡 G73 设置

手工编程中，G73 指令虽然是针对铸锻件毛坯设计的加工策略，但其同样可对圆柱体毛坯进行加工，如图 4-67 所示。与"仿形粗车" ▨ 加工策略（见图 4-47）相比，其空刀太多，加工效率下降明显，因此，G73 粗车循环一般仅用于单件小批量加工，并且更多地用于 G71/G72 指令处理不了的非单调变化轮廓零件的加工（参见参考资料 [15]）。

图 4-67 所示为对应的 G73 加工示例，是将图 4-49 中的"仿形粗车"加工操作更改为"仿形" ▨ 循环粗车加工的加工方案，后续的 G70 指令的应用省略。示例中加工串连曲线的处理与图 4-67 相同。

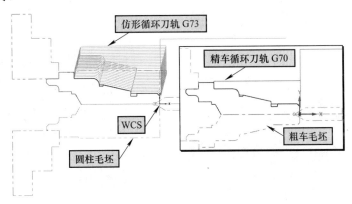

图 4-67　圆柱体毛坯"仿形循环"加工示例

4.4.3　沟槽循环加工

"沟槽" ▨ 循环加工是对应 G74/G75 指令的加工策略，分别对应轴向（即端面）与径向沟槽加工，加工的侧壁与轴线只能是平行 / 垂直的沟槽，因此，沟槽循环指令定义沟槽的方法只有三种，即"1 点"、"2 点"和"3 直线"。

G74 与 G75 指令加工的原理类似，仅是切削进给的进刀方向不同：G74 是轴向进刀，用于加工端面沟槽；而 G75 是径向进刀，用于加工圆柱面上的径向沟槽。其中，G75 对刀具要求不高，且实际中径向沟槽的零件较多，因此应用较多。这里主要讨论 G75 对应的沟槽循环加工。

"沟槽"循环加工主要是对应 G74/G75 指令开发的，但在 Mastercam 2022 中，其功能得到进一步的加强和扩展，如增加了精修功能，对于宽度大于刀具宽度的沟槽，可利用基本编程指令进一步精修沟槽侧壁和槽底。

虽然 G74/G75 指令开发的原意是用于手工编程，但应用 Mastercam 进行自动编程更加方便快捷，且对于初学者，研习其输出的 NC 程序结构有利于快速学习。

1. 径向沟槽循环（对应 G75 指令）加工示例

G75 指令的典型应用有三种：等距的多个窄沟槽（槽宽等于刀具宽度）、单一宽沟槽（槽宽大于刀具宽度）和啄式切断（槽宽等于刀具宽度，深度延伸至轴线）。对应的"沟槽"循环功能加工不仅可实现以上三种典型的沟槽加工，且能精修槽宽和槽底。

图 4-68 所示为沟槽循环加工练习的典型几何模型、加工刀路与实体仿真。前言二维码中有相应文件供学习参考。

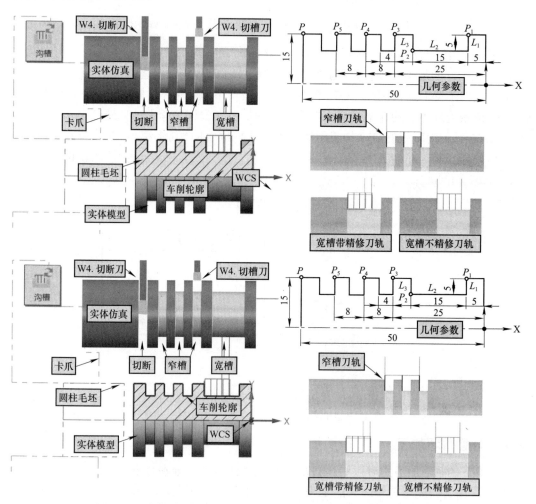

图 4-68　沟槽循环加工练习的典型几何模型、加工刀路与实体仿真

2. 径向沟槽循环（对应 G75 指令）加工编程

下面以图 4-68 所示的径向沟槽加工示例为例进行讨论。

（1）加工前准备　首先按右上角几何参数准备好加工模型，注意模型右端面中心与世界坐标系重合。然后，进入车削编程环境，按图所示定义圆柱毛坯与卡爪等。

（2）沟槽循环加工操作的创建　单击"车削→标准→循环→沟槽"功能按钮 ，弹出"沟槽选项"对话框，该对话框与图 4-30 所示的"沟槽" 车削加工定义沟槽方法的对话框基本相同，但仅"1 点"、"2 点"和"3 直线"三种方法有效，三种方法定义沟槽的操作与前述"沟槽"车加工（见图 4-30）相同。定义完沟槽形状后，会弹出"固有沟槽车削循环"对话框。

（3）"固有沟槽车削循环"对话框设置

1）"刀具参数"选项卡设置。弹出"固有沟槽车削循环"对话框时默认为"刀具参数"选项卡，其与图 4-31 所示"沟槽粗车"对话框的"刀具参数"选项卡相同。图 4-68 示例中的切槽与切断刀宽度均为 4.0mm，其余参数自定。

2）"沟槽形状参数"选项卡设置。"1 点"方式定义沟槽与"2 点"和"3 直线"定义沟槽时略有差异，"1 点"方式定义沟槽时的"沟槽形状参数"选项卡如图 4-69 所示。图中，若选择 P_1 点定位沟槽，则宽度设置为 15.0mm，高度设置为 5.0mm，确定的是宽槽的形状。若连续选择 P_3、P_4、P_5 点定位沟槽，勾选"使用刀具宽度"复选框，高度设置为 5.0mm，则确定的形状是三个窄槽。若选择 P 点定位沟槽，勾选"使用刀具宽度"复选框，高度设置为 14.6 ～ 15.0mm，则确定是切断的沟槽。

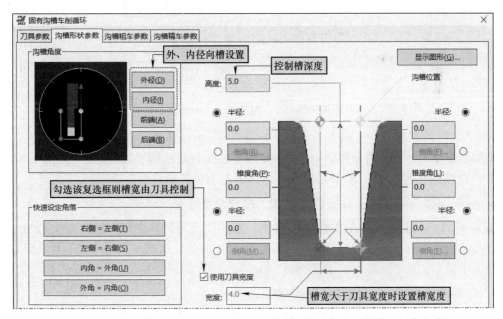

图 4-69　"固有沟槽车削循环"对话框→"沟槽形状参数"选项卡（1 点方式）

"2 点"和"3 直线"定义沟槽时，刀具高度与宽度等均不可选，实际上该选项卡基本不用设置，仅内孔进行沟槽车削时需要设置"沟槽角度"选项。在图 4-68 中，顺序选择 P_1 和 P_2 点或"部分串连"方式选择 L_1 至 L_3 串连方向，均直接确定了宽槽的形状。

3）"沟槽粗车参数"选项卡设置，如图 4-70 所示。选项较多，但看图设置即可。对于窄槽车削，一般在"沟槽形状参数"选项卡勾选"使用刀具宽度"复选框，然后此处设置 X 和 Z 预留量为 0.0，再取消"沟槽精车参数"选项卡中的"精修"复选项，即不精修沟槽即可。槽底设置暂停时间有利于提高槽底直径的加工精度。啄车加工有利于断屑。较深的沟槽建议分层切削。另外图中给出了 G75 指令格式及其对应参数的设置。

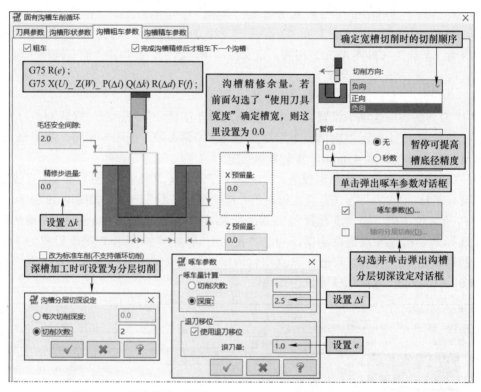

图 4-70 "固有沟槽车削循环"对话框→"沟槽粗车参数"选项卡

4）"沟槽精车参数"选项卡设置，如图 4-71 所示。该选项卡与 G75 指令无关，是利用基本编程指令对"沟槽粗车参数"选项卡中设置的余量进行精车加工，若"沟槽粗车参数"选项卡中设置的余量为 0.0，则取消勾选本选项卡左上角"精修"复选项。

3. 径向沟槽循环（对应 G75 指令）加工编程设置练习

练习 4-5：以图 4-68 所示的径向"沟槽"循环加工为例，进行沟槽循环加工练习，并与前言二维码中相应练习文件比较学习。练习时最好后处理观察加工程序的差异。前言二维码中给出了模型文件"练习 4-5_模型 .stp"和结果文件"练习 4-5_加工 .mcam"供研习参考。

4. 端面沟槽循环（对应 G74 指令）加工

G74 指令与 G75 指令加工原理基本相同，仅加工沟槽的位置与方向不同。G74 指令是加工端面沟槽的，其典型应用也对应有：窄槽、宽槽与中心深孔啄式钻削。端面"沟槽"加工同样进一步拓展了侧壁与槽底的精修功能。图 4-72 所示为端面沟槽循环加工示例。端面沟槽编程存在两点问题：第一是沟槽实体仿真可能出现红色的干涉现象，其原因是端面沟槽加工的切槽刀是一个与切槽直径范围有关的特殊的圆弧车刀，如图中左下角示例，而现有的 Mastercam

刀具库中的切槽刀为无圆弧结构车端面车刀，因此，实体仿真时出现了干涉现象，只要加工时刀具选择正确，输出程序对加工没有影响。第二是中心的啄式钻孔刀路，由于"沟槽"加工策略不支持钻头刀具，因此，只能选择切槽刀，刀轨计算与实体仿真时存在问题，但从后处理输出的 NC 代码来看，仍可以进行加工（注：图中实体仿真图是用较长刀头的车刀处理的）。

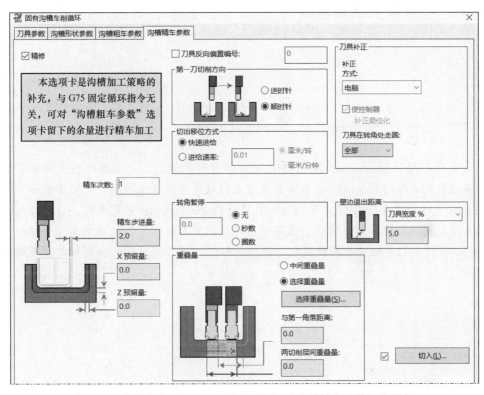

图 4-71　"固有沟槽车削循环"对话框→"沟槽精车参数"选项卡

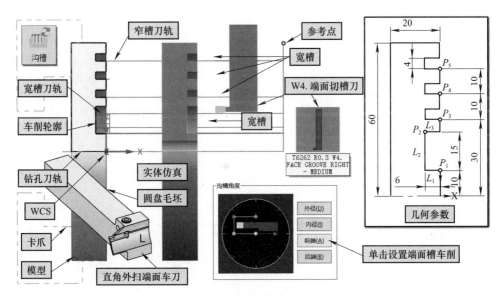

图 4-72　端面"沟槽"循环加工示例

端面沟槽循环（对应 G74 指令）加工的设置方法与径向沟槽循环加工基本相同，注意以下几个不同点即可方便掌握：

1）在"刀具参数"选项卡中，要选择端面沟槽车刀（FACE GROOVE），如图 4-72 所示。

2）在"沟槽形状参数"选项卡中，在"沟槽角度"区域单击"前端"按钮，将沟槽角度改为图 4-72 所示的端面车槽加工。

后续"沟槽粗车参数"和"沟槽精车参数"选项卡的设置，读者可基于图 4-72 示例尝试练习。

本 章 小 结

本章主要介绍了 Mastercam 2022 软件数控车削加工编程，分三部分展开讨论。数控车削加工基础编程是学习的重点，基本可解决常见的数控车削加工问题。数控车削加工拓展部分主要介绍了仿形粗车、动态粗车、切入车削和 Prime Turning 全向车削，这几种加工策略代表了数控车削加工技术的新发展，值得研究与应用。而数控车削循环加工指令编程部分，以 FANUC 数控车削系统对应的循环指令进行讲解，对读者深刻理解车削加工固定循环指令有所帮助。

参 考 文 献

[1] 陈昊，陈为国. 图解 Mastercam 2022 数控加工编程基础教程 [M]. 北京：机械工业出版社，2022.

[2] 陈为国，陈昊. 数控车削刀具结构分析与应用 [M]. 北京：机械工业出版社，2022.

[3] 陈为国，陈昊. 数控加工刀具应用指南 [M]. 北京：机械工业出版社，2021.

[4] 陈为国，陈昊，严思堃. 图解 Mastercam 2017 数控加工编程高级教程 [M]. 北京：机械工业出版社，2019.

[5] 陈为国，陈昊. 图解 Mastercam 2017 数控加工编程基础教程 [M]. 北京：机械工业出版社，2018.

[6] 陈为国，等. Mastercam 后置处理的个性化设置 [J]. 现代制造工程，2012（5）：36-40.

[7] 马志国. Mastercam 2017 数控加工编程应用实例 [M]. 北京：机械工业出版社，2017.

[8] 詹友刚. Matercam X7 数控加工教程 [M]. 北京：机械工业出版社，2014.

[9] 刘文. Mastercam X2 中文版数控加工技术宝典 [M]. 北京：清华大学出版社，2008.

[10] 李波，管殿柱. Mastercam X 实用教程 [M]. 北京：机械工业出版社，2008.

[11] 沈建峰，黄俊刚. 数控铣床 / 加工中心技能鉴定考点分析和试题集萃 [M]. 北京：化学工业出版社，2007.

[12] 陈为国，陈昊. 数控加工刀具材料、结构与选用速查手册 [M]. 北京：机械工业出版社，2016.

[13] 陈为国，陈昊. 数控加工编程技巧与禁忌 [M]. 北京：机械工业出版社，2014.

[14] 陈为国. 数控加工编程技术 [M]. 北京：机械工业出版社，2012.

[15] 陈为国. 数控加工编程技术 [M]. 2 版. 北京：机械工业出版社，2016.

[16] 陈为国，陈昊. 数控车床操作图解 [M]. 北京：机械工业出版社，2012.

[17] 陈为国，陈昊. 数控车床加工编程与操作图解 [M]. 2 版. 北京：机械工业出版社，2017.

[18] 陈为国，陈为民. 数控铣床操作图解 [M]. 北京：机械工业出版社，2013.